生物炭节水保肥与固碳减排机理和关键应用技术

屈忠义　勾芒芒　田　丹　王丽萍　等　著

科学出版社

北　京

内 容 简 介

本书基于室内土柱试验、盆栽试验及田间小区试验的研究成果,着重介绍不同类型生物炭对于不同质地土壤水力特征参数和土壤结构的影响;生物炭对经济作物番茄和辣椒生长性状的影响;进行炭-肥耦合条件下土壤-水-肥-热数值模拟并建立番茄-生物炭-水-肥-热耦合模型;滴灌条件下水-炭耦合对土壤节水保肥和固碳减排综合效应,并估算 CH_4 和 N_2O 的全球增温潜势(GWP)及其排放强度(GHGI)。通过研究生物炭对土壤理化性质、作物生长性状以及农田土壤温室气体(CO_2、 CH_4、 N_2O)排放的影响规律,提出生物炭的适宜施用量,以便达到节水、保肥、固碳减排的目的,为生物质资源再利用技术提供理论支撑。

本书可供从事土壤改良、农业废弃物资源化利用和水资源高效利用等方面工作的专业技术人员及科研人员和高等院校相关专业师生参考使用。

图书在版编目(CIP)数据

生物炭节水保肥与固碳减排机理和关键应用技术/屈忠义等著. —北京:科学出版社,2019.3
    ISBN 978-7-03-060114-8

Ⅰ. ①生… Ⅱ. ①屈… Ⅲ. ①活性炭-应用-土壤成分-节能减排-研究
Ⅳ. ①S153.6

中国版本图书馆 CIP 数据核字(2018)第 291850 号

责任编辑:杨光华 / 责任校对:董艳辉
责任印制:张 伟 / 封面设计:苏 波

科 学 出 版 社 出版
北京东黄城根北街 16 号
邮政编码:100717
http://www.sciencep.com

北京凌奇印刷有限责任公司 印刷
科学出版社发行 各地新华书店经销
*
开本:787×1092 1/16
2019 年 3 月第 一 版 印张:15 1/4
2022 年 3 月第三次印刷 字数:359 000
定价:88.00 元
(如有印装质量问题,我社负责调换)

前　　言

生物炭（biochar）通常是指生物质在缺氧或者绝氧条件下高温裂解炭化后形成的一种含碳丰富、性质稳定的固态产物。常见的生物炭有竹炭、木炭、秸秆炭等。同时生物炭是一种低成本、高回报的可再生的生物质资源，被誉为"黑色黄金"。

近年来，生物炭越来越受到人们的重视，成为农林、环境及能源等诸多研究领域关注的焦点。生物炭的生产在获得生物炭的同时还能获得一系列的混合气体和生物油等副产物，对这些副产物进一步加工还可以获得相应的生物质能源，这可以从一定程度上缓解对化石能源的依赖。全球气候变暖主要是由于人类大量使用化石燃料，如石油、煤炭等，或砍伐森林将其焚烧，这些过程都产生大量的 CO_2 等温室气体。温室气体对来自太阳辐射的可见光具有高度透过性，而对地球发射出来的长波辐射具有高度吸收性，能强烈吸收地面辐射中的红外线，导致地球温度上升。而生物炭的制备不仅从一定程度上减少了化石能源的使用，还有效地减少了温室气体的排放，因此，生物炭在减缓全球气候变暖方面的贡献相当巨大。生物炭富含有机碳，施入土壤后可有效地增加土壤有机碳含量，提高土壤养分吸持容量。生物炭大多呈碱性，能有效提高酸性土壤的 pH 及部分养分的有效性。生物炭具有较强的离子吸附交换性能，可改善土壤阴离子、阳离子交换情况，提高土壤保肥性能。生物炭的多孔隙结构还是土壤微生物良好的栖息环境。生物炭自身含有一定量的矿质养分，可改善贫瘠土壤的养分供应。此外，生物炭可以在土壤中存在成百上千年，能够很好地将碳封存于土壤中。因此，生物炭的生产为农林废弃物的利用、土壤的修复与改良、生物质能源的研发、温室气体的减排及碳库封存等问题提出了综合解决方案。但是，生物炭的施用效果与原材料、施用量及土壤类型有密切的关系，针对不同的土壤质地合理选取原材料，寻求合理施用量，从而将生物炭的经济效益发挥到最大是十分必要的。

全书以生物炭节水保肥与固碳减排机理和关键应用技术为主线，共 8 章。第 1 章概述生物炭的研究背景和意义，分析国内外开展生物炭相关研究的现状；第 2 章介绍生物炭对不同质地土壤结构理化性质的影响，重点介绍生物炭对土壤水分特征参数的影响过程；第 3 章介绍室内盆栽试验应用生物炭改良作物土壤，并重点针对番茄和辣椒的生长指标及产量进行试验；第 4 章在室内土柱实验和盆栽栽培试验成果的基础上重点开展大田试验，结合番茄大田农作的实际情况及生物炭的施用特点，进行生物炭和化肥耦合施用改良作物土壤结构及提高番茄产量和品质方面的研究；第 5 章结合节水灌溉技术开展滴灌条件下水-炭-肥耦合对土壤节水保肥机理研究，并针对大田主要作物玉米的生长过程，开展其对玉米作物土壤结构、生长特征及产量的影响，此后进行肥料利用效率的计算，开展施用生物炭后的作物经济效益评价；第 6 章通过设置不同施用水平的生物炭肥，与常规施肥相比较，分析生物炭肥对土壤性状、玉米生长及水肥利用效率的影响；第 7 章比较保水剂（聚丙烯酰胺）和生物炭在改良土壤结构及作物生产方面的影响，综合对比两种改良剂的试验结果；第 8 章针对生物炭的制备开展研究，提出使用炭化炉制备生物炭的流程及注意事项，同时进行生物炭制备的经济效益分析及评价，为大面积开展生物炭制备和示范推广提供应用指导。

本书是作者两个国家自然科学基金和两个内蒙古自治区科技项目的研究成果，是集体智慧的结晶。全书主要由屈忠义、勾芒芒、田丹、王丽萍等著，参加本书编写及相关研究的人员还有研究生李昌见、高利华、岑睿、吕一甲等，王丽萍、高利华、胡敏、高惠敏等承担了大量资料整理和编排工作。

限于作者水平，撰写时间仓促，书中难免存在疏漏，如有不当之处，敬请读者批评指正。

作　者

2018 年 10 月

目　录

第1章 绪 论

1.1 研究背景与意义

中国经济社会发展正面临着全球气候变暖的考验，全世界开始关注并寻求解决气候变暖的途径和措施。2009 年在哥本哈根举行的世界气候大会上，中国政府向国际社会庄严地承诺，到 2020 年实现单位国内生产总值二氧化碳排放量比 2005 年下降 40%～50%。农业是温室气体的重要来源，如何减少土地利用中温室气体的排放、增加陆地生态系统碳汇是当前减缓气候变暖研究的热点之一。

我国《"十二五"农作物秸秆综合利用实施方案》中提到，秸秆综合利用技术的加快推行，是稳定农业生态平衡、缓解资源约束及减轻环境压力的重要手段。由秸秆等废弃生物质资源炭化而制成的"生物炭"，因其特殊的结构、物理化学特性及绿色环保等特点被广泛地应用在农业、环境、能源等各个领域，同时也成为应对和缓解"雾霾"和"温室效应"等气候问题的重要举措。关于生物炭方面的基础研究与综合应用技术研究已经成为国内外科研工作者关注的焦点和热点。生物炭应用不仅有利于解决农林废弃物的大规模资源化利用问题，也有利于解决传统农业长期从土壤"取多给少"造成土壤地力下降的问题，可有效缓解农田土壤环境污染现状，是解决粮食安全、能源危机和环境污染等问题的"黑色希望"。生物炭可以实现碳的有效封存，不仅可以减少或者抑制农业秸秆的露天焚烧现象，促进农业、生态环境系统的物质循环；而且能够减少陆地温室气体的大量排放，提高农业土壤的碳库能力。

《国家中长期科学和技术发展规划纲要（2006—2020 年）》明确把生物质能源的利用列为重大研究专题。本书正是在这样的背景下，开展生物炭在不同质地土壤改良方面的应用机理研究，对于我国西北干旱半干旱地区生物质能源利用与土壤改良等具有十分重要的理论意义与应用价值。

1.2 国内外研究现状

1.2.1 生物炭在农业领域的研究现状

1. 生物炭直接还田改良土壤

早在 19 世纪，亚马孙河流域的人们就发现了一种特殊的"黑土壤"，并开始在农业上使用，当地人将其称为"印第安人黑土"[1,2]。这种黑土壤含有丰富的生物炭和其他有机物质，具有较强的恢复土壤生产力的能力[3]。中国是一个农林大国，每年产生大量的农林废弃物。这些农林废弃物大部分被闲置或焚烧，这不仅对环境造成严重的破坏，而且也是大量能源的浪费。如果能将之炭化形成生物炭，以改良剂的形式施入土壤，不仅可使生物质能源得到再利用，而且适量的生物炭施用还可以改善土壤理化性质，调节土壤微生物，影响土壤地温，使土壤达到一个水-肥-气-热相对平衡的状态，从而提高作物产量。

土壤含水量在作物生长过程中，起着举足轻重的作用。土壤含水量的多少直接影响土壤有机质的运移、生化反应、微生物活性和作物的光合作用。田丹[4]通过室内试验发现，添加生物炭后能够显著增加砂土的水分含量。但是生物炭对土壤含水量的影响，因制备生物炭材料、条件、施用量和土壤质地不同而异。田丹[4]添加秸秆木炭和花生壳炭到砂土后，相比秸秆木炭，添加花生壳炭对土壤含水量的影响程度更大；而添加两种生物炭到粉砂壤土中，却发现对土壤含水量的影响不大。高海英等[5]的研究表明，生物炭可提高土壤的持水性能，且随着生物炭施用量的增加而增加，但是这种效应是有限度的，当超过 80 t/hm² 时，反而会降低土壤的持水性能。Tryon[6]发现，添加生物炭以后，贫瘠的砂土比肥沃土壤的持水能力更好。生物炭对土壤持水能力的影响，主要是由生物炭本身的多孔结构决定的，但是其本身又有疏水性[7-9]，只有当生物炭表面氧化之后，才具有吸水和保水性能[9]。

土壤酸碱度对作物的生长和土壤养分的有效性具有重要影响。生物炭由于具有较大的石灰当量值，添加到土壤后，可提高土壤的盐基饱和度，从而提高土壤的 pH，可以起到改良酸性土的良好功效。张祥[10]通过试验得出，添加生物炭后，明显提高了红壤土和棕壤土的 pH，且当生物炭施入量提高到2%时，对两种土壤的改良效果最好。Chintala 等[11]将由柳枝、玉米秸秆和松木炭化而成的生物炭分别添加到酸性土壤和碱性土壤，研究结果表明三种生物炭均不同程度地提高了酸性土的 pH，并且生物炭施用量越大，pH 越大，但是碱性土壤的 pH 变化不明显。

土壤养分对土壤微生物和作物生长是必不可少的，而大量的施用化肥不仅会导致环境污染，而且也会造成土壤板结、耕地退化。生物炭自身携带一定量的矿质营养，如氮、磷、钾等，特别是含有丰富的矿质元素的农家肥，添加到土壤后，在一定程度上可以增加土壤中的矿质营养。一般比较贫瘠的土壤添加生物炭后，土壤养分增加效果更显著。曾爱等[12]将生物炭施入到塿土土壤里，结果表明土壤有机碳和速效钾的含量随着生物炭施用量的增多而显著增加，土壤碱解氮和有效磷的含量随着生物炭施用量的增多表现为先显著增加后降低的趋势，导致这种现象的原因是生物炭本身含较多的有机碳，而且生物炭施入土壤后能够增大阳离子交换量，减少土壤的淋溶损失[13]。

综上所述，虽然生物炭的施用在不同情况下效果不同，但是人们可以因地制宜，选出最适宜的生物炭施用量，从而提高农作物的产量。

2. 生物炭作为肥料载体

虽然生物炭直接炭化还田可以实现土壤地力的提高和一定程度上的农业增产，但是生物炭本身可被作物利用的养分含量较少，如果单纯以生物炭来替代化学肥料存在一定的难度。如何在发挥生物炭自身优势的同时，又能够减少肥料投入、改良土壤结构、提高土壤肥力、达到增产增收的目的，正成为生物炭应用研究中一个新的重要课题。

生物炭作为肥料载体，与肥料复合制备成为生物炭肥，不仅弥补了生物炭养分不足的缺陷，而且赋予肥料缓释功能，提高肥效，在供给作物养分的同时，实现了生物炭对土壤的改良功能和固碳作用。

目前，国内外已有关于生物炭作为肥料载体的研究报道。有研究表明，生物炭配合肥料或生物炭与肥料复合施用可明显改善作物肥效。Khan 等[14]用木炭在 NPK 肥料溶液中通过吸附法制备生物炭基复合肥，NPK 养分均呈现缓慢而恒稳释放的趋势，可有效降低肥料损失。Steiner 等[15]用掺混法制备的生物炭基复合肥（硫酸铵+氯化钾+普通过磷酸钙）可显著延长氮素供应期，增加土壤总氮量、有效磷含量，促进作物对 N、P 吸收。在生物炭和肥料配施的情况下，土壤中的 NH_4^+ 吸附与固持作用明显增强，氮素损失得到降低，从而水稻对氮的利用率显著提高[16]。Masahide 等[17]研究表明生物炭与肥料配合施用能够增加玉米和花生的产量。钟雪梅等[18]在盆栽情况下施用竹炭包膜尿素可使氮素利用率提高 10%～25%，降低氮素对水体的污染，减少氮素溶出损失。卢广远等[19]采用黏合剂将炭粉与化学肥料复合制备成炭基肥料，该种肥料对玉米具有较好的增产效应。

总的看来，生物炭作为一种可再生资源，在有效利用农林废弃资源的同时，实现了生物炭"取之于田，用之于田"的良好农业循环模式，对农业低碳、循环、可持续发展有着重要的意义。

1.2.2 生物炭在环境领域的研究现状

CO_2、CH_4 和 N_2O 是主要的温室气体组成成分，根据第四次联合国政府间气候变化专门委员会（IPCC）会议的报告[20]，全球大气温室气体的浓度呈逐年递增趋势，截至 2005 年，大气中 CO_2 的浓度达到 379ppm（$1ppm = 1×10^{-6}$），CH_4 的浓度达到 1774ppb（$1ppb = 1×10^{-9}$），N_2O 的浓度达到 319ppb。由于生物炭的物理化学稳定性和生物化学抗分解性使其通过碳封存技术而切实具有锁定和降低大气中 CO_2 的作用。另外，生物炭的多孔性、巨大的比表面积及高 C/N 比，使其能够改善通气状况，增加土壤营养元素的有效性，营造更好的微生物生存环境，促进某些特殊类群微生物的繁衍与扩张及土壤团聚体的形成[21,22]，从而达到固碳减排的目的。因此，将生物炭施入土壤已被广泛认为是缓解全球气候变暖的一项有效措施。而且在我国内蒙古地区，玉米是主要农作物之一，每年的废弃秸秆大部分都被直接焚烧，对环境造成了严重的影响。如果能将废弃秸秆应用到生物炭减排技术中，不仅能够解决环境污染问题，而且可以促进资源的可持续利用。

国内外研究人员发现，添加生物炭到土壤中，对土壤 CO_2、CH_4 和 N_2O 的排放有显著的影响。但是影响的程度因制备生物炭材料、条件、施用量和土壤质地及作物的种类不同而异。高德才等[23]通过室内土柱试验发现，当生物炭添加量达到 2%及以上时，基本抑制了 CH_4 的排放，并显著减少了土壤 N_2O 的排放，且显著减少了 CH_4 和 N_2O 的综合温室效应；当生物炭添加量达到 4%以上时，CH_4 和 N_2O 的综合温室效应降幅更大并趋于稳定；但施用少量生物炭（0.5%）可显著促进 N_2O 排放，对减少 CH_4 和 N_2O 综合温室效应并无明显效果，而且在培养期内 CO_2 的排放显著增加。秦晓波等[24]通过连续两年 4 个生长季的观测，发现生物炭添加抑制了双季稻田碳排放强度，而且用量最大（20 t/hm²）时抑制效果最强。张斌等[25]也发现，在施氮肥时，同时连续 2 年施用生物炭减少了稻田中 N_2O 排放量，降幅达 66%，并且 40 t/hm² 的施炭量处理效果更好，持续效应更长。Shenbagavalli 等[26]发现生物炭能抑制温室气体的释放，其中 CO_2 和 N_2O 的效果最明显。Karhu 等[27]通过大田试验得出，添加生物炭提高了 CH_4 的平均累计吸收量，增幅达 96%，但是对 CO_2 和 CH_4 的影响不显著。

生物炭不仅在固碳减排方面有重大的贡献，而且许多研究学者也发现生物炭在净化水体，减少土壤中的重金属方面有很好的效果。Rozada 等[28]通过研究发现污泥基生物炭对重金属离子如 Pb^{2+}、Cr^{3+} 和 Cu^{2+} 等的吸附效果较好。刘国成[29]在铅污染土壤中施加 400℃制成的生物炭后，发现印度芥菜的株高和叶面积明显改善。低铅污染（200 mg/kg）高添加量（5%）时，生物炭对印度芥菜生物量的促进作用明显，特别是地下部生物量。

综上所述，生物炭作为一种良好的环境功能性材料，在减缓环境污染、治理土体水体重金属污染方面具有很大的潜力和发展空间，对环境的可持续发展和资源的循环利用有重要的意义。

1.2.3 生物质能在能源领域的研究现状

煤、石油和天然气作为中国的主要能源，正面临着环境污染大、资源少的严峻形势，因此，发展新型能源是迫在眉睫的主要任务。生物质能因其原料丰富、储量大、可再生性以及对环境具有良好的改善特点，备受人们的关注，现已成为研究和投资的热点。

目前许多国家都制定了相应的开发研究计划，如日本的"阳光计划"、美国的"能源农场"、印度的"绿色能源工程"和巴西的"酒精能源计划"等[30,31]，同时如丹麦、荷兰、德国、法国、芬兰等一些国家也对生物质能技术与利用进行了深入研究。我国对生物质能技术的开发和利用也非常重视，自 20 世纪 80 年代，政府一直将生物质能利用技术的研究与应用列为重点科技攻关项目，现已涌现出一大批优秀科研成果和成功的应用范例。"农林生物质综合开发利用"已被《国家中长期科学和技术发展规划纲要（2006—2020 年）》列为重大专项，国家 863 计划也包含了"生物能源技术开发与产业化"的相关项目[32]，可见生物质能的利用将越来越重要。

总之，生物炭作为土壤改良剂施用到土壤中，能够改善土壤的理化性质，对土壤培肥、作物增产有很大的功效。生物炭施用到土壤中，可以缓解温室效应、大气污染，减少土壤的重金属污染；运用到能源领域，是清洁、可再生、环境友好型的新能源。因此，生物炭在农业可持续发展、环境保护与修复和新能源开发与利用方面具有很大的发展空间。

参 考 文 献

[1] MARRIS E. Putting the carbon back: Black is the new green. Nature. 2006, 442: 624-626.

[2] TENENBAUM D J. Biochar: Carbon mitigation from the ground up. Environmental Health Perspectives, 2009, 117(2): 70-73.

[3] 陈温福, 张伟明, 孟军, 等. 生物炭应用技术研究. 中国工程科学, 2011, 13(2): 83-89.

[4] 田丹. 生物炭对不同质地土壤结构及水力特征参数影响试验研究. 呼和浩特: 内蒙古农业大学, 2013.

[5] 高海英, 何绪生, 耿增超, 等. 生物炭及炭基氮肥对土壤持水性能影响的研究. 中国农学通报, 2011, 27(24): 207-213.

[6] TRYON E H. Effect of charcoal on certain physical, chemical, and biological properties of forest soils. Ecological Monographs, 1948, 18(1): 81-115.

[7] BOND T C, SUN H. Can reducing black carbon emissions counteract global warming? Environmental Science and Technology, 2005, 39(16): 5921-5926.

[8] BORNEMANN L C, KOOKANA R S, WELP G. Differential sorption behaviour of aromatic hydrocarbons on charcoals prepared at different temperatures from grass and wood. Chemosphere, 2007, 67 (5): 1033-1042.

[9] CHENG C H, LEHMANN J, THIES J E, et al. Oxidation of black carbon by biotic and abiotic processes. Organic Geochemistry, 2006, 37 (11): 1477-1488.

[10] 张祥. 花生壳生物炭改良酸性土壤的效应及其对脐橙苗生长的影响. 武汉: 华中农业大学, 2014.

[11] CHINTALA R, SCHUMACHER T E, MCDONALD L M, et al. Phosphorus sorption and availability from

biochars and soil-biochar mixtures. Clean-Soil Air Water, 2014, 42(5): 626-634.

[12] 曾爱, 廖允成, 张俊丽, 等. 生物炭对塿土土壤含水量、有机碳及速效养分含量的影响. 农业环境科学学报, 2013, 32(5): 1009-1013.

[13] LEHMANN J, SILVA J P, STEINER C, et al. Nutrient availability and leaching in an archaeological anthrosol and a ferralsol of the central Amazon basin: Fertilizer, manure and charcoal amendments. Plant and Soil, 2003, 249: 343-357.

[14] KHAN M A, KIM K W, WANG M, et al. Nutrient-impregnated charcoal: An environmentally friendly slow-release fertilizer. Environmentalist. 2008, 28(3): 231-235.

[15] STEINER C, GARCIA M, ZECH W. Effects of charcoal as slow release nutrient carrier on N-P-K dynamics and soil microbial population: Pot experiments with ferralsol substrate//Woods W I, Teixeira W G, Lehmann J. Amazonian Dark Earths: Wim Sombroek's Vision. Dordrecht: Springer, 2009: 325-338.

[16] LEHMANN J, SILVA J P, RONDON M, et al. Slash and char: A feasible alternative for soil fertility management in the central Amazon. 17th WCSS, Thailand, 2002.

[17] MASAHIDE Y, YASUYUKI O, IRHAS F W, et al. Effects of the application of charred bark of Acacia *mangium* on the yield of maize, cowpea and peanut, and soil chemical properties in South Sumatra, Indonesia. Soil Science and Plant Nutrition, 2006, 52:489-495.

[18] 钟雪梅, 朱义年, 刘杰, 等. 竹炭包膜氮肥的利用率比较. 桂林工学院学报, 2006, 26(3): 404-407.

[19] 卢广远, 张艳, 王祥福, 等. 炭基肥料种类对土壤物理性质及玉米产量的影响. 河北农业科学, 2011, 15(5): 50-53.

[20] Intergovernmental Pancl on Climate Change. Climate change 2007-the physical science basis: working group I contribution to the fourth assessment report of the IPCC. Cambridge: Cambridge University Press, 2007.

[21] 邬刚. 不同施肥模式下施用生物黑炭对雨养旱地土壤性质、玉米生长和温室气体排放影响的研究. 南京: 南京农业大学, 2012.

[22] 刘艳. 模拟增温对农田土壤呼吸、硝化及反硝化作用的影响. 南京: 南京信息工程大学, 2013.

[23] 高德才, 张蕾, 刘强, 等. 生物黑炭对旱地土壤 CO_2、CH_4、N_2O 排放及其环境效益的影响. 生态学报, 2015, 35(11): 3615-3624.

[24] 秦晓波, 李玉娥, WANG H, 等. 生物质炭添加对华南双季稻田碳排放强度的影响. 农业工程学报, 2015, 31(5): 226-234.

[25] 张斌, 刘晓雨, 潘根兴, 等. 施用生物质炭后稻田土壤性质、水稻产量和痕量温室气体排放的变化. 中国农业科学, 2012, 45(23): 4844-4853.

[26] SHENBAGAVALLI S, MAHIMAIRAJA S. Characterization and effect of biochar on nitrogen and carbon dynamics in soil. International Journal of Advanced Biological Research, 2012, 2(2): 249-255.

[27] Karhu K, Mattila T, Bergström I, et al. Biochar addition to agricultural soil increased CH_4 uptake and water holding capacity: Results from a short-term pilot field study. Agriculture, Ecosystems and Environment, 2011, 140(1/2): 309-313.

[28] ROZADA F, OTERO M, MORÁN A, et al. Absorption of heavy metals onto sewage sludge-derived materials. Bioresource Technology, 2008, 99(14): 6332-6338.

[29] 刘国成. 生物炭对水体和土壤环境中重金属铅的固持. 青岛: 中国海洋大学, 2014.

[30] GELLER H, SCHAEFFER R, SZKLO A, et al. Policies for advancing energy efficiency and renewable energy use in Brazil. Energy Policy, 2004, 32(12): 1437-1450.

[31] ROZADA F, OTERO M, MORAN A, et al. Absorption of heavymetals onto sewage sludge-derived materials. Bioresource Technology, 2008, 99(14): 6332-6338.

[32] 何绪生, 耿增超, 佘雕, 等. 生物炭生产与农用的意义及国内外动态. 农业工程学报, 2011, 27(2): 1-7.

第 2 章　生物炭对不同质地土壤结构及水力特征参数的影响试验

2.1　试　验　设　计

试验前将砂土、粉砂壤土及生物炭均过 2 mm 筛。试验每个土样各设 4 个处理，3 个重复，生物炭用量分别为：0 g·g^{-1}（对照）、0.05 g·g^{-1}、0.1 g·g^{-1} 和 0.15 g·g^{-1}。将生物炭按照以上 4 种配比（表 2.1）分别和砂土、粉砂壤土混合均匀，之后静置试验台备用。

表 2.1　试验方案设计

土　样	秸秆木炭-土配比/（g·g^{-1}）				花生壳炭-土配比/（g·g^{-1}）			
	0	0.05	0.1	0.15	0	0.05	0.1	0.15
砂　　土	砂土对照（SJ0）	SJ1	SJ2	SJ3	砂土对照（SH0）	SH1	SH2	SH3
粉砂壤土	粉砂壤土对照（FJ0）	FJ1	FJ2	FJ3	粉砂壤土对照（FH0）	FH1	FH2	FH3

注：S 表示砂土，F 表示粉砂壤土；J 和 H 分别表示秸秆木炭和花生壳炭；0、1、2、3 表示生物炭的不同配比

2.2　生物炭对不同质地土壤容重、孔隙度的影响

砂土、粉砂壤土在两种生物炭的 4 种不同处理下（0 g·g^{-1}、0.05 g·g^{-1}、0.1 g·g^{-1} 和 0.15 g·g^{-1}），容重、孔隙度的变化规律（环刀法测定）如图 2.1 所示。

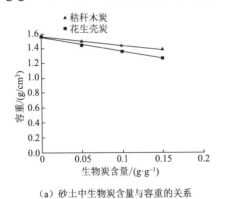

（a）砂土中生物炭含量与容重的关系　　　（b）粉砂壤土中生物碳含量与容重的关系

图 2.1　生物炭含量和容重、孔隙度的拟合曲线

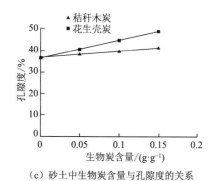 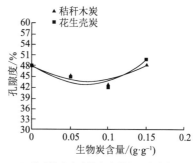

（c）砂土中生物炭含量与孔隙度的关系　　　　（d）粉砂壤土中生物炭含量与孔隙度的关系

图 2.1　生物炭含量和容重、孔隙度的拟合曲线（续）

　　两种生物炭含量对砂土、粉砂壤土容重呈极显著线性相关，对砂土孔隙度也呈显著线性相关，对粉砂壤土孔隙度呈显著二阶多项式相关。从图 2.1 中可知，粉砂壤土及砂土的容重均随生物炭含量的增大而减小，且在相同配比下添加花生壳炭的砂土和粉砂壤土的容重降低程度要大于添加秸秆木炭的土壤。对于两种土壤孔隙度变化规律却不一致，表现为砂土孔隙度随生物炭含量的增大而增大，在相同配比下，添加花生壳炭较添加秸秆木炭砂土的孔隙度更大；两种生物炭对粉砂壤土孔隙度的影响规律是一致的，即在 0.05 g·g^{-1}、0.1 g·g^{-1} 处理时，孔隙度较对照组减小，在 0.15 g·g^{-1} 处理时，孔隙度较对照组略大。生物炭含量与容重、孔隙度的拟合方程如下：

$$y_{SJR} = -1.097\ 8x + 1.537\ 1, R^2 = 0.934\ 6 \tag{2.1}$$

$$y_{SHR} = -1.864\ 7x + 1.533, R^2 = 0.967\ 5 \tag{2.2}$$

$$y_{FJR} = -0.697\ 5x + 1.397, R^2 = 0.932\ 5 \tag{2.3}$$

$$y_{FHR} = -1.766\ 8x + 1.386\ 8, R^2 = 0.999\ 9 \tag{2.4}$$

$$y_{SJP} = 31.4x + 36.695, R^2 = 0.978\ 8 \tag{2.5}$$

$$y_{SHP} = 81.02x + 36.784, R^2 = 0.995\ 4 \tag{2.6}$$

$$y_{FJP} = 841.5x^2 - 126.49x + 48.375, R^2 = 0.878\ 3 \tag{2.7}$$

$$y_{FHP} = 1091.5x^2 - 158.85x + 48.577, R^2 = 0.831\ 4 \tag{2.8}$$

式中：x 为生物炭质量分数含量，g·g^{-1}；y_{SJP}、y_{SHP} 分别为秸秆木炭、花生壳炭处理砂土的孔隙度，%；y_{FJP}、y_{FHP} 分别为秸秆木炭、花生壳炭处理粉砂壤土的孔隙度，%；y_{SJP}、y_{SHP} 分别为秸秆木炭、花生壳炭处理砂土的容重，g/cm^{-3}；y_{FJP}、y_{FHP} 处理粉砂壤土的容重，g/cm^{-3}。

　　从表 2.2 可以看出，砂土、粉砂壤土在不同生物炭的不同配比下对土壤容重的改良效果不同。添加秸秆木炭后，砂土容重降低幅度为 6.33%～11.27%；添加花生壳炭后，砂土容重降低幅度为 9.28%～18.63%。对于粉砂壤土，添加秸秆木炭后，土壤容重降低幅度为 1.26%～

7.66%；添加花生壳炭后，土壤容重降低幅度为 6.42%～19.06%。说明不同生物炭对同种土壤容重的改良效果不同，相同生物炭对不同质地土壤容重的改良效果也不同。

表 2.2　生物炭对砂土、粉砂壤土容重、总孔隙度的影响关系对比

试验方案	容重/（g/cm³）	容重增幅/%	孔隙度/%	孔隙度增幅/%
SJ0、SH0	1.55	—	36.45	—
SJ1	1.46	−6.33	39.81	9.23
SJ2	1.43	−7.84	40.12	10.07
SJ3	1.38	−11.27	41.14	12.88
SH1	1.41	−9.28	41.29	13.28
SH2	1.35	−13.39	45.00	23.47
SH3	1.26	−18.63	48.71	33.65
FJ0、FH0	1.39	—	48.03	—
FJ1	1.37	−1.26	45.21	−5.87
FJ2	1.34	−3.42	43.09	−10.28
FJ3	1.28	−7.66	48.69	1.37
FH1	1.30	−6.42	45.02	−6.26
FH2	1.21	−12.90	41.95	−12.65
FH3	1.12	−19.06	49.86	3.82

注：表中 S 表示砂土，F 表示粉砂壤土；J 和 H 分别表示秸秆木炭和花生壳炭；1、2、3 分别表示生物炭的 $0.05\ \text{g·g}^{-1}$、$0.10\ \text{g·g}^{-1}$、$0.15\ \text{g·g}^{-1}$ 配比

添加花生壳炭的砂土在生物炭用量分别为 $0.05\ \text{g·g}^{-1}$、$0.1\ \text{g·g}^{-1}$、$0.15\ \text{g·g}^{-1}$ 时的孔隙度较对照分别增大 13.28%、23.47%、33.65%，添加秸秆木炭的砂土在生物炭用量分别为 $0.05\ \text{g·g}^{-1}$、$0.1\ \text{g·g}^{-1}$、$0.15\ \text{g·g}^{-1}$ 时的孔隙度较对照分别增加 9.23%、10.07%、12.88%，可见花生壳炭更有利于砂土总孔隙度的增加。而对于粉砂壤土来说，生物炭添加量在 $0.15\ \text{g·g}^{-1}$ 时才能增加土壤孔隙度，FH3 孔隙度比对照增加 3.82%，而 FJ3 比对照仅增加 1.37%，FH1、FH2 及 FJ1、FJ2 的总孔隙度均比对照小。

从电子显微镜图（EMS 图，见图 2.2）中可以看出，花生壳炭在微观结构上呈柱状，秸秆木炭在微观结构上呈不规则块状，两种生物炭横截面上有很多微孔，花生壳炭的微孔大小形状基本相同，排列紧密，而秸秆木炭的微孔大小各异，且数量较少。生物炭的微孔结构使其具有较大的比表面积和较小的容重。砂土孔隙度增加可能是因为生物炭在结构上呈多孔性，微孔形状各异，数量较多，添加到土壤中可以填充土壤大孔隙，使之分割成许多小孔隙。从 EMS 图上看出花生壳炭的孔隙数量较秸秆木炭的多，因而花生壳炭的比表面积更大，这就导致添加花生壳炭后，对砂土容重、孔隙度的影响程度更大。壤土的孔隙度为 45%～52%，而砂土添加生物炭后，孔隙度为 40.12%～48.71%，说明砂土添加生物炭后，随着添加量增大，砂土孔隙度越接近壤土孔隙度，这对砂土结构改良意义重大。而对于粉砂壤土来说，生物炭添加量在 $0.15\ \text{g·g}^{-1}$ 时才能增加土壤孔隙度，说明在粉砂壤土中添加较多的生物炭才能增加土壤孔隙度，且增幅不大，这在实际应用中是不经济的，因而田间实际应用中不建议采用。

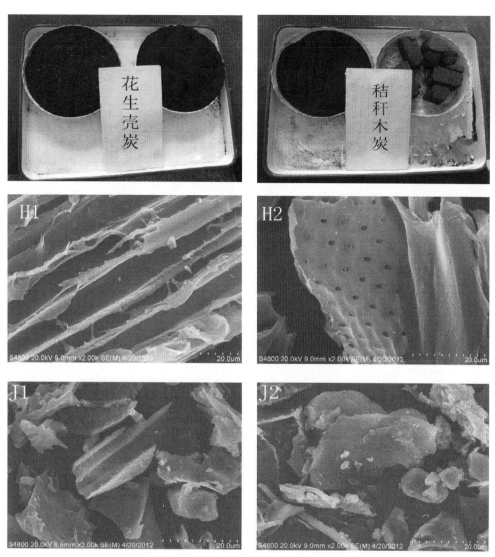

图 2.2 花生壳炭及秸秆木炭的 EMS 图像

注：H1 和 H2 表示花生壳炭的 EMS 图像；J1 和 J2 表示秸秆木炭的 EMS 图像

2.3 生物炭对不同质地土壤水分含量的影响

土壤水在土壤形成过程中起着至关重要的作用，它直接参与土壤的形成、变化及作物的吸水吸肥等过程，不仅是作物需水的提供者，还是影响土壤有机质运移、微生物活动[1]及土壤呼吸[2]等的主要动力因素。土壤中水分含量的多少对作物生长有着直接的影响，在土壤水分充足的情况下，作物根系能够吸收大量的水分以供植物的光合作用及叶面蒸腾，而土壤本身的有效水分及持水性能直接影响土壤蓄水的多少，同时土壤中的营养物质也是溶于水后才能被植物根系吸收，因此，土壤水是作物生长必不可少的条件。通常，人们通过最大吸湿水量、凋萎含水量、最大分子含水量、田间持水量、饱和含水量、饱和导水率、扩散率等指标来描述土壤不同环境下的水分含量[3]，本章以田间持水量、毛管含水量、饱和含水量、饱和导水率、扩散率及含水量指标来评定花生壳炭及秸秆木炭对砂土、粉砂壤土持水性及水分特征的改良效果。其中，田间持水量是指土壤中排除重力水后能持留在土壤中的剩余水分，即土壤中悬着毛管水达到最大量时的土壤含水量，受土壤质地、结构等因素影响。对作物吸收利用而言，它是其有效水的上限，同时也是衡量田间土壤保持水分的重要指标，是确定各种灌水技术下灌溉定额的重要参数[4]。

2.3.1 生物炭对砂土饱和含水量、毛管含水量、田间持水量的影响

砂土的水分特征曲线在室内用压力薄膜仪测定得出。图 2.3 分别表示秸秆木炭、花生壳炭在生物炭用量分别为 0.05 g·g⁻¹、0.1 g·g⁻¹、0.15 g·g⁻¹ 时对砂土饱和含水量、毛管含水量、田间持水量的影响。

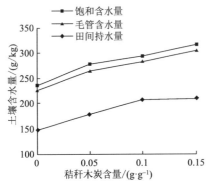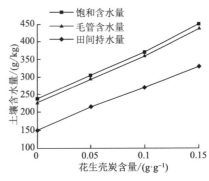

（a）秸秆木炭含量对砂土土壤含水量的影响　（b）花生壳炭含量对砂土土壤含水量的影响

图 2.3　生物炭对砂土饱和含水量、毛管含水量、田间持水量的影响

添加生物炭后，能够显著增加砂土的含水量，且随着生物炭含量的增大，砂土含水量增大，秸秆木炭和花生壳炭对砂土水分含量的影响规律一致，但是影响程度不同，添加秸秆木炭和花生壳炭后，随着生物炭含量的增大，砂土的饱和含水量、毛管含水量、田间持水量增大。由图 2.4 可知，不同生物炭在相同配比下，与添加秸秆木炭的砂土饱和含水量、毛管含水量、田间持水量相比，添加花生壳炭的砂土饱和含水量、毛管含水量、田间持水量明显增大。

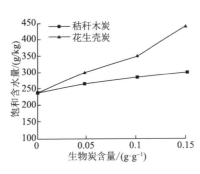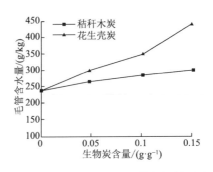

（a）生物炭含量对砂土饱和含水量的影响　（b）生物炭含量对砂土毛管含水量的影响

图 2.4　相同配比下秸秆木炭和花生壳炭对砂土水分含量的影响

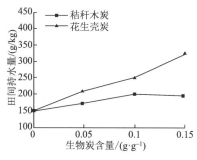

（c）生物炭含量对砂土田间持水量的影响

图2.4　相同配比下秸秆木炭和花生壳炭对砂土水分含量的影响（续）

由表 2.3 可知，花生壳炭、秸秆木炭处理砂土的饱和含水量、毛管含水量、田间持水量均在 5%水平存在显著性差异，在 1%水平存在极显著性差异。将秸秆木炭、花生壳炭各自处理砂土的水分含量对比后发现，饱和含水量及毛管含水量有如下规律：对照＜SJ1＜SJ2＜SH1＜SJ3＜SH2＜SH3；田间持水量变化规律为对照＜SJ1＜SJ2＜SJ3＜SH1＜SH2＜SH3，充分说明添加0.05 g·g⁻¹花生壳炭对砂土水分含量的改良效果较添加0.05 g·g⁻¹、0.1 g·g⁻¹秸秆木炭的改良效果都好，添加少量花生壳炭对砂土水分含量的改良效应同添加大量秸秆木炭的改良效应基本相同。添加秸秆木炭的砂土饱和含水量比对照增加幅度为 17.26%～33.19%；添加花生壳炭的砂土饱和含水量比对照增加幅度为 28.38%～89.14%。添加秸秆木炭的砂土毛管含水量比对照增加幅度为16.8%～34.32%；添加花生壳炭的砂土毛管含水量比对照增加幅度为 28.88%～91.8%。添加秸秆木炭的砂土田间持水量比对照增加幅度为20.59%～41.48%；添加花生壳炭的砂土田间持水量比对照增加幅度为 44.41%～121.27%。可见添加生物炭能够提高砂土的最大持水能力，增加砂土的有效水分，这对改良砂性土壤的持水性具有积极作用，且花生壳炭对砂土的改良效果比秸秆木炭的改良效果更好。

表2.3　生物炭对砂土田间持水量、毛管含水量、饱和含水量的影响关系对比

试验方案	田间持水量/(g/kg)	较对照增加幅度/%	毛管含水量/(g/kg)	较对照增加幅度/%	饱和含水量/(g/kg)	较对照增加幅度/%
SJ0	149.06Aa	—	227.67 Aa	—	237.48Aa	—
SJ1	179.75Bb	20.59	265.92Bb	16.80	278.48Bb	17.26
SJ2	208.46Cbc	39.85	285.04Cbc	25.20	294.51Cbc	24.01
SJ3	210.89Dd	41.48	305.80Dd	34.32	316.30Dd	33.19
SH0	149.06Aa	—	227.67 Aa	—	237.48Aa	—
SH1	215.26Bb	44.41	293.42Bb	28.88	304.86Bb	28.38
SH2	270.26Cc	81.31	359.83Cc	58.05	370.77Cc	56.13
SH3	329.82Dd	121.27	436.66Dd	91.80	449.15Dd	89.14

注：S 表示砂土；J 和 H 分别表示秸秆木炭和花生壳炭；1、2、3 分别表示生物炭的 0.05 g·g⁻¹、0.10 g·g⁻¹、0.15 g·g⁻¹ 配比，A、B、C、D 表示经 SPSS 统计软件分析其不同处理在 P=0.05 水平下的显著性差异，下表同；a、b、c、d 表示经 SPSS 统计软件分析其不同处理在 P=0.01 水平下的显著性差异，下表同

生物炭对砂土饱和含水量、毛管含水量、田间持水量的改良效应规律同对土壤孔隙度的改良效应规律一致，与其对土壤容重的改良效应规律成呈比关系。生物炭可改良砂土土壤结构（容重、孔隙度）从而提高其持水性。

2.3.2 生物炭对粉砂壤土饱和含水量、毛管含水量、田间持水量的影响

图 2.5 为秸秆木炭、花生壳炭在生物炭用量分别为 0.05 g·g^{-1}、0.1 g·g^{-1}、0.15 g·g^{-1} 时对粉砂壤土饱和含水量、毛管含水量、田间持水量的影响。

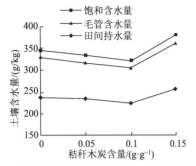
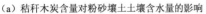
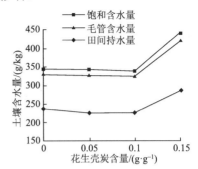

（a）秸秆木炭含量对粉砂壤土土壤含水量的影响　　（b）花生壳炭含量对粉砂壤土土壤含水量的影响

图 2.5　生物炭含量对粉砂壤土饱和含水量、毛管含水量、田间持水量的影响

两种生物炭对粉砂壤土土壤含水量的影响规律是一致的，即在生物炭用量分别为 0.05 g·g^{-1}、0.1 g·g^{-1} 时土壤饱和含水量、毛管含水量、田间持水量均较对照（添加的生物炭含量为 0 时）减小，而在 0.15 g·g^{-1} 处理时土壤饱和含水量、毛管含水量、田间持水量较对照增大。

两种生物炭对粉砂壤土含水量的影响程度不一样，由图 2.6 可知，秸秆木炭和花生壳炭在生物炭用量分别为 0.05 g·g^{-1}、0.1 g·g^{-1} 时，相同配比下花生壳炭处理土壤的饱和含水量、毛管含水量要大于秸秆木炭处理土壤的饱和含水量、毛管含水量，而田间持水量变化规律不一致，秸秆木炭 0.05 g·g^{-1} 处理时土壤田间持水量大于花生壳炭相同配比下的土壤田间持水量，在 0.1 g·g^{-1} 处理时花生壳炭较秸秆木炭处理土壤的田间持水量大。

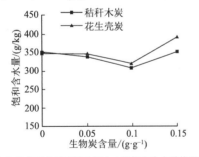
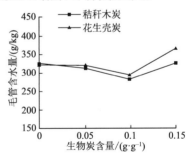

（a）生物炭含量对粉砂壤土土壤饱和含水量的影响　　（b）生物炭含量对粉砂壤土毛管含水量的影响

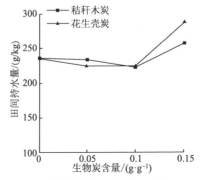

（c）生物炭含量对粉砂壤土田间持水量的影响

图 2.6　相同配比下秸秆木炭和花生壳炭对粉砂壤土水分含量的影响

由表 2.4 可知，秸秆木炭处理粉砂壤土的饱和含水量、毛管含水量、田间持水量均在 5%水平存在显著性差异，在 1%水平存在极显著性差异；花生壳炭处理粉砂壤土的饱和含水量、毛管含水量、田间持水量均在 0.15 g·g⁻¹ 处理时和其他处理存在 5%的显著性差异及 1%的极显著差异。秸秆木炭、花生壳炭在 0.15 g·g⁻¹ 配比时的粉砂壤土饱和含水量分别比对照增加 10.08%、28.03%；秸秆木炭、花生壳炭在 0.15 g·g⁻¹ 配比时的粉砂壤土毛管含水量分别比对照增加 9.28%、27.74%；秸秆木炭、花生壳炭在 0.15 g·g⁻¹ 配比时的粉砂壤土田间持水量分别比对照增加 8.61%、21.31%，可见只有添加量较大时，生物炭才能增大粉砂壤土的土壤水分有效性，添加量较小时反而起副作用。

表 2.4　生物炭对粉砂壤土田间持水量、毛管含水量、饱和含水量的影响关系对比

试验方案	田间持水量 /(g/kg)	较对照增加 幅度/%	毛管含水量 /(g/kg)	较对照增加 幅度/%	饱和含水率 /(g/kg)	较对照增加 幅度/%
FJ0	236.69Cc	—	329.50Cc	—	344.78Cc	—
FJ1	233.52Bb	−1.34	315.30Bb	−4.31	332.95Bb	−3.43
FJ2	223.42Aa	−5.61	304.03Aa	−7.73	321.31Aa	−6.81
FJ3	257.08Dd	8.61	360.09Dd	9.28	379.55Dd	10.08
FH0	236.69Aa	—	329.50Aa	—	344.78Aa	—
FH1	225.41Aa	−4.77	326.74Aa	−0.84	343.09Aa	−0.49
FH2	225.62Aa	−4.68	323.06Aa	−1.95	335.33Aa	−2.74
FH3	287.14Bb	21.31	420.91Bb	27.74	441.42Bb	28.03

注：F 表示粉砂壤土；J 和 H 分别表示秸秆木炭和花生壳炭；1、2、3 分别表示生物炭的 0.05 g·g⁻¹、0.10 g·g⁻¹、0.15 g·g⁻¹ 配比；A、B、C、D 表示经 SPSS 统计软件分析其不同处理在 $P=0.05$ 水平下的显著性差异；a、b、c、d 表示经 SPSS 统计软件分析其不同处理在 $P=0.01$ 水平下的显著性差异

生物炭对粉砂壤土饱和含水量、毛管含水量、田间持水量的改良效应规律同对土壤孔隙度的改良效应规律一致。之所以在低的添加量下，生物炭对粉砂壤土含水量的改良效果不明显，还出现降低的趋势，可能是生物炭的比表面积没有粉砂壤土的比表面积大，导致土壤总孔隙度减小，进而含水量降低。

综上所述，田间实际应用中，在偏砂性的土壤中施用生物炭能够增大土壤含水量，在偏壤性的土壤中施用较大量的生物炭才能增加土壤含水量，且增加幅度不大，因而在偏壤性土壤中不建议使用生物炭。和秸秆木炭相比，花生壳炭更适合作为砂性土壤的改良材料，改良效果明显。

2.4　生物炭对不同质地土壤水分特征的影响

土壤饱和导水率 $K(\theta)$、水分扩散率 $D(\theta)$ 及土壤水分特征曲线等土壤水分运动参数是土壤水分运动基本方程中的重要参数，综合反映了土壤的孔隙状况、导水能力、持水性能及运动能力，受土壤质地、结构等多重因素的影响。本节重点研究生物炭对不同质地土壤饱和导水率、水分扩散率及土壤水分特征曲线的影响，主要分析不同生物炭及不同配比对砂土、粉砂壤土持水特性的改良效果。

2.4.1 生物炭对砂土、粉砂壤土饱和导水率的影响

饱和导水率是指在恒定水压下，单位时间内渗透一定土壤厚度的水量，是反映土壤入渗性能的重要指标，它的大小直接反映土壤结构的好坏，它受土壤结构、质地、孔隙度、含盐量及温度等因素的影响。土壤渗透性良好，会使表面水分几乎完全进入土壤，在其中贮存起来；反之，土壤渗透性不佳，部分水分就形成径流，以致冲刷土表，造成水土流失。

1. 生物炭对砂土饱和导水率的影响

添加生物炭处理的各土壤均采用定水头法测定土壤饱和导水率。试验测得砂土在不同生物炭的不同配比下的土壤饱和导水率，如图 2.7 所示。

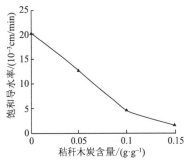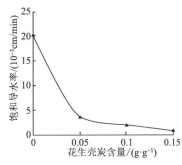

（a）不同配比下秸秆木炭含量对砂土饱和导水率的影响　　（b）不同配比下花生壳炭含量对砂土饱和导水率的影响

图 2.7　不同配比下秸秆木炭、花生壳炭对砂土饱和导水率的影响

从图 2.7、表 2.5 可以看出，砂土在两种生物炭的相同配比下对土壤饱和导水率的改良效果相同，即对照＞SJ1＞SJ2＞SJ3，对照＞SH1＞SH2＞SH3。经显著性分析，由表 2.5 可知，秸秆木炭在 0.05 g·g⁻¹ 处理时饱和导水率和对照在 5%水平下不存在显著性差异，在 0.1 g·g⁻¹、0.15 g·g⁻¹ 处理时和对照在 5%水平存在显著性差异；花生壳炭在生物炭用量分别为 0.05 g·g⁻¹、0.1 g·g⁻¹、0.15 g·g⁻¹ 下饱和导水率和对照在 5%水平下存在显著性差异含量，在 1%水平下存在极显著差异。说明添加花生壳炭对砂土饱和导水率的影响更显著。

表 2.5　生物炭处理砂土的饱和导水率值及显著性分析

试验方案	饱和导水率/（10^{-3}cm/min）	显著性检验	
		$P=0.05$	$P=0.01$
SJ0	20.429	A	a
SJ1	12.694	A	ab
SJ2	4.605	B	b
SJ3	1.598	B	b
SH0	20.429	A	a
SH1	3.644	B	b
SH2	1.892	B	b
SH3	0.960	B	b

注：本数据采用 SPSS 统计软件分析其不同处理在 $P=0.05$ 及 $P=0.01$ 水平下的显著性差异；A、B 是指与对照相比在 $P=0.05$ 水平下的差异性，A 为差异不显著，B 为差异显著；a、b 是与对照相比在 $P=0.01$ 水平下，a 为极不显著，b 为极显著

图 2.8 是同种生物炭不同配比下对砂土饱和导水率的改良效果对比，两种生物炭均能减小砂土饱和导水率，且随着生物炭含量增大，饱和导水率减小幅度越大，添加秸秆木炭的砂土饱和导水率比对照的饱和导水率减小幅度为 37.86%～92.18%；添加花生壳炭的砂土饱和导水率比对照的饱和导水率减小幅度为 82.17%～95.30%，且在相同配比时，花生壳炭对砂土饱和导水率的影响比秸秆木炭大，饱和导水率减小幅度更大。将秸秆木炭、花生壳炭各处理砂土的饱和导水率对比后发现对照＞SJ1＞SJ2＞SH1＞SH2＞SJ3＞SH3，说明花生壳炭添加量为 0.05 g·g^{-1} 对砂土饱和导水率的影响程度较秸秆木炭添加量为 0.05 g·g^{-1}、0.1 g·g^{-1} 时对砂土饱和导水率的影响程度都大。

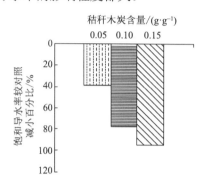
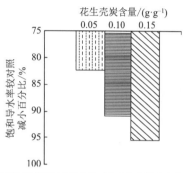

（a）不同配比下秸秆木炭含量对砂土饱和导水率的改良效果　（b）不同配比下花生壳炭含量对砂土饱和导水率的改良效果

图 2.8　不同配比下秸秆木炭、花生壳炭含量对砂土饱和导水率的改良效果

综上所述，添加生物炭能够降低砂土的饱和导水率，花生壳炭对砂土的饱和导水率的影响更加显著，本次试验生物炭的应用使得砂土饱和导水率减小的原因，可能是生物炭具有较大的比表面积及多孔性，这就使其本身具有了较强的吸附水的能力，同时增加了砂土的总孔隙度。研究证实，土壤的实效孔径＞0.3 mm 的孔隙，水可自由通过，实效孔径在 0.3～0.03 mm 的孔径，水在重力作用下较易通过，实效孔径＜0.03 mm 时，这部分孔隙中的水分不易流出，而对于扰动土来说，土壤孔隙性是影响扰动土壤饱和导水率的主要因素[5]。最终通过研究证实，添加生物炭可以增加砂土的总孔隙度，而饱和导水率却有所减小，可能是添加生物炭主要增加了砂土的小孔隙，这部分孔隙当中的水在重力作用下不易流出。添加花生壳炭后，相同配比下，各处理孔隙度比添加秸秆木炭的各处理土壤孔隙度大，而相同配比下饱和导水率前者却比后者小，说明添加花生壳炭后，土壤小孔隙增大比率比添加秸秆木炭小孔隙增大比率更大。

2. 生物炭对粉砂壤土饱和导水率的影响

添加生物炭处理的各土壤均采用定水头法测定土壤饱和导水率。试验测得粉砂壤土在不同生物炭处理情况下土壤饱和导水率如图 2.9 所示。

从图 2.9、表 2.6 可以看出，粉砂壤土在两种生物炭的不同配比下对土壤饱和导水率的改良效果相同，即对照＜FJ1＜FJ2＜FJ3，对照＜FH1＜FH2＜FH3。经显著性分析，由表 2.6 可知，秸秆木炭在生物炭用量分别为 0.05 g·g^{-1}、0.1 g·g^{-1}、0.15 g·g^{-1} 时饱和导水率和对照在 5% 水平下存在显著性差异，在 1% 水平存在极显著性差异；花生壳炭在生物炭用量分别为 0.05 g·g^{-1}、0.1 g·g^{-1}、0.15 g·g^{-1} 下饱和导水率和对照在 5% 水平下存在显著性差异，在 1% 水平下存在极显著差异。这说明添加生物炭对粉砂壤土饱和导水率存在显著影响。

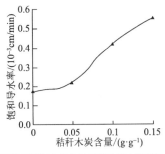
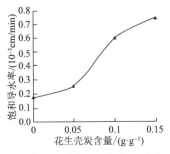

（a）不同配比下秸秆木炭含量对粉砂壤土饱和导水率的影响　（b）不同配比下花生壳炭含量对粉砂壤土饱和导水率的影响

图 2.9　不同配比下的秸秆木炭、花生壳炭对粉砂壤土饱和导水率的影响

表 2.6　生物炭处理粉砂壤土的导水率值及显著性分析

试验方案	饱和导水率/（10^{-3}cm/min）	显著性检验	
		$P = 0.05$	$P = 0.01$
FJ0	0.176	A	a
FJ1	0.218	B	b
FJ2	0.419	C	c
FJ3	0.554	D	d
FH0	0.176	A	a
FH1	0.255	B	b
FH2	0.599	C	c
FH3	0.747	D	d

图 2.10 是同种生物炭不同配比下对粉砂壤土饱和导水率的改良效果对比，从图上看出两种生物炭均能增大土壤饱和导水率，随着生物炭含量增大，饱和导水率与对照相比减小程度变大。添加秸秆木炭的粉砂壤土饱和导水率比对照的饱和导水率增加幅度为 23.86%～214.77%；添加花生壳炭的粉砂壤土饱和导水率比对照的饱和导水率增加幅度为 44.88%～324.43%，且在相同配比时，花生壳炭比秸秆木炭处理土壤饱和导水率增加更显著。

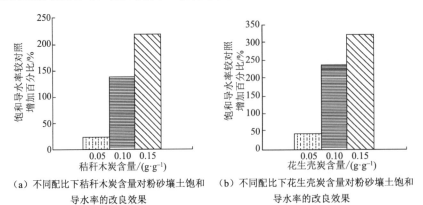

（a）不同配比下秸秆木炭含量对粉砂壤土饱和　（b）不同配比下花生壳炭含量对粉砂壤土饱和
　　导水率的改良效果　　　　　　　　　　　　　导水率的改良效果

图 2.10　不同配比下的秸秆木炭、花生壳炭含量对粉砂壤土饱和导水率的改良效果

综上所述，添加生物炭能够增加粉砂壤土的饱和导水率，花生壳炭对粉砂壤土饱和导水率的影响更加显著。本次试验生物炭的应用使得粉砂壤土饱和导水率增大的原因，可能是添加生物炭改变了土壤原有孔隙结构，使土壤大孔隙增加而中、小孔隙减小，随着生物炭含量

增大，土壤大孔隙增大幅度越大，在重力作用下从大孔隙当中流出的水分越多，这就使得粉砂壤土饱和导水率随着生物炭含量增大而增大。相同配比下，花生壳炭比秸秆木炭更能增大土壤饱和导水率，可能是因为花生壳炭在结构上微孔数量较秸秆木炭多，而这种微孔对于粉砂壤土的孔隙来说要大得多，因而增加粉砂壤土的大孔隙程度要比秸秆木炭大得多，这就导致相同配比下前者较后者的土壤饱和导水率更大。生物炭对于砂性土壤可以减小其饱和导水率，而对于偏黏性的土壤可以增大其饱和导水率，可以尝试将生物炭应用于黏性土壤当中，增大土壤饱和导水率，利于土壤通风。

2.4.2　生物炭对砂土、粉砂壤土水分扩散率的影响

实验室采用水平土柱进行土壤水分扩散率的测定，扩散率 $D(\theta)$ 是在土壤水分在较长的均质土柱中发生水平运动的条件下进行分析计算的。已知描述一维土壤水水平运动（忽略重力作用）的微分方程及定解条件为

$$D(\theta) = -\frac{1}{2(\mathrm{d}\theta/\mathrm{d}\eta)} \qquad (2.9)$$

$$\theta(x,t) = \theta_0,\ x > 0,\ t = 0;\ \theta(x,t) = \theta_i,\ x = 0,\ t > 0$$

式中：θ_0 为初始含水率，%；θ_i 为近水端含水率，接近饱和含水量，%；x 为水平距离，cm；t 为时间，min；$D(\theta)$ 为土壤水分扩散率，cm²/min。

对上述公式进行 Boltzmann 变换，转换为常微分方程求解，得出

$$D(\theta) = -\frac{1}{2(\mathrm{d}\theta/\mathrm{d}\eta)} \int_{\theta_0}^{\theta_i} \eta \mathrm{d}\theta \qquad (2.10)$$

式中：$\lambda = xt^{-1/2}$ 为变换参数。

为了便于计算，通常将式（2.10）改变为差分的形式，其表达式为

$$D(\theta) = -\frac{1}{2} \frac{\Delta\eta}{\Delta\theta} \sum_{\theta_0}^{\theta_i} \eta\Delta\theta \qquad (2.11)$$

通过对式（2.11）的计算，便可根据 θ-λ 图中的数据，用列表法计算土壤水分扩散率 $D(\theta)$。

1. 生物炭对砂土水分扩散率的影响

1）Boltzmann 变换参数与含水率 θ 的关系

计算得出 Boltzmann 变换参数 λ，与相对应的含水率 θ 点绘 θ-λ 关系曲线如图 2.11 所示。

λ 的大小表示水分在土壤中水平入渗时，湿润峰向前移动的快慢程度。从图 2.11 看出，所有处理的 λ 均随着土壤含水量的增大而减小。从变化趋势来看，秸秆木炭和花生壳炭在相同处理下对砂土 λ 的影响规律相同，即随着生物炭含量的增大，土壤水分在水平方向的运移速率减慢。从入渗开始到结束两种生物炭处理砂土的含水量变幅均随生物炭含量的增大而增大，且随着生物炭含量增大，土壤进水端的含水量变大。

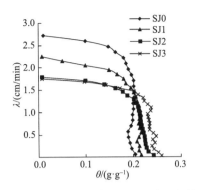 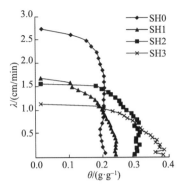

（a）秸秆木炭处理下砂土含水率 θ 与 λ 参数变化关系拟合曲线　　（b）花生壳炭处理下砂土含水率 θ 与 λ 参数变化关系拟合曲线

图 2.11　不同生物炭处理下砂土含水率 θ 与 λ 参数变化关系拟合曲线

图 2.12 为秸秆木炭和花生壳炭在相同配比下砂土含水率 θ 与 λ 参数变化关系曲线对比图，两种生物炭在 0.05 g·g^{-1}、0.15 g·g^{-1} 配比时，添加花生壳炭较秸秆木炭更能抑制水分在水平方向的运移，在 0.1 g·g^{-1} 配比时，花生壳炭处理土壤水分运移速率较秸秆木炭略小。从入渗开始到结束，相同配比下两种生物炭处理砂土的含水量变化幅度为 SJ1＜SH1、SJ2＜SH2、SJ3＜SH3；相同配比下花生壳炭处理土壤近水端含水量较秸秆木炭更大。说明添加生物炭减小了土壤水分在水平方向的运移速率，却增加了整个土柱中砂土含水量，且随着添加量的增大，砂土水分运移速率越来越慢，土柱中含水量越大。相同配比时花生壳炭较秸秆木炭对砂土水分的抑制作用更强，持水性也越大。

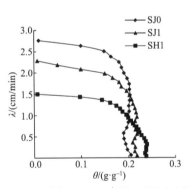 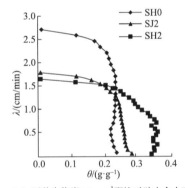

（a）两种生物炭0.05 g·g^{-1}配比对砂土含水率　　　　　　（b）两种生物炭0.1 g·g^{-1}配比对砂土含水率
　　　　θ 与 λ 参数变化关系曲线的影响　　　　　　　　　　　　θ 与 λ 参数变化关系曲线的影响

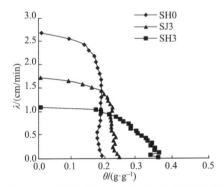

（c）两种生物炭0.15 g·g^{-1}配比对砂土含水率 θ 与 λ 参数变化关系曲线的影响

图 2.12　两种生物炭相同配比对砂土含水率 θ 与 λ 参数变化关系曲线的影响

2）生物炭处理下砂土水分扩散率的 $D(\theta)$ 与含水率 θ 的关系

图 2.13 为砂土在两种生物炭的相同配比下与对照土壤的 $D(\theta)$-θ 变化关系拟合曲线。

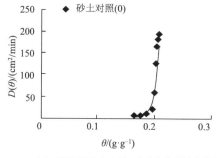

（a）0 配比下砂土 $D(\theta)$-θ 变化关系拟合曲线

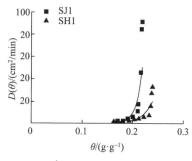

（b）0.05 g·g⁻¹ 配比下砂土 $D(\theta)$-θ 变化关系拟合曲线

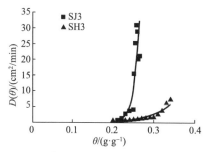

（d）0.1 g·g⁻¹ 配比下砂土 $D(\theta)$-θ 变化关系拟合曲线

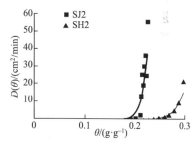

（c）0.15 g·g⁻¹ 配比下砂土 $D(\theta)$-θ 变化关系拟合曲线

图 2.13　两种生物炭的相同配比下砂土 4 种处理 $D(\theta)$-θ 变化关系拟合曲线

从图 2.13 看出，添加生物炭对砂土水分扩散率的影响较大，随着生物炭添加量的增大，砂土水分扩散率明显减小，生物炭施用量越大，土壤持水性能越好。秸秆木炭在生物炭用量分别为 0.05 g·g⁻¹、0.1 g·g⁻¹、0.15 g·g⁻¹ 时土壤水分扩散率分别较纯砂土减小 52.15%、70.81%、88.88%；花生壳炭在生物炭用量分别为 0.05 g·g⁻¹、0.1 g·g⁻¹、0.15 g·g⁻¹ 时土壤水分扩散率分别较纯砂土减小 83.01%、88.33%、96.16%，说明在砂土中施用生物炭能够增加土壤的持水能力，抑制水分在水平方向的扩散，且施用花生壳炭砂土的持水性能较施用秸秆木炭的效果更佳。砂土重量含水量与土壤水分扩散率之间具有极显著的正相关关系。符合 $D(\theta)=a\mathrm{e}^{b\theta}$ 的经验公式并呈指数曲线变化（表 2.7）。

表 2.7　砂土水分扩散率 $D(\theta)$ 与土壤含水率 θ 的拟合方程

处理	拟合方程	a	b	相关系数 R^2
砂土对照		2×10^{-10}	130.020	0.9005
SJ1		1×10^{-7}	90.080	0.9122
SJ2		1×10^{-7}	86.516	0.9252
SJ3	$D(\theta)=a\mathrm{e}^{b\theta}$	2×10^{-8}	80.172	0.9321
SH1		4×10^{-5}	54.548	0.9401
SH2		3×10^{-5}	44.770	0.9862
SH3		0.0026	22.423	0.9448

通过对土壤容重、孔隙度与土壤水分扩散率的相关性分析，得出秸秆木炭处理的砂土水分扩散率与容重（R^2=0.973）、孔隙度（R^2=0.978）呈正相关；花生壳炭处理砂土的水分扩散率与容重（R^2=0.859）、孔隙度（R^2=0.792）呈正相关。由以上分析，说明添加生物炭可改变土壤容重及孔隙度，进而能改变土壤水分扩散率。对于砂土，添加生物炭可以减小容重、增大孔隙度、减小水分扩散率，增加土壤的持水性能，这可能是因为两种生物炭的比表面积较砂土的比表面积大，这就使得砂土施用生物炭后持水性增强。

2. 生物炭对粉砂壤土水分扩散率的影响

1）Boltzmann 变换参数与含水率 θ 的关系

计算得出 Boltzmann 变换参数 λ，与相对应的含水率 θ 点绘 θ-λ 关系拟合曲线如图 2.14 所示。

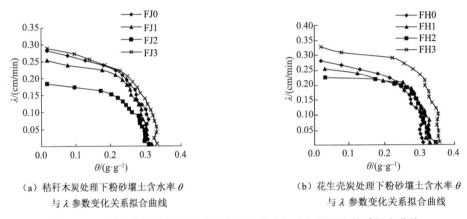

（a）秸秆木炭处理下粉砂壤土含水率 θ
与 λ 参数变化关系拟合曲线

（b）花生壳炭处理下粉砂壤土含水率 θ
与 λ 参数变化关系拟合曲线

图 2.14 不同生物炭处理下粉砂壤土含水率 θ 与 λ 参数变化关系拟合曲线

从图 2.14 看出，在粉砂壤土中，秸秆木炭及花生壳炭的不同处理对土壤的 θ-λ 关系曲线的影响规律基本一致，表现为秸秆木炭、花生壳炭在 0.15 g·g^{-1} 处理时，含水率变幅最大，对应的 λ 也较其他处理大；而在生物炭用量分别为 0.05 g·g^{-1}、0.1 g·g^{-1} 时，土壤含水率的变幅同对照基本一致，湿润峰向前移动的速度较对照均小，说明粉砂壤土在生物炭用量分别为 0.05 g·g^{-1}、0.1 g·g^{-1} 时，对土壤水分的运移起到抑制作用，在 0.15 g·g^{-1} 处理时增大土壤通透性，促进土壤水分在水平方向运移。

图 2.15 为秸秆木炭和花生壳炭在相同配比下粉砂壤土含水率 θ 与 λ 参数变化关系曲线对比图。发现 FJ1 和 FH1 从入渗开始到结束，土壤含水率变幅及 λ 大小基本相同；FJ2 和 FH2 的含水率变幅较对照略大，λ 较对照明显减小，两者相比含水率及 λ 后者均比前者大；FJ3 的含水率变幅及 λ 较对照略大，FH3 的含水率变幅及 λ 值较对照明显增大。由以上分析说明两种生物炭在不同配比下对粉砂壤土水分运移及土壤含水率变幅的影响不同，添加量较大时促进土壤水分在水平方向的运移，且增大整个土柱中土壤含水量，花生壳炭处理尤为明显；添加量较小时对土壤水分的运移起到抑制作用，添加量 0.1 g·g^{-1} 较添加量 0.05 g·g^{-1} 的土壤抑制作用更强，且整个土柱中土壤含水量同对照基本相同。

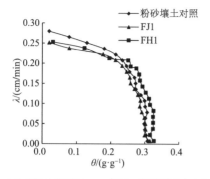

（a）两种生物炭0.05 g·g⁻¹配比对粉砂壤土含水率
θ 与 λ 参数变化关系曲线的影响

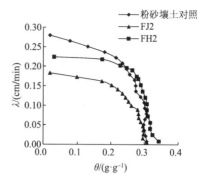

（b）两种生物炭0.1 g·g⁻¹配比对粉砂壤土含水率
θ 与 λ 参数变化关系曲线的影响

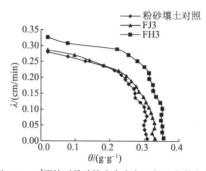

（c）两种生物炭0.15 g·g⁻¹配比对粉砂壤土含水率 θ 与 λ 参数变化关系曲线的影响

图 2.15　两种生物炭相同配比对粉砂壤土含水率 θ 与 λ 参数变化关系曲线的影响

2）生物炭处理下粉砂壤土水分扩散率 $D(\theta)$ 与含水率 θ 的关系

图 2.16 为粉砂壤土在两种生物炭的相同配比下与对照土壤 $D(\theta)$-θ 变化关系拟合曲线。

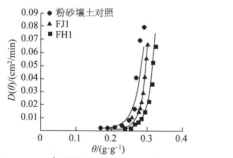

（a）0.05 g·g⁻¹配比粉砂壤土 $D(\theta)$-θ 变化关系拟合曲线

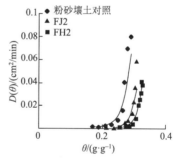

（b）0.1 g·g⁻¹配比粉砂壤土 $D(\theta)$-θ 变化关系拟合曲线

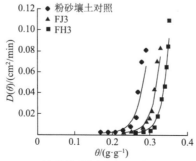

（c）0.15 g·g⁻¹配比粉砂壤土 $D(\theta)$-θ 变化关系拟合曲线

图 2.16　生物炭的相同配比下粉砂壤土各处理 $D(\theta)$-θ 变化关系拟合曲线

从图 2.16 看出，两种生物炭在相同配比时对粉砂壤土水分扩散率的影响规律相同，即在生物炭施用量分别为 0.05 g·g^{-1}、0.1 g·g^{-1} 时，扩散率 $D(\theta)$ 均较对照减小，两种生物炭处理土壤扩散率基本一致，0.1 g·g^{-1} 处理较 0.05 g·g^{-1} 处理的 $D(\theta)$ 更小；在 0.15 g·g^{-1} 处理时，$D(\theta)$ 较对照增大，FH3 较 FJ3 的土壤水分扩散率更大。相同水分扩散率下，添加生物炭的土壤含水量较对照增大，两种生物炭相同配比下土壤含水率变化规律为 FJ1＜FH1、FJ2＜FH2、FJ3＜FH3。说明在粉砂壤土中施用少量生物炭抑制水分在水平方向的扩散，添加量较大时促进水分在水平方向的扩散，总的来说，添加生物炭后粉砂壤土含水量较对照增大。经数据拟合得出土壤含水率与土壤水分扩散率具有极显著的正相关关系。符合 $D(\theta) = ae^{b\theta}$ 的经验公式并呈指数曲线变化（表 2.8）。

表 2.8 粉砂壤土水分扩散率 $D(\theta)$ 与土壤含水率 θ 的拟合方程

试验方案	拟合方程	a	b	相关系数
粉砂壤土对照		2×10^{-7}	43.642	0.9230
FJ1		3×10^{-12}	78.441	0.9487
FJ2		6×10^{-10}	57.650	0.9120
FJ3	$D(\theta) = ae^{b\theta}$	2×10^{-10}	45.275	0.9763
FH1		3×10^{-10}	59.988	0.9803
FH2		1×10^{-10}	59.255	0.9857
FH3		8×10^{-10}	52.366	0.9728

通过对土壤容重、孔隙度与土壤水分扩散率的相关性分析，得出秸秆木炭处理的粉砂壤土水分扩散率与容重（$R^2=0.085$）无相关性、与孔隙度（$R^2=0.978$）呈正相关，花生壳炭处理的粉砂壤土水分扩散率与容重（$R^2=0.041$）无相关性、与孔隙度（$R^2=0.987$）呈正相关。由以上分析，说明添加生物炭改变土壤结构，进而改变了土壤水分扩散率，对于粉砂壤土来说，添加量为 0.05 g·g^{-1}、0.1 g·g^{-1} 时抑制土壤水分运移，添加量为 0.15 g·g^{-1} 时土壤通透性增大，持水量较对照组略大。

2.4.3 生物炭对砂土、粉砂壤土水分特征曲线的影响

RETC 软件使用非线性最小二乘优化法，可以根据观测到的水分-水势数据或水分-水分传导率数据，来估算未知的模型参数。本次试验水分特征曲线模拟采用 van–Genuchten 模型，理论方程为

$$\frac{\theta_s - \theta_r}{\theta_s - \theta_r} = (1 + |ah|^n) - m \tag{2.4}$$

式中：θ_s 为饱和土壤含水率；θ_r 为滞留土壤含水率；a 为进气吸力参数；h 为负压水头；m、n 为曲线形状参数，并选用关系式 $m = 1 - 1/n$。

1. 生物炭对砂土水分特征曲线的影响

1）生物炭对砂土水分特征曲线影响规律分析

使用 RETC 软件中的 van–Genuchten 模型对所有处理的试验结果进行曲线拟合，拟合结

果得出 a、n 曲线形状参数及相关系数 R^2 的值见表 2.9,同时得出了不同生物炭处理的水分特征曲线模型,如图 2.17 所示。

表 2.9　不同生物炭处理砂土的 van–Genuchten 模型参数

试验方案	a	n	R^2
砂土对照	0.0203	1.2436	0.985
SJ1	0.0221	1.3496	0.992
SJ2	0.0437	1.0856	0.996
SJ3	0.0318	1.0763	0.997
SH1	0.0237	1.0946	0.992
SH2	0.0196	1.0824	0.990
SH3	0.0167	1.0805	0.990

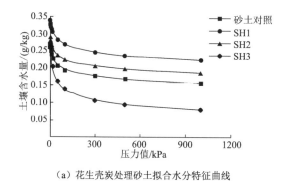 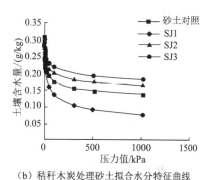

（a）花生壳炭处理砂土拟合水分特征曲线　　（b）秸秆木炭处理砂土拟合水分特征曲线

图 2.17　生物炭处理砂土拟合水分特征曲线

由表 2.9 数据看出,不同处理砂土模型的拟合值与实测值的相关系数均大于 0.97,说明使用 RETC 软件进行 van–Genuchten 模型拟合的砂土水分特征曲线结果是可信的。从图 2.17 可以看出,各处理土壤的水分特征曲线变化规律一致,即在低压力段土壤释出水分越多,随着土壤水压力的增加,土壤中释出的水分越多,当压力高于一定值时,土壤重量含水量减小速率变慢。在相同的土壤压力下,砂土的含水量随着生物炭含量的增加而增大;当压力在 2～1000 kPa 变化时,SJ1、SJ2、SJ3 及 SH1、SH2、SH3 的土壤水含量比纯砂土水分含量增大,其增大范围分别为 0.5%～12.21%及 0.92%～16.89%;压力越大,生物炭处理的砂土与纯砂土的含水率相差越明显。

图 2.18 为两种生物炭相同配比时砂土拟合水分特征曲线的比较。相同配比下,两种生物炭处理砂土水分特征曲线均在对照之下,秸秆木炭处理砂土的水分特征曲线接近对照水分特征曲线,而花生壳炭处理砂土的水分特征曲线在最下方,水分特征曲线越低,表明土壤持水性越好。相同压力下,花生壳炭处理砂土的土壤质量含水量远大于秸秆木炭处理砂土的土壤质量含水量,说明花生壳炭处理的砂土比秸秆木炭处理的砂土在相同压力下持水性更好。

本次试验影响砂土含水量的主要原因,可能是随着生物炭含量增加,处理后的各砂土的总孔隙度增大,同时增加了砂土的含水量,其中,小孔隙增加的幅度远大于大孔隙增加的幅度,在施加相同的土壤水压力下,大孔隙当中的土壤水优先被析出,而小孔隙中的水分受土壤水

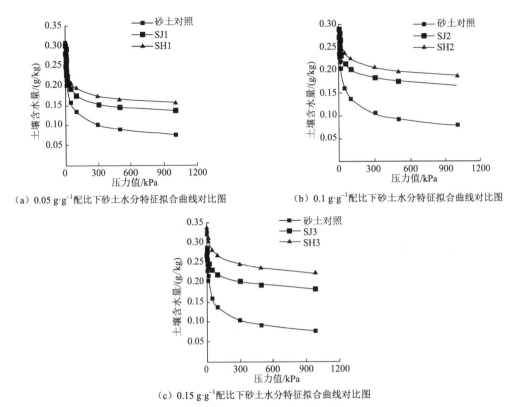

（a）0.05 g·g⁻¹配比下砂土水分特征拟合曲线对比图　　（b）0.1 g·g⁻¹配比下砂土水分特征拟合曲线对比图

（c）0.15 g·g⁻¹配比下砂土水分特征拟合曲线对比图

图 2.18　不同生物炭相同配比下砂土拟合水分特征曲线对比图

吸力影响较小，在相同的压力下从小孔隙中析出的水分要少，这就说明添加生物炭能够改善砂土的持水性，且花生壳炭对砂土持水性的影响更大。但是添加生物炭后，砂土的大、中、小孔隙度是如何变化的，需要进一步研究。

2）生物炭含量对砂土水分特征参数的影响规律

砂土各处理的进气吸力参数 a 及曲线形状参数 n 的变化规律如图 2.19 所示。

由图 2.19 看出，a 在秸秆木炭和花生壳炭处理下变化规律不同，秸秆木炭处理砂土的 a 变化规律为对照＜SJ1＜SJ3＜SJ2，花生壳炭处理砂土的 a 变化规律为 SH3＜SH2＜SH0＜SH1；n 在花生壳炭处理下随着含量增加而减小，在秸秆木炭处理下 SH2＜SH3＜SH0＜SH1。总体看来，n 随着生物炭含量增大而减小，a 先增大后减小。

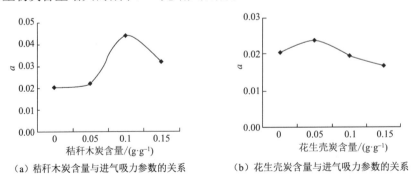

（a）秸秆木炭含量与进气吸力参数的关系　　（b）花生壳炭含量与进气吸力参数的关系

图 2.19　生物炭处理砂土进气吸力参数 a 及曲线形状参数 n 的变化规律

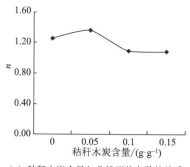

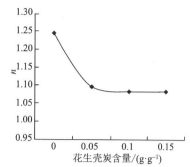

（c）秸秆木炭含量与曲线形状参数的关系　　（d）花生壳炭含量与曲线形状参数的关系

图 2.19　生物炭处理砂土进气吸力参数 a 及曲线形状参数 n 的变化规律（续）

2. 生物炭对粉砂壤土水分特征曲线的影响

1）生物炭对粉砂壤土水分特征曲线影响规律分析

拟合结果得出 a、n 及相关系数 R^2 的值见表 2.10，同时得出了生物炭处理粉砂壤土水分特征曲线模型，如图 2.20 所示。

表 2.10　不同生物炭处理粉砂壤土的 van–Genuchten 模型参数

处理	a	n	R^2
粉砂壤土对照	0.0217	1.1468	0.999
FJ1	0.0169	1.1319	0.997
FJ2	0.0161	1.1564	0.998
FJ3	0.0196	1.0711	0.999
FH1	0.0223	1.0936	0.994
FH2	0.0199	1.1448	0.996
FH3	0.0712	1.0454	0.989

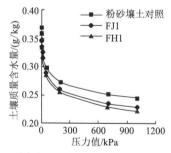

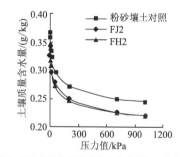

（a）秸秆木炭处理粉砂壤土水分特征拟合曲线　　（b）花生壳炭处理粉砂壤土水分特征拟合曲线

图 2.20　生物炭处理粉砂壤土水分特征拟合曲线

由表 2.10 看出，生物炭处理粉砂壤土模型的拟合值与实测值的相关系数均大于 0.98，说明使用 RETC 软件进行 van–Genuchten 模型拟合的粉砂壤土水分特征曲线结果是可信的。从图 2.20 和图 2.21 可以看出，各处理土壤的水分特征曲线在低吸力段土壤释出水分越多，随着土壤水吸力的增加，土壤中释出的水分越多，当压力高于一定值时，土壤含水量减小速率变慢。添加生物炭对粉砂壤土持水性的影响表现为不规律性，即在相同土壤压力下，FJ3 及

FH3 土壤含水量较对照组增大，而 FJ1、FJ2 及 FH1、FH2 土壤含水量均较对照组减小。当压力在 2～1000kPa 变化时，粉砂壤土各处理在最低压力和最高压力下的含水量差值分别为：对照（0.131 g·g^{-1}）、FJ1（0.135 g·g^{-1}）、FJ2（0.133 g·g^{-1}）、FJ3（0.103 g·g^{-1}）、FH1（0.145 g·g^{-1}）、FH2（0.126 g·g^{-1}）、FH3（0.103 g·g^{-1}），从以上分析结果看出，同一压力下 FJ3、FH3 土壤含水量较其他处理均大，但是整个压力范围内土壤含水量变化范围反而减小；FJ1、FJ2 及 FH1 在同一压力下土壤含水量比粉砂壤土对照减小，整个压力范围内土壤含水量变化范围反而比对照增大，说明生物炭添加量较大时粉砂壤土有效水分含量减小，反之增加。

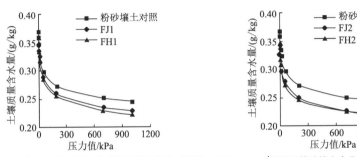

（a）0.05 g·g^{-1}配比下粉砂壤土水分特征拟合曲线对比图　（b）0.1 g·g^{-1}配比下粉砂壤土水分特征拟合曲线对比图

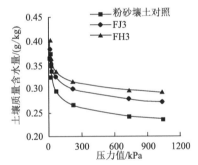

（c）0.15 g·g^{-1}配比下粉砂壤土水分特征拟合曲线对比图

图 2.21　两种生物炭相同配比下粉砂壤土水分特征拟合曲线对比

本次试验粉砂壤土水分特征曲线变化规律同孔隙度变化规律一致，即在 0.15 g·g^{-1} 时孔隙度、持水量均较其他处理增大，在 0.05 g·g^{-1}、0.1 g·g^{-1} 处理时，孔隙度、持水量较对照减小，说明孔隙度是影响粉砂壤土持水性的主要因素，当生物炭添加量较小时，对土壤大孔隙的影响较大，导致土壤水在一定的压力下较易流出，降低土壤持水性，而在生物炭添加量较大时，对土壤中、小孔隙影响较大，这部分孔隙当中的水不易流出，改善土壤持水性。

2）生物炭含量对粉砂壤土水分特征参数的影响规律

粉砂壤土各处理的进气吸力参数 a 及形状参数 n 的变化规律如图 2.22 所示。

由图 2.22 看出，两种生物炭对粉砂壤土水分特征参数 a、n 的影响规律不同，即秸秆木炭处理粉砂壤土的 a 变化规律为 FJ0>FJ3>FJ1>FJ2；花生壳炭处理粉砂壤土的 a 变化规律为 FH3>FH1>FH0>FH2。秸秆木炭处理粉砂壤土的 n 变化规律为 FJ2>FJ0>FJ1>FJ3；花生壳炭处理粉砂壤土的 n 变化规律为 FH0>FH2>FH1>FH3。总体看来，生物炭含量对粉砂壤土水分特征参数 a、n 的影响无规律可循。

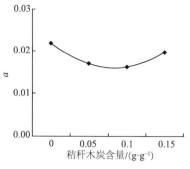

（a）秸秆木炭含量与进气吸力参数的关系

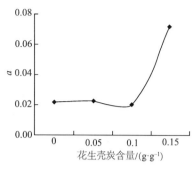

（b）花生壳炭含量与进气吸力参数的关系

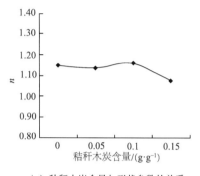

（c）秸秆木炭含量与形状参数的关系

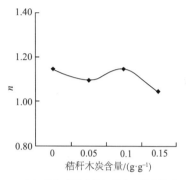

（d）花生壳炭含量与形状参数的关系

图 2.22　生物炭处理砂土进气吸力参数 a 及形状参数 n 的变化规律

综上所述，添加生物炭提高了砂土的持水性，在添加量为 0.15 g·g^{-1} 时砂土水分含量最大，持水性最好，且花生壳炭比秸秆木炭的改良效果更好。生物炭对于粉砂壤土持水性的改良不是很明显，仅在添加量为 0.15 g·g^{-1} 时土壤含水量增大，持水性较对照略高，在添加量为 0.05 g·g^{-1}、0.1 g·g^{-1} 时，降低粉砂壤土持水性。

2.5　生物炭对砂土低吸力水分特征曲线的影响

2.5.1　测试方法及试验设计

采用土壤水力参数连续综合测试系统测试砂土的低吸力水分特征曲线，试验装置如图 2.23 所示。压力值采用厘米水柱，分别为 0 cmH$_2$O、10 cmH$_2$O、20 cmH$_2$O、30 cmH$_2$O、40 cmH$_2$O、50 cmH$_2$O、60 cmH$_2$O、70 cmH$_2$O、80 cmH$_2$O、90 cmH$_2$O、100 cmH$_2$O 压力水头。试验设计花生壳炭配比为 0 g·g^{-1}、0.01 g·g^{-1}、0.03 g·g^{-1}、0.05 g·g^{-1}、0.08 g·g^{-1}、0.1 g·g^{-1}。

试验前将砂土和花生壳炭分别按照给定配比混合均匀置于试验台备用，每个处理设 3 个重复。将准备好的土样分层填装到高 10 cm、内径 9 cm 的有机玻璃筒中，装土过程当中控制砂土的容重为 1.5 g/cm^3，其他处理填装过程均与对照组的击实次数和击实压力保持一致，然后将装好的土样底部放蜂窝状托盘浸泡到蒸馏水中，使其饱和。将陶土板进行排气，直至没有气泡为止，然后将陶土板浸泡到水中使其饱和，待土样和陶土板饱和后，将土样放置到陶土板上，盖好外罩，开始试验（图 2.24）。在放置土样之前，每个陶土板出水口处用橡胶管

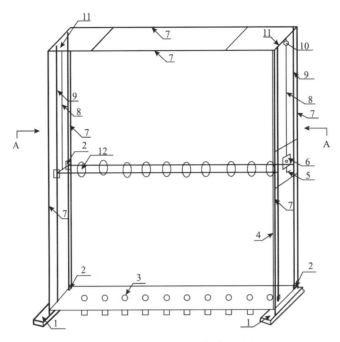

图 2.23　低压水分特征曲线测试仪

1. 底座；2. 限位装置；3. 试验滴水瓶；4. 升降标尺；5. 升降口手柄；6. 升降口；7. 方钢支架；8. 升降钢丝绳；
9. φ20不锈钢轨道；10. 升降滑轮；11. 轨道固定螺母；12. 试验盘

连接到 250 ml 的量筒中，待土样放置好后，土样开始出水，控制水头（水头是从陶土板到出流口的距离）分别为 10 cm、20 cm、30 cm、40 cm、50 cm、60 cm、70 cm、80 cm、90 cm、100 cm，土柱在每个水头下每隔 24 h 测量一次量筒内的出流量，并记录，待试验完毕后，将各土样置于 105 ℃烘箱中烘干至恒重。

图 2.24　低压水分特征曲线测试实物图

2.5.2　花生壳炭对砂土低压水分特征曲线的影响

砂土各处理低吸力水分特征曲线变化规律如图 2.25 所示。由图 2.25 看出，各处理砂土的水分特征曲线变化规律一致，即随着压力水头的增加，土壤中释出的水分增多。在相同的压力水头下，砂土的含水量随着生物炭含量的增加而增大。当压力水头为 0 时对应的各处理含水量为土壤的饱和含水量，图中砂土各处理的饱和含水量随着花生壳炭含量的增加而增大。当压力水头在 0～100 cmH$_2$O 变化时，对照的含水量减小速率较快，曲线较陡，而添加生物炭的各处理土壤水分特征曲线变化平缓，含水量减小速率较慢。由此得出的结论和使用压力薄膜仪测定生物炭对砂土水分特征曲线的影响试验结论一致，即随着生物炭含量的增大，砂土的持水性越好。

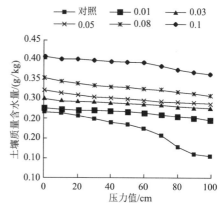

图 2.25　砂土各处理低吸力水分特征曲线对比图

2.5.3　花生壳炭对砂土不同孔隙度的影响

在低吸力水分特征曲线测定过程当中，认为在 0～40 cm 水头下土壤中流出的水分为土壤大孔隙中的水分，在 40～100 cm 水头下流出的水分为土壤中孔隙中的水分，剩余在土壤中的水分为土壤小孔隙中的水分，由此分别计算出各处理土壤在 40 cm、100 cm 时的体积含水率，由公式：饱和体积含水率–40 cm（100 cm）水头下土壤体积含水率=大（中）孔隙度，再由计算出的大、中孔隙度计算出土壤小孔隙度。图 2.26 为不同花生壳炭配比下，对砂土大、中、小孔隙度及总孔隙度的影响。

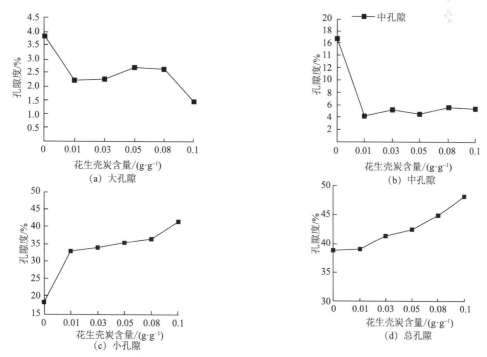

图 2.26　花生壳炭含量对砂土孔隙度的影响

由图 2.26 看出，花生壳炭对砂土大、中、小孔隙度的影响规律不同。添加生物炭后，砂土各处理的大、中孔隙度均较对照减小，但是减小程度不同，各处理大孔隙度的变化规律为对照＞0.05＞0.08＞0.03＞0.01＞0.1；中孔隙度的变化规律为对照＞0.08＞0.1＞0.03＞0.05＞0.01。添加花生壳炭后，砂土小孔隙度随着花生壳炭添加量的增大而增大，变化规律为 0.1＞0.08＞0.05＞0.03＞0.01＞对照；砂土总孔隙度的变化规律同小孔隙度变化规律一致，即随着花生壳炭添加量的增大而增大，这与前述环刀法测定的花生壳炭对砂土总孔隙度的影响规律一致。充分说明添加生物炭确实能增加砂土的总孔隙度，且大、中孔隙度减小，小孔隙度增加，这与前述猜想一致。

由表 2.11 看出，花生壳炭对砂土大、中、小孔隙度的影响程度不同。对于大孔隙度来说，添加生物炭后，砂土大孔隙度较对照减小幅度为 30.065%～62.308%，配比为 0.1 g·g^{-1} 时，砂土大孔隙度最小，仅为 1.44%。对于中孔隙度来说，添加生物炭后，砂土中孔隙度较对照减小幅度为 66.418%～75.318%，各配比中孔隙度的变化范围为 4.126%～5.614%，而对照中孔隙度为 16.717%，说明添加花生壳炭明显减小了砂土中孔隙度。对于小孔隙度来说，添加生物炭后，砂土小孔隙度较对照增大幅度为 79.415%～126.998%，且随着生物炭含量的增大，小孔隙度增幅增大。对于总孔隙度来说，添加生物炭后，砂土总孔隙度较对照增大幅度为 0.767%～24.215%，随着生物炭含量的增大，总孔隙度增幅越大。通过对砂土大、中、小孔隙度及总孔隙度的分析，说明生物炭改良了砂土的土壤结构，减小了土壤大、中孔隙度，增大土壤小孔隙度，最终使其土壤总孔隙度增大，这对土壤持水性的影响具有积极作用。

表 2.11　花生壳炭对砂土大、中、小孔隙度及总孔隙度的影响关系对比

处理	大孔隙度/%	增幅/%	中孔隙度/%	增幅/%	小孔隙度/%	增幅/%	总孔隙度/%	增幅/%
对照（0）	3.821	—	16.717	—	18.246	—	38.784	—
0.01	2.219	−41.929	4.126	−75.318	32.737	79.415	39.082	0.767
0.03	2.288	−40.113	5.136	−69.277	33.961	86.125	41.385	6.707
0.05	2.672	−30.065	4.616	−72.385	35.250	93.189	42.538	9.680
0.08	2.640	−30.912	5.614	−66.418	36.593	100.549	44.847	15.632
0.10	1.440	−62.308	5.316	−68.198	41.419	126.998	48.175	24.215

2.6　本 章 小 结

通过室内试验，研究生物炭改良材料对砂土和粉砂壤土结构、水分含量及持水特性的改良效果。测定了不同生物炭在不同配比下对砂土和粉砂壤土容重、孔隙度、饱和含水量、毛管含水量、田间持水量、饱和导水率、水分扩散率及土壤水分特征曲线的影响。对不同质地土壤使用生物炭的适宜含量、效果进行了评价，最终给为砂土、粉砂壤土选择适宜的生物炭及生物炭施用量提供理论支撑。研究结果如下。

（1）两种生物炭对同一质地土壤容重、孔隙度的影响规律一致但影响程度不同，对不同质地土壤容重、孔隙度的影响规律不同。生物炭能有效降低砂土、粉砂壤土容重，添加生物炭后，砂土、粉砂壤土容重明显减小；添加生物炭后，粉砂壤土总孔隙度呈先减小后增大趋势，在 0.15 g·g^{-1} 处理时土壤总孔隙度最大。花生壳炭对砂土、粉砂壤土容重、孔隙度的改良效果更佳。生物炭特有的表面结构（微孔较多，排列紧密）是改良土壤结构的基础，其本身容重较砂土、粉砂壤土小，且多孔结构是造成砂土总孔隙度增大的主要原因，但是对粉砂壤土总孔隙度的影响规律需要进行更细致的研究。

（2）生物炭能有效改良砂土的含水量（饱和含水量、毛管含水量、田间持水量），对粉砂壤土含水量的影响不明显。添加生物炭后，砂土含水量增大，且随着生物炭含量的增大砂土含水量呈增大趋势；对于粉砂壤土来说，生物炭添加量不同对土壤含水量的影响不同，添加量为 0.05 g·g^{-1}、0.1 g·g^{-1} 时和对照比土壤含水量降低，添加量为 0.15 g·g^{-1} 时和对照比土壤含水量增大。生物炭对砂土含水量的改良效果优于对粉砂壤土含水量的改良效果，且花生壳炭比秸秆木炭对土壤含水量的改良效果更佳。

（3）生物炭对砂土、粉砂壤土水分特征（饱和导水率、水分扩散率、水分特征曲线）的影响规律不同。砂土添加生物炭后，和对照相比土壤持水性明显提高，粉砂壤土在不同生物炭添加量下土壤持水性的改良效果不同。

两种生物炭对同一质地土壤饱和导水率的影响规律相同，即添加生物炭后，砂土饱和导水率随着生物炭含量的增加而减小，粉砂壤土饱和导水率随着生物炭含量增加而增大。

在水分扩散率试验中，生物炭抑制砂土中水分的运移，随着生物炭含量增大，土壤水分运移速率呈减小趋势，土壤含水量呈增大趋势，扩散率随生物炭含量增大而减小。在不同生物炭含量下，生物炭对粉砂壤土扩散率的影响不同，含量为 0.05 g·g^{-1}、0.1 g·g^{-1} 时抑制粉砂壤土水分运移，$D(\theta)$ 均小于对照 $D(\theta)$，近水端和远水端土壤含水量变化幅度同对照基本相同；含量为 0.15 g·g^{-1} 时促进土壤水分的运移，$D(\theta)$ 较其他处理均大，近水端和远水端土壤含水量变化幅度较对照增大。

添加生物炭能增大砂土的有效含水量，提高土壤持水性。在相同土壤水吸力下，随着生物炭含量增大，砂土含水量越高，且花生壳炭比秸秆木炭的改良效果更好。生物炭对于粉砂壤土持水性的改良效果因含量不同改良效果也不同，相同土壤吸力下，添加量为 0.15 g·g^{-1} 时土壤含水量较对照增大，持水性较对照略高，在添加量为 0.05 g·g^{-1}、0.1 g·g^{-1} 时，土壤含水量和对照相比有所降低，持水性减弱。

（4）利用土壤水力参数连续综合测试系统测试生物炭对砂土低压水分特征曲线及土壤大、中、小孔隙度的影响，随着生物炭含量增大，砂土持水性越好，且砂土大、中孔隙度减小，小孔隙度及总孔隙度增大，这也合理地解释了添加生物炭对砂土持水性的影响机理。

综上所述，添加生物炭后，改良了砂土的土壤结构，使其土壤含水量增大，并抑制土壤水分的渗流，使土壤水分得到更好的贮存，这对作物来说，增大了可供其吸收和利用的有效含水量。生物炭对于粉砂壤土持水性的改良不是很明显，仅在添加量为 0.15 g·g^{-1} 时土壤含水量增大，持水性较对照略高，在添加量为 0.05 g·g^{-1}、0.1 g·g^{-1} 时，降低粉砂壤土持水性。但是添加生物炭后，可以增大粉砂壤土通透性，利于土壤通风。因而田间实际应用中，建议在偏砂性的土壤中施用生物炭，以便改善土壤有效含水量，在偏壤性的土壤中施用较大量的生物炭才能增加土壤含水量，且增加幅度不大，因而在偏壤性土壤中不建议使用生物炭。通过试验对比，花生壳炭比秸秆木炭更适合作为砂性土壤的改良材料，改良效果明显。

参 考 文 献

[1] 刘岳燕. 水分条件与水稻土壤微生物生物量、活性及多样性的关系研究. 杭州: 浙江大学, 2009.

[2] 邓东周, 范志平, 王红, 等. 土壤水对土壤呼吸的影响. 林业科学研究, 2009, 22(5): 722-727.

[3] 韦武思. 秸秆改良材料对沙质土壤结构和水分特征的影响. 重庆: 西南大学, 2010.

[4] 韩勇鸿, 樊贵盛, 孔令超. 土壤结构与田间持水率间的定量关系研究. 太原理工大学学报, 2012, 43(5): 615-619.

[5] 李孝良, 陈效民, 周炼川, 等. 西南喀斯特地区土壤饱和导水率及其影响因素研究. 灌溉排水学报, 2008, 27(5): 74-86.

第3章　盆栽试验条件下生物炭对砂壤土节水保肥的影响及对作物的生长调控

盆栽试验是将生长介质置于特制容器中在温室、网室或人工气候箱等设施中人工模拟、人为控制条件下进行的植物栽培试验。由于能严格控制水分、养分，甚至温度、光照等条件，因而有利于精密测定试验因素的效应。同时，盆栽试验可为大田小区试验的开展提供良好的参考。

3.1　试　验　设　计

采用盆栽试验方法，秧苗移栽前砂壤土和生物炭全部过 2 mm 筛，均匀混合后装入花盆，沉淀 7 天后作为基质土壤。本试验土样分 5 个处理：处理 1 为对照，即不添加生物炭（CK）；处理 2 为每 1 kg 干土加生物炭 10 g（C1）；处理 3 为每 1 kg 干土加生物炭 20 g（C2）；处理 4 为每 1 kg 干土加生物炭 40 g（C3）；处理 5 为每 1 kg 干土加生物炭 60 g（C4）。每个处理 3 次重复。选择番茄和辣椒两种作物。

作物生育期内，各处理的水肥管理制度保持一致。化肥施用复合肥，其中氮质量分数 15%，有效磷质量分数 5%，黄腐酸钾质量分数 30%，有机质质量分数 10%。苗期—开花着果期施肥量为 225 kg/hm²，灌水量为 1050 m³/hm²；开花着果期—结果盛期施肥量为 150 kg/hm²，灌水量为 1950 m³/hm²；结果盛期—后期施肥量为 75 kg/hm²，灌水量为 450 m³/hm²。试验于 2012 年和 2013 年每年的 5 月 1 日至 8 月 20 日在内蒙古农业大学日光温室内进行，室内温度和湿度如图 3.1 所示，白天温度在 25～30℃，夜间温度在 10～18℃，日平均湿度在 38% 左右。

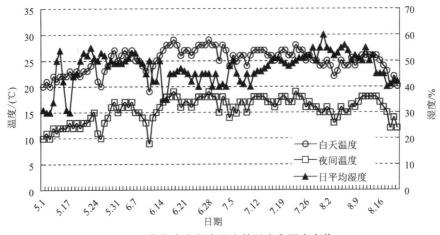

图 3.1　作物生育期内温室的温度和湿度变化

3.2 不同生育期生物炭对砂壤土容重的影响

通过对番茄和辣椒不同生育期的土样分析可知（图3.2和图3.3），砂壤土中掺加生物炭可有效降低土壤容重。整体看来，随着生物炭含量的增加土壤容重呈现降低趋势，即 CK＞C1＞C2＞C3＞C4。

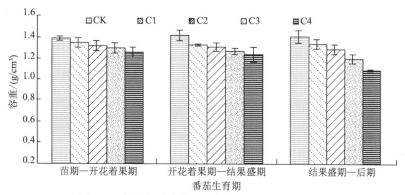

图 3.2　生物炭对番茄不同生育期土壤容重的影响

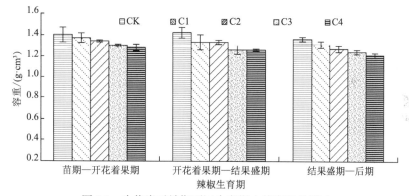

图 3.3　生物炭对辣椒不同生育期土壤容重的影响

番茄在苗期—开花着果期，生物炭处理土壤容重均小于 CK，其中 C4 最为显著，土壤容重降低 9.35%。在开花着果期—结果盛期，土壤容重与苗期—开花着果期表现一致，C1 和 C2 不显著。在结果盛期—后期，高炭量的作用最明显，与 CK 相比，C4 的土壤容重降低23.02%。

辣椒各生育期土壤容重变化规律与番茄大体一致。在苗期—开花着果期，C4 最为显著，土壤容重降低 8.63%。在开花着果期—结果盛期，生物炭显著改善了土壤的容重，生物炭处理的容重比 CK 平均降低 8.87%，其中 C3、C4 与 CK 差异最显著。在结果盛期—后期，高炭量的作用仍然最明显，与 CK 相比，C4 的土壤容重降低 10.79%。

由于生物炭具有轻质和多孔性的特点，生物炭处理可降低砂壤土土壤容重，有效地改善砂壤土的结构、耕作条件和农田土壤微生物环境。

3.3 不同生育期生物炭对砂壤土孔隙度的影响

将各处理土样置于容器中浸水，直至土壤达到饱和状态，称重并记录各处理土样的饱和重（计算饱和持水量），然后将各处理土样放置在铺有干砂的平底盘中至 2h 后称重并记录土样重量（计算毛管含水量），此后，将土样放置于 105℃恒温下烘干至恒重，测得各土样的干土重，根据测出的数据，应用式（3.1）～式（3.5）计算土样总孔隙度：

$$饱和持水量（\%）=（饱和重–环刀干土重）/（环刀干土重–环刀重）×100 \qquad (3.1)$$

$$毛管含水量（\%）=（置沙2h重–环刀干土重）/（环刀干土重–环刀重）×100 \qquad (3.2)$$

$$毛管孔隙度（\%）=毛管含水量×土壤容重 \qquad (3.3)$$

$$通气孔隙度（\%）=（饱和持水量–毛管含水量）×土壤容重 \qquad (3.4)$$

$$总孔隙度（\%）=毛管孔隙度+通气孔隙度 \qquad (3.5)$$

3.3.1 对土壤总孔隙度的影响

如图 3.4 所示，番茄整个生育期内土壤总孔隙度随着施炭量的增加而增大。在苗期—开花着果期，与 CK 比，C4 增加幅度最大，为 8.92%。C3、C4 的土壤总孔隙度差异不显著。开花着果期—结果盛期的土壤孔隙度变化规律与苗期—开花着果期一致。在结果盛期—后期，各处理间土壤孔隙度差异显著，与 CK 比较，C1 提高了 4.80%，C2 提高了 8.23%，C3 提高了 14.41%，C4 提高了 21.96%。

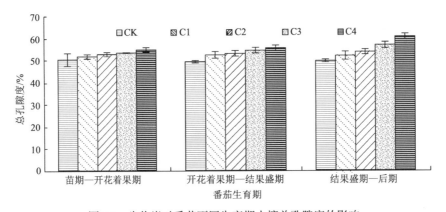

图 3.4 生物炭对番茄不同生育期土壤总孔隙度的影响

辣椒各生育期土壤总孔隙度变化趋势与番茄大体一致。在苗期—开花着果期 C4、C3、C2、C1 与 CK 相比分别增加了 7.61%、6.42%、3.95%和 2.06%。在开花着果期—结果盛期 C4、C3、C2、C1 与 CK 相比分别增加了 10.02%、10.02%、5.89%和 6.26%，其中 C4 和 C3 差异不显著。在结果盛期—后期，生物炭处理的土壤总孔隙度均高于 CK（图 3.5）。

分析可知，砂壤土中施加生物炭有效改善了土壤总孔隙度，其中高炭量增加效果最显著。土壤总孔隙度的增加有效地提高了作物在土壤中的水、气、热环境，促进了作物的生长。

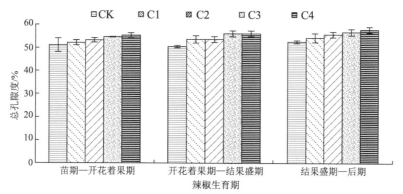

图 3.5　生物炭对辣椒不同生育期土壤总孔隙度的影响

3.3.2　对土壤毛管孔隙度的影响

通过分析可知（图3.6和图3.7），整体来看，番茄和辣椒整个生育期内生物炭处理的土壤毛管孔隙度均高于CK。

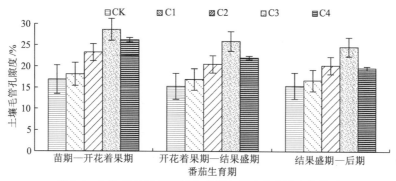

图 3.6　生物炭对番茄不同生育期土壤毛管孔隙度的影响

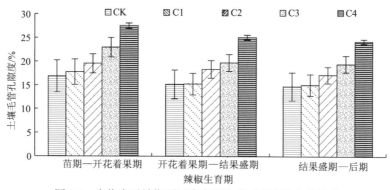

图 3.7　生物炭对辣椒不同生育期土壤毛管孔隙度的影响

番茄在苗期—开花着果期，随着炭量的增加土壤毛管孔隙度总体呈现上升趋势，其中，与对照相比，C3增幅最大，为69%。其次是C4，增幅达到55%。各处理间差异显著。在开花着果期—结果盛期和结果盛期—后期，土壤毛管孔隙度的变化规律为C3>C4>C2>C1>CK。

辣椒在苗期—开花着果期，随着含炭量的增加土壤毛管孔隙度增大。与CK比，C1、C2、C3和C4增幅分别为5.41%、15.77%、36.04%和63.11%。在开花着果期—结果盛期和结果盛期—后期，土壤毛管孔隙度增幅趋势与苗期—开花着果期一致。同生物炭施用量对不同作物土壤毛管孔隙度影响差异与作物根系大小及发育程度有密切关系，根系发育也是影响土壤结构的主要原因[1]。

土壤毛管孔隙度与土壤吸持水分能力密切相关，土壤毛管孔隙充水后形式毛管水，是作物可利用水分的重要来源之一。生物炭可有效增加土壤的毛管孔隙度，有利于提高土壤持水能力，提高作物利用效率。

3.3.3 对土壤通气孔隙度的影响

从图 3.8 可知，番茄在苗期—开花着果期，土壤通气孔隙度随着含炭量的增加有减少的趋势，其中 C3 与 CK 相比降低 13.10%，较少含炭量处理 C1 与 CK 差异不显著。在开花着果期—结果盛期，除 C1 外，其他生物炭处理均小于 CK。在结果盛期—后期，添加生物炭处理的 C4 比 CK 高 19.85%。

如图 3.9 所示，辣椒在苗期—开花着果期，与 CK 相比，随着含炭量的增加土壤通气孔隙度呈下降趋势，其中，C1 与 CK 差异不显著，C4 与 CK 差异显著，C4 降幅为 21.47%。在结果盛期—后期，高炭量 C4 降幅最大。

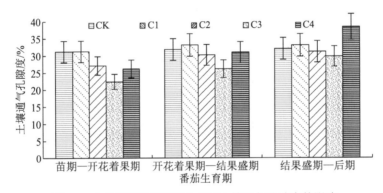

图 3.8　生物炭对番茄不同生育期土壤通气孔隙度的影响

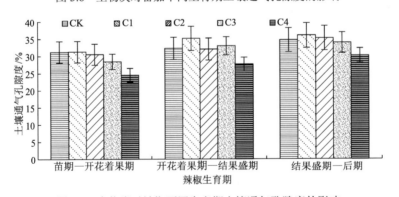

图 3.9　生物炭对辣椒不同生育期土壤通气孔隙度的影响

总体看来，砂壤土中施加生物炭有效改善了土壤的孔隙度，电镜观察得知生物炭的多孔性表现为微孔形状各异，数量较多，添加到砂壤土中充分发挥了填补砂壤土的大孔隙并组成多个集合排列、宽窄各异及形状不同的孔隙，改善了砂壤土的孔隙结构，有效改善土壤的水、气环境，调整了土壤的松紧程度，达到显著的改善效果。

3.4 不同生育期生物炭对砂壤土持水能力的影响

3.4.1 生物炭对砂壤土体积含水量的影响

土壤体积含水量：在作物生育期内采用手持式土壤水分测量仪进行测定。从图 3.10 和图 3.11 可知，番茄和辣椒在全生育期内随着生物炭含量的增加土壤含水量呈现递增的趋势。与 CK 相比，高生物炭量对提高土壤含水量效果明显，含水率从大到小依次为 C4、C3、C2、C1、CK。可见，高炭量对土壤含水量具有明显的促进作用。

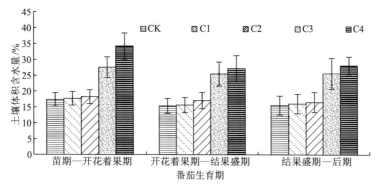

图 3.10 生物炭对番茄不同生育期土壤体积含水量的影响

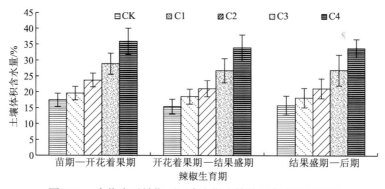

图 3.11 生物炭对辣椒不同生育期土壤体积含水量的影响

番茄在苗期—开花着果期，低炭量处理与 CK 相比差异不显著，高炭量与 CK 相比差异显著，其中 C4 增幅达 97.17%。生物炭处理之间，C1 和 C2 差异不显著。在开花着果期—结果盛期和结果盛期—后期，土壤体积含水量变化规律与苗期—开花着果期一致。

辣椒在整个生育期内土壤体积含水量的变化表现出一样的规律，即随着含炭量的增加土壤含水量逐渐增大，各处理间差异显著，与 CK 相比，C1、C2、C3、C4 增幅分别为 2.33%、7.45%、62.91%、84.88%。

3.4.2 生物炭对砂壤土毛管含水量的影响

图 3.12 显示，番茄在苗期—开花着果期，与 CK 相比，施入的生物炭有效地提高了土壤的毛管含水量，其中 C3 最显著，毛管含水量是 CK 的 1.81 倍。在开花着果期—结果盛期和结果盛期—后期生物炭对土壤毛管含水量的影响规律基本一致。由此可见，较高生物炭处理

对番茄生育期土壤水分的促进效应是明显的。

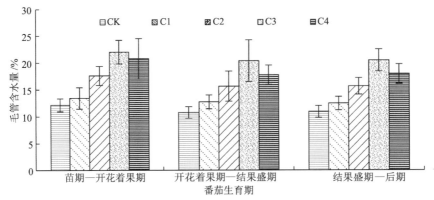

图 3.12　生物炭对番茄不同生育期土壤毛管含水量的影响

从图 3.13 可知，辣椒在整个生育期内土壤毛管含水量随施炭量的增加而增大，即 C4＞C3＞C2＞C1＞CK。在苗期—开花着果期，与 CK 相比，C4、C3、C2、C1 分别增加 1.08 倍、1.21 倍、1.47 倍和 1.78 倍。在开花着果期—结果盛期和结果盛期—后期的变化规律（随着施炭量增加土壤毛管含水量呈增大趋势）一致。相同生物炭施用量对不同作物土壤毛管孔隙度影响差异与作物根系大小及发育程度有密切关系，与辣椒根系发育相比番茄根系发育较快，根系长且主根粗壮，发育过程影响土壤结构和土壤毛管孔隙度，以此直接影响到毛管含水量[1]。

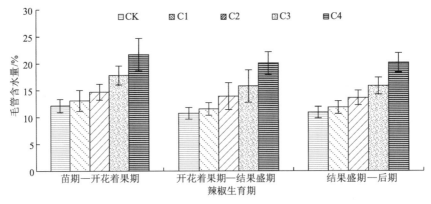

图 3.13　生物炭对辣椒不同生育期土壤毛管含水量的影响

整体看来，生物炭的施入增加了土壤毛管含水量，各处理均高于对照。在土壤中施加生物炭可降低土壤容重，增加土壤孔隙度，使得保持在土壤毛管孔隙中的水分增多，有效维持了土壤中的毛管含水量。土壤中的这些水分是最宝贵的，它可以将有限的土壤水和溶解在其中的营养物质依靠毛管作用补给和输送到作物根系附近，同时为作物直接吸收利用[1]。

3.5　不同生育期生物炭对土壤 pH 的影响

由图 3.14 可知，番茄土壤在苗期—开花着果期，土壤 pH 表现为 CK＞C4＞C3＞C1＞C2，生物炭处理的土壤 pH 均小于 CK。随着作物的生长，到开花着果期—结果盛期，土壤 pH 与

CK 相比有所增大，其中 C2、C3 与 CK 差异较显著。与作物生育前期相比，作物生育后期的土壤 pH 显著降低，处理间差异不显著。从整个生育期来看，施加生物炭可改良土壤结构，随着作物生长发育，土壤中 pH 出现降低趋势；同时，与对照相比，生物炭处理土壤的 pH 整体呈现下降趋势，其主要原因是施加生物炭改良了土壤结构，增加了土壤交换性盐基离子数量，提高了土壤盐基饱和度，从而降低土壤酸度[2]。

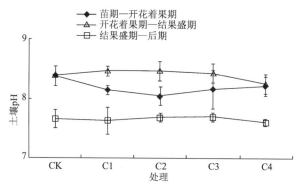

图 3.14　生物炭对番茄不同生育期土壤 pH 的影响

从图 3.15 可以看出，辣椒苗期—开花着果期的土壤 pH 表现为 C4＞C3＞CK＞C2＞C1，其中 C4 与 C1 差异显著，高施炭量对提高土壤 pH 效应显著。在开花着果期—结果盛期，土壤 pH 整体提高，并且施加生物炭各处理均高于 CK，其中 C4 最显著。到结果盛期—后期，土壤 pH 略有降低，但施加生物炭处理的土壤 pH 比 CK 高，低炭处理与 CK 差异不显著，较高炭处理的 C3、C4 与 CK 差异显著。

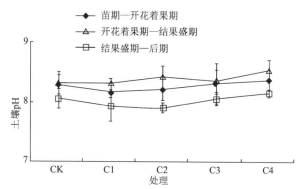

图 3.15　生物炭对辣椒不同生育期土壤 pH 的影响

因为生物炭的 pH 为 9.04，总体看来，施加生物炭提高了作物生育前期、中期的土壤 pH，随着生育期延长，到生育后期生物炭各处理的土壤 pH 均有所下降，但在整个生育期内，与 CK 相比，高炭量处理可有效增加土壤 pH。

3.6　生物炭对土壤阳离子交换量的影响

通过分析可知（图 3.16），施加生物炭可有效提高土壤的阳离子交换量。番茄在苗期—开花着果期，随着施炭量的增加土壤阳离子交换量增大，与 CK 相比，C4 提高了 12.22%，促进效果最显著。可见，生物炭在一定程度上促进了作物早期植株的生长。在开花着果期—结果盛期和结果盛期—后期，生物炭处理的土壤阳离子交换量均表现为 C4>C3>C2>C1>CK。从生物炭处理间土壤阳离子交换量的分析可知，低炭量 C1 和 C2 处理间不显著。

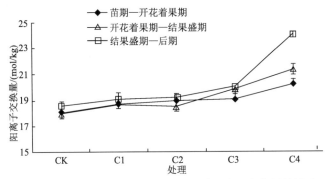

图 3.16　生物炭对番茄不同生育期土壤阳离子交换量的影响

由图 3.17 可以看出，辣椒在苗期—开花着果期呈现出随着施炭量的增加土壤阳离子交换量逐渐增大的趋势，与 CK 相比，C4 增幅最大为 11.83%。在开花着果—结果盛期，较高生物炭处理 C3 和 C4 的土壤阳离子交换量与 CK 相比，差异显著。在结果盛期—后期，生物炭处理仍高于 CK 处理，C3 处理与 CK 处理差异最显著。

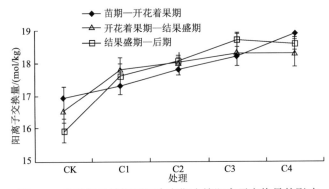

图 3.17　生物炭对辣椒不同生育期土壤阳离子交换量的影响

总体看来，生物炭处理可显著提高作物土壤的阳离子交换量，尤其在作物生育前期。阳离子交换量是表征土壤地力的重要因素，可提高土壤吸持养分的能力。提高阳离子交换量可改善土壤本身的理化性质，使阳离子的交换能力增强，离子间活动更加活跃。生物炭表面具有羧基类官能团，生物炭电荷量增大，阳离子交换频繁，从而增加土壤阳离子交换量。

3.7　不同生育期生物炭对土壤养分的影响

3.7.1　生物炭对土壤有机质的影响

由图 3.18 分析可知，番茄在苗期—开花着果期，土壤有机质含量随着生物炭含量的增加而增大。与 CK 相比，C1、C2、C3、C4 处理分别增加了 142.70%、307.79%、390.61%和 564.87%。土壤有机质含量的显著增加与生物炭本身的性质密切相关，因为生物炭本身有机质含量较高，成分分析结果显示其有机质质量比为 925.74 g/kg，施入砂壤土土壤中可有效提高土壤有机质的含量，提高土壤肥力。随着作物生长，到开花着果期—结果盛期依然表现为高炭量处理土壤有机质含量与 CK 相比差异显著，其中 C3 比 CK 增加了 550%。结果盛期—后期，土壤有机质含量变化趋势与生长前期规律一致。因为生物炭里包含大量的黑碳及高度芳香化的结构特征，被认为是惰性碳库，可提高土壤有机碳含量水平，提高土壤 C/N，配合施肥等措施培肥土壤[2]。

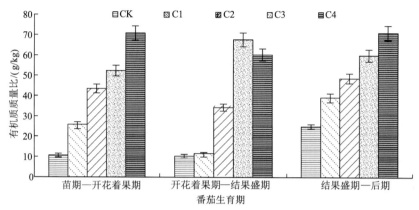

图 3.18　生物炭对番茄不同生育期土壤有机质的影响

从图 3.19 可以看出，辣椒在全生育期内，土壤有机质含量随着生物炭施用量的增加而逐步增大。在苗期—开花着果期，有机质含量表现为 C4>C3>C2>C1>CK。与 CK 相比，分别增加 560%、390%、310% 和 140%。在整个生育期，土壤有机质含量与对照比均呈现增长趋势。

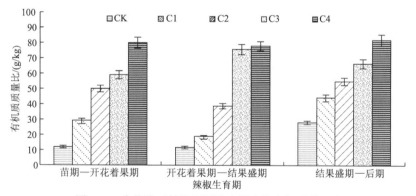

图 3.19　生物炭对辣椒不同生育期土壤有机质的影响

3.7.2　生物炭对土壤碱解氮的影响

图 3.20 显示，番茄在苗期—开花着果期土壤碱解氮含量表现为 C3>C4>C1>C2>CK，其中 C3 与 CK 差异最显著，C3 的土壤碱解氮增加 134.37%。在开花着果期—结果盛期，与 CK 相比，添加生物炭处理均有不同程度的增加，其中 C3 增幅最大，C4 增幅较低。在作物生长后期，C3 增幅最低。

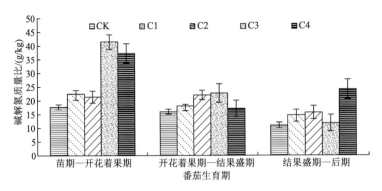

图 3.20 生物炭对番茄不同生育期土壤碱解氮的影响

从图 3.21 分析可知，辣椒整个生育期内施加生物炭有效提高了土壤碱解氮含量。在苗期—开花着果期，与 CK 相比，C1、C2、C3、C4 分别增加了 27.13%，20.73%，22.65%和33.31%。在开花着果期—结果盛期，随着施入炭量的增加而增大，其中 C4 与 CK 差异最显著，增幅为 55.56%。到作物生育后期，整体土壤碱解氮含量降低，但生物炭处理均高于 CK。

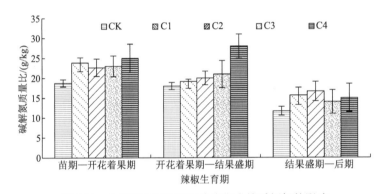

图 3.21 生物炭对辣椒不同生育期土壤碱解氮的影响

整体来说，与 CK 相比，生物炭处理在一定程度上均提高了土壤的碱解氮含量，而土壤碱解氮又与土壤内氮素的供应情况密切相关，它是作物生长必不可少的有效肥力。生物炭吸附性强，孔隙多，肥料施入后可以被吸附在土壤表面和孔隙里，随着水分和微生物的共同作用而溶解或分解后供作物生长所需，不仅提高了肥料的利用效率，同时还导致留存在土壤耕层的肥料增多和时效延长，充分起到了保肥、缓释的效果。传统的施肥方式是单纯以提高施肥量来改善作物需肥要求，而针对砂壤土质而言，"肥随水走、漏肥漏水"的现象致使肥料利用率较低，土壤污染严重，施加生物炭后可以缓解这种情况的发生，将促进农艺、农作的优化和发展。

3.7.3 生物炭对土壤速效磷的影响

从图 3.22 可知，番茄生育期内随着生物炭含量的增加土壤中速效磷的含量逐步增大，即C4＞C3＞C2＞C1＞CK。与 CK 相比，分别增加 566%、477%、256%和110%。可见，生物炭对番茄苗期—开花着果期土壤速效磷的提高效果显著。在开花着果期-结果盛期和结果盛期—后期，较高生物炭处理对土壤速效磷的提高效果依然显著。

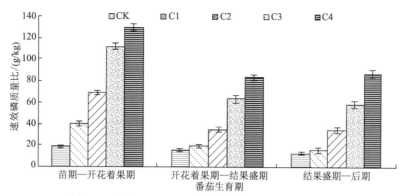

图 3.22　生物炭对番茄不同生育期土壤速效磷的影响

从图 3.23 可知，辣椒在苗期—开花着果期施炭量处理均高于 CK，其中 C4 增幅达 337.27%，与 CK 差异最显著。在开花着果期—结果盛期，较高生物炭处理对提高土壤速效磷含量效果显著，其中 C3 与 CK 相比提高至水平的 790.25%。

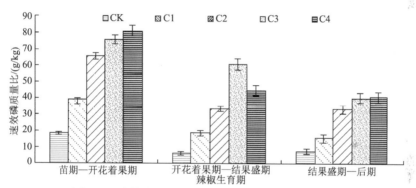

图 3.23　生物炭对辣椒不同生育期土壤速效磷的影响

3.7.4　生物炭对土壤速效钾的影响

从图 3.24 可知，整体看来在番茄整个生育期内土壤速效钾随着施炭量的增加而增大。与 CK 相比，C1、C2、C3、C4 分别增加了 19.94%、101.13%、161.70%和 213.17%。随着作物的生长土壤速效钾含量整体出现减少趋势，但仍旧表现为高施炭量处理对土壤速效钾含量具有增加的作用。

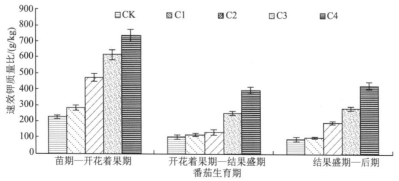

图 3.24　生物炭对番茄不同生育期土壤速效钾的影响

在辣椒苗期—开花着果期（图 3.25），土壤速效钾含量表现为 C4＞C3＞C1＞C2＞CK。到了作物生育中期，随着含炭量的增加而增大，其中高炭量增加效果显著，与 CK 相比，C3 和 C4 分别增加了 49.40%和 50.60%。在结果盛期—后期，土壤速效钾含量表现为施炭量处理均高于 CK，但施炭处理间差异不显著。

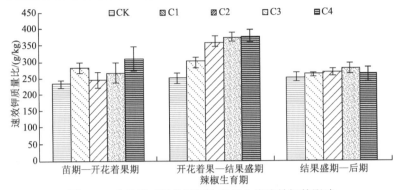

图 3.25　生物炭对辣椒不同生育期土壤速效钾的影响

由以上分析可知，施用生物炭可以有效提高砂壤土的有机质、碱解氮、速效磷和速效钾的含量。由于生物炭本身有机质含量较高，施入后可增加土壤肥力；同时，生物炭具有比表面积大、多孔及吸附能力强等特点，具有很好的持水、保水性能，且对化肥起到了吸附和缓释的作用，能够有效地改善作物的农业生长环境。

3.8　生物炭对不同作物生长的调控效应

3.8.1　生物炭对番茄生长的调控作用

1. 对地上部植株的影响

1）对番茄茎粗的影响

通过分析可知（图 3.26、表 3.1），在生长前期，施加生物炭处理的作物均高于对照，表现为 C3＞C2＞C4＞C1＞CK，其中 C3 的作物茎粗是 CK 的 1.22 倍，并与其他施炭处

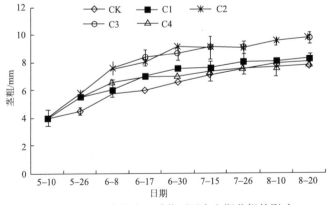

图 3.26　生物炭对番茄不同生育期茎粗的影响

理差异显著。可见，较高生物炭处理有助于提高作物苗期的茎粗。在开花着果期—结果盛期，较高施炭处理的作物茎粗增幅较大，与 CK 相比，C2 和 C3 增幅均超过 1.3 倍，两者之间差异不显著。此时，高炭处理 C4 和低炭处理 C1 的作物茎粗与 CK 相比增幅较慢，分别是 CK 的 1.07 倍和 1.08 倍。到作物生长后期，依旧表现为较高炭处理与 CK 差异显著，增幅较大，C3 是 CK 的 1.22 倍，低炭处理 C1 的茎粗与 CK 无显著差异，而高炭处理 C4 的作物茎粗比 CK 低 5%。

表 3.1 全生育期不同处理间茎粗方差分析结果 （单位：mm）

处理	苗期—开花着果期	开花着果期—结果盛期	结果盛期—后期
CK	4.73 ± 0.11^d	6.73 ± 0.19^e	7.9 ± 0.23^d
C1	5.17 ± 0.18^c	7.53 ± 0.22^c	8.1 ± 0.24^c
C2	5.77 ± 0.21^a	8.75 ± 0.17^a	9.6 ± 0.21^a
C3	5.77 ± 0.23^a	8.73 ± 0.19^b	9.6 ± 0.33^b
C4	5.33 ± 0.17^b	7.18 ± 0.21^d	7.7 ± 0.28^e

注：同列数字后面小写字母不同，表示在 $P=0.05$ 时，处理间差异达到显著水平；字母相同表示处理间差异不显著

2）生物炭对番茄株高的影响

株高是番茄生长的一个重要指标，它也直接影响番茄密度配置和光能作用。从图 3.27 和表 3.2 分析可知，在苗期随着施炭量的增加株高整体呈现增高趋势。与 CK 相比，C1、C2、C3 和 C4 分别增加 1.05 倍，1.21 倍，1.28 倍和 1.09 倍。其中 C3 增幅最大。为防止番茄陡长现象，进入花期后对各试验中的植株分别进行打尖管理。到了开花着果期—结果盛期，生物炭处理的株高与 CK 相比规律不一，

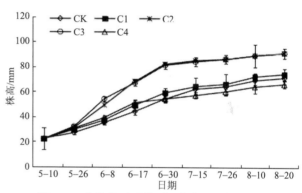

图 3.27 生物炭对番茄不同生育期株高的影响

较高处理 C2、C3 增幅较大，分别为 1.41 倍和 1.43 倍。而高炭量处理 C4 与 CK 相比差异不显著。到作物生育后期，番茄株高与开花着果期—结果盛期趋势一致。可见，施加不同生物炭处理对番茄株高的作用是有限的，并不是表现为施炭量越多增加效果越显著，合适的用量是比较关键的。

表 3.2 全生育期不同处理间株高方差分析结果 （单位：cm）

处理	苗期—开花着果期	开花着果期—结果盛期	结果盛期—后期
CK	29.0 ± 1.2^e	57.0 ± 2.3^d	71 ± 6.1^c
C1	30.5 ± 1.8^d	60.5 ± 3.1^c	74 ± 5.3^b
C2	35.0 ± 1.3^b	81.3 ± 3.6^a	91 ± 4.4^a
C3	37.0 ± 1.7^a	80.5 ± 4.2^b	91 ± 5.1^a
C4	31.5 ± 2.0^c	56.5 ± 5.1^e	66 ± 4.6^d

注：同列数字后面小写字母不同，表示在 $P=0.05$ 时，处理间差异达到显著水平；字母相同表示处理间差异不显著

3）生物炭对番茄叶片数的影响

叶片数直接决定了作物冠层结构的合理性、营养生长情况和作物光合作用。从图 3.28、

表 3.3 可知，在番茄苗期—开花期表现为随着施炭量的增加叶片数增多，与 CK 相比增幅次序是 C3>C2>C1>C4>CK。其中，C2 和 C3 差异不显著，C1 和 C4 差异不显著。在开花着果期—结果盛期及结果盛期—后期表现为较高炭处理 C2 和 C3 与 CK 差异显著，低炭处理 C1 和高炭处理 C4 与 CK 差异不显著。

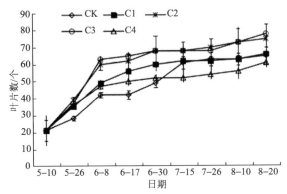

图 3.28　生物炭对番茄不同生育期叶片数的影响

表 3.3　全生育期不同处理间叶片数方差分析结果　　　（单位：个）

处理	苗期—开花着果期	开花着果期—结果盛期	结果盛期—后期
CK	30 ± 1.2^c	54 ± 2.6^c	64 ± 5.3^d
C1	35 ± 2.4^b	60 ± 3.5^b	65 ± 3.3^c
C2	40 ± 3.5^a	67 ± 2.9^a	74 ± 4.2^b
C3	40 ± 2.2^a	67 ± 4.9^a	76 ± 4.6^a
C4	35 ± 1.9^b	52 ± 4.7^d	59 ± 2.9^e

注：同列数字后面小写字母不同，表示在 $P=0.05$ 时，处理间差异达到显著水平；字母相同表示处理间差异不显著

4）生物炭对番茄节数的影响

图 3.29 和表 3.4 表明，生物炭处理增加了番茄生长的分节数。其中，与 CK 相比，C3 增幅最大，是 CK 的 1.31 倍。C1、C2 是 CK 的 1.15 倍，这几个处理间差异不显著。随着作物的生长，到开花着果期—结果盛期及结果盛期—后期，C3 与 CK 相比差异最显著，节数是 CK 的 1.24 倍。低炭处理 C1 和高炭处理 C4 与 CK 差异不显著。

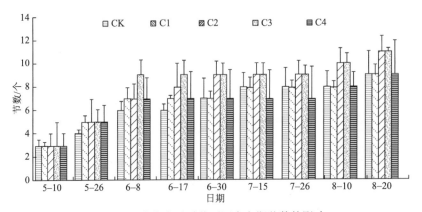

图 3.29　生物炭对番茄不同生育期节数的影响

表 3.4　全生育期不同处理间节数方差分析结果　　　　（单位：个）

处理	苗期—开花着果期	开花着果期—结果盛期	结果盛期—后期
CK	4 ± 0.22^{c}	7 ± 0.33^{c}	9 ± 0.21^{b}
C1	5 ± 0.19^{b}	8 ± 0.21^{b}	9 ± 0.31^{b}
C2	5 ± 0.21^{b}	9 ± 0.45^{a}	11 ± 0.44^{a}
C3	6 ± 0.35^{a}	9 ± 0.12^{a}	11 ± 0.47^{a}
C4	5 ± 0.12^{b}	7 ± 0.22^{c}	9 ± 0.29^{b}

注：同列数字后面小写字母不同，表示在 $P=0.05$ 时，处理间差异达到显著水平；字母相同表示处理间差异不显著

2. 生物炭对番茄生理指标的影响

1）不同生物炭处理对番茄光合速率的影响

光合速率是表征作物光合强度的一个重要指标。从图 3.30 可知，在苗期—开花着果期施加生物炭处理的番茄光合速率均高于 CK。与 CK 相比，C1、C2、C3、C4 分别增加 0.8%、1.5%、3.3%和 1.2%，其中 C3 差异最显著。随着作物的生长，到开花着果期—结果盛期，施炭处理的光合速率增幅提高，其中 C3 依旧增幅最大，与 CK 相比增加 4.1%。到作物生长后期，随着叶子的脱落各处理间增幅下降，但较高生物炭处理的 C3、C2 与 CK 相比增幅显著，而高炭处理 C4 与 CK 相比增幅不显著。分析可知，虽然适度增加生物炭对作物光合速率的提高有积极作用，但并不是施加生物炭越多提高的效应越显著。

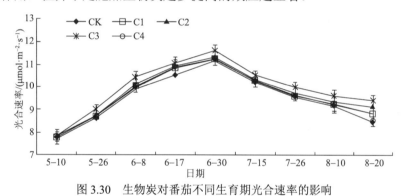

图 3.30　生物炭对番茄不同生育期光合速率的影响

2）不同生物炭处理对番茄气孔导度的影响

气孔是作物与外界环境交换水和 CO_2 的重要器官，作物气孔导度的大小直接影响叶片的蒸腾和与外界气体的交换。因此，研究气孔导度对分析作物蒸腾速率和光合速率变化密不可分。从图 3.31 可知，在整个生育期内随着作物的生长气孔导度呈现先增加后降低的趋势。这种变化趋势与前述的番茄蒸腾速率和光合速率变化趋势一致。其中，与 CK 相比，较高施炭量处理 C3 的增幅最大，作物生长早期增幅为 13.8%，作物生长旺盛期增幅为 8.5%，作物生长后期增幅为 4.5%。可见，在作物苗期—开花着果期施用生物炭对提高作物气孔导度效果最明显。

3）不同生物炭处理对番茄蒸腾速率的影响

蒸腾速率是研究植物水分代谢的重要指标。蒸腾速率的大小受植物形态结构和外界因素影响较大，其快慢直接反映了作物蒸腾作用的强弱。蒸腾速率是促进植物水分运输、养分供

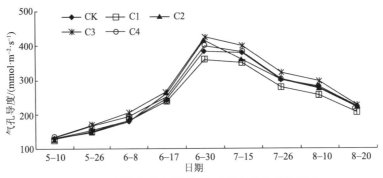

图 3.31　生物炭对番茄不同生育期气孔导度的影响

给及与外界大气交换的重要因素，同时可以调节植物叶片的温度和湿度。不同生物炭处理条件下，番茄蒸腾速率在生育期内变化情况如图 3.32 所示。5 月底到 7 月中旬是番茄生长的旺盛期，同时也是光合作用最强的时期。从整个生育期看，蒸腾速率大体呈现先升后降的趋势。在苗期—开花着果期，随着施炭量的增加，蒸腾速率呈现增加的趋势。与 CK 相比，C1、C2、C3、C4 分别增加 13.3%、22%、26.3% 和 24.9%，其中，C3 增幅最大。随着作物的生长，到开花着果期—结果盛期，增长幅度整体有所减少，其中 C3 增幅 17.4%。总之，全生育期生物炭处理的番茄蒸腾速率较对照均有所提高。

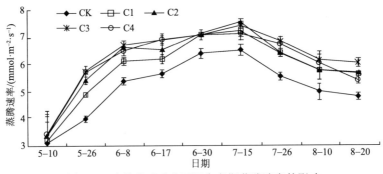

图 3.32　生物炭对番茄不同生育期蒸腾速率的影响

3. 生物炭对番茄根系特征参数的影响

　　表 3.5 是不同生物炭施用水平下番茄根系的特征值，不同处理存在显著差异。整体看来，施用生物炭对番茄各项根系特征参数的影响与 CK 相比呈现增加趋势，具体表现为：①C3 主根长为 14.3 cm，是 CK 主根长的 1.20 倍。不同生物炭处理间差异显著，表现为 C3>C2>C1>C4>CK。可见生物炭有利于提高根系深度下扎，促进根系纵向生长。然而，生物炭增加土壤水分吸持并不利于番茄主根的生长，因为植株需要向下扎深来吸收水分。②较高施炭量（C4、C3）对于促进主根直径发育效果显著，与 CK 相比增加约 1.24 倍，具体表现为 C4>C3>C2>C1>CK。说明生物炭处理更易使根系固持和伸展，有利于根系的长久发展，延长根系寿命。③C3 的总根系鲜重与 CK 相比最显著，增加 1.21 倍。施炭各处理的总根系鲜重比 CK 平均增加 1.14 倍。④施加生物炭有利于提高根系的表面积和密度。其中，C2 的总根表面积和总根系密度与 CK 相比差异显著，分别增加 1.15 倍和 1.80 倍。结果说明，适宜的土壤水分有利于根系的分生，不停地分生更多的根系有助于增强水分的吸收，促进根系整体发育。

表 3.5　番茄根系特征参数

处理	主根长/cm	主根直径/mm	总根系鲜重/g	总根长度/cm	总根系表面积/cm²	总根密度/(cm/cm³)
CK	12.0±0.11ᵉ	7.0±0.04ᵈ	5.96±0.05ᵉ	3422.989±12ᵇ	333.9675±3.7ᵈ	0.606±0.01ᶜ
C1	13.0±0.12ᶜ	7.6±0.05ᶜ	6.95±0.06ᵇ	3459.294±23ᵇ	350.6210±3.4ᶜ	1.006±0.01ᵇ
C2	13.5±0.11ᵇ	8.2±0.07ᵇ	6.78±0.07ᶜ	3740.610±34ᵃ	385.3630±3.7ᵃ	1.088±0.02ᵃ
C3	14.3±0.13ᵃ	8.6±0.06ᵃ	7.19±0.06ᵃ	3692.220±25ᵃ	371.5810±3.9ᵇ	1.074±0.01ᵃ
C4	12.4±0.13ᵈ	8.7±0.11ᵃ	6.23±0.08ᵈ	3696.970±31ᵃ	370.6980±3.6ᵇ	1.075±0.03ᵃ

注：同列数字后面小写字母不同，表示在 P=0.05 时，处理间差异达到显著水平；字母相同表示处理间差异不显著

4. 生物炭对番茄产量的影响

番茄产量如图 3.33 所示，生物炭处理对增加番茄产量具有显著的正效应。与 CK 相比，C1、C2、C3、C4 产量增幅分别为 11.17%、12.29%、166.8% 和 100.1%，其中 C3 差异显著，增幅最大。这说明，施用生物炭可以提高番茄产量。

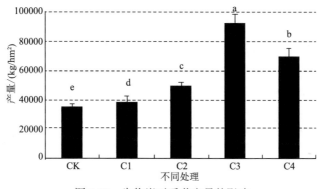

图 3.33　生物炭对番茄产量的影响

3.8.2　生物炭对辣椒生长的调控作用

1. 对地上部植株的影响

从图 3.34 可知，辣椒苗期—开花着果期的茎粗与对照相比，各处理间差异不显著。随着作物的生长，施炭处理对辣椒茎粗的增加促进性不大，仅 C2 较 CK 增加 1%。C4 与 CK 相比，

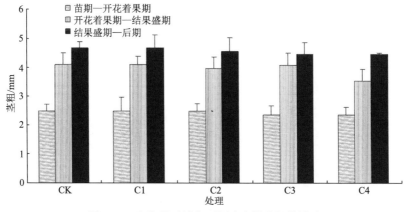

图 3.34　生物炭对辣椒不同生育期茎粗的影响

茎粗出现下降趋势。可见，施加生物炭对辣椒茎粗影响效果不显著。由图 3.35 可知，在整个生育期内施炭处理对辣椒株高的影响不突出。在苗期—开花着果期，辣椒株高随着施炭量的增加出现降低趋势，其中 C4 株高最低。随着作物生长，辣椒株高之间差异不显著。

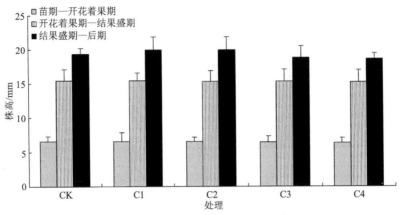

图 3.35　生物炭对辣椒不同生育期株高的影响

同时，在苗期—开花着果期，辣椒叶片数和节数在各处理间也无显著差异。如图 3.36 和图 3.37 所示，随着作物的生长，在开花着果期—结果盛期，辣椒的叶片数表现为 C1＞C3＞CK＞C2＞C4。各处理之间节数差异不显著。到辣椒生长后期，叶片数和节数在各处理间差异不显著。

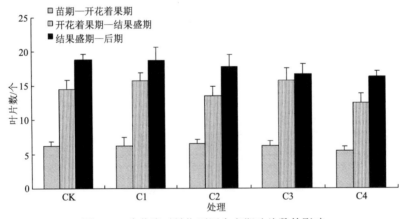

图 3.36　生物炭对辣椒不同生育期叶片数的影响

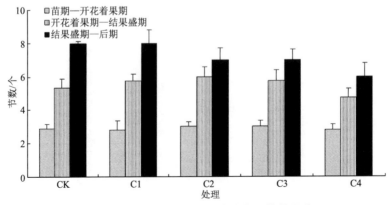

图 3.37　生物炭对辣椒不同生育期节数的影响

2. 生物炭对辣椒生理指标的影响

由表 3.6、表 3.7 和图 3.38 的数据可知, 不同水平生物炭处理对辣椒蒸腾速率、光合速率和气孔导度的变化趋势是相同的。随着辣椒的生长, 这三种光合性能逐渐增强, 在辣椒生长早期表现为 C2、C3 与 CK 相比有所增加, 然而 C4 却出现降低趋势, 且 C1 与 CK 差异不显著。随着辣椒生长逐渐旺盛, 光合作用增长幅度加大, 但是生物炭处理与 CK 相比增幅出现降低趋势, 其中 C1 与 CK 相比降幅明显, 差异最显著。随着叶片的脱落, 在生长后期各项光合指标开始下降, 各处理间差异不显著。可见, 生物炭处理对辣椒光合指标没有显著的促进作用。

表 3.6　生物炭对辣椒不同生育期蒸腾速率的影响　[单位: mmol/（m²·s）]

日期	CK	C1	C2	C3	C4
5–10	3.11 ± 0.12^e	3.23 ± 0.24^a	3.15 ± 0.19^c	3.22 ± 0.22^b	3.17 ± 0.18^d
5–26	3.17 ± 0.20^e	3.26 ± 0.18^b	3.25 ± 0.17^c	3.27 ± 0.19^a	3.19 ± 0.23^d
6–3	3.37 ± 0.18^a	3.36 ± 0.23^b	3.35 ± 0.19^c	3.34 ± 0.12^d	3.24 ± 0.12^e
6–21	4.12 ± 0.29^b	4.03 ± 0.23^d	4.17 ± 0.19^a	4.09 ± 0.21^c	4.01 ± 0.18^e
7–1	4.63 ± 0.21^a	4.54 ± 0.08^d	$4.63+0.15^a$	4.60 ± 0.22^b	4.56 ± 0.14^c
7–20	4.78 ± 0.11^c	4.80 ± 0.15^b	4.74 ± 0.21^d	4.83 ± 0.18^a	4.69 ± 0.11^e
8–19	5.58 ± 0.09^a	5.26 ± 0.21^d	5.58 ± 0.25^a	5.56 ± 0.09^b	5.55 ± 0.17^c
8–31	5.13 ± 0.07^b	5.15 ± 0.12^a	5.13 ± 0.07^b	5.12 ± 0.28^c	5.11 ± 0.15^d
9–14	4.72 ± 0.14^b	4.73 ± 0.08^a	4.72 ± 0.14^b	4.71 ± 0.16^c	4.71 ± 0.21^c
9–26	4.34 ± 0.28^b	4.35 ± 0.21^a	4.34 ± 0.18^b	4.34 ± 0.15^b	4.33 ± 0.21^c

注: 同行数字后面小写字母不同, 表示在 $P=0.05$ 时, 处理间差异达到显著水平; 字母相同表示处理间差异不显著

表 3.7　生物炭对辣椒不同生育期光合速率的影响　[单位: μmmol/（m²·s）]

日期	CK	C1	C2	C3	C4
5–10	4.60 ± 0.25^e	4.78 ± 0.21^a	4.66 ± 0.17^d	4.77 ± 0.23^b	4.69 ± 0.25^c
5–26	4.69 ± 0.21^e	4.82 ± 0.45^b	4.81 ± 0.27^c	4.84 ± 0.27^a	4.72 ± 0.17^d
6–3	4.99 ± 0.24^a	4.97 ± 0.31^b	4.96 ± 0.25^c	4.94 ± 0.33^d	4.80 ± 0.24^e
6–21	6.10 ± 0.24^b	5.96 ± 0.24^d	6.17 ± 0.38^a	6.05 ± 0.30^c	5.93 ± 0.22^e
7–1	7.78 ± 0.36^a	7.63 ± 0.42^d	7.78 ± 0.44^a	7.73 ± 0.41^b	7.66 ± 0.28^c
7–20	8.03 ± 0.35^c	8.06 ± 0.61^b	7.96 ± 0.51^d	8.11 ± 0.27^a	7.88 ± 0.41^e
8–19	9.37 ± 0.77^a	8.84 ± 0.29^d	9.37 ± 0.42^a	9.34 ± 0.66^b	9.32 ± 0.52^c
8–31	7.59 ± 0.66^b	7.62 ± 0.35^a	7.59 ± 0.44^b	7.58 ± 0.37^c	7.56 ± 0.65^d
9–4	6.99 ± 0.27^b	7.00 ± 0.68^a	6.99 ± 0.64^b	6.97 ± 0.56^c	6.97 ± 0.29^c
9–26	6.43 ± 0.48^b	6.44 ± 0.29^a	6.43 ± 0.47^b	6.42 ± 0.46^c	6.41 ± 0.22^c

注: 同行数字后面小写字母不同, 表示在 $P=0.05$ 时, 处理间差异达到显著水平; 字母相同表示处理间差异不显著

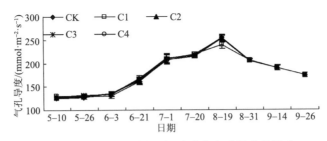

图 3.38　生物炭对辣椒不同生育期气孔导度的影响

3. 生物炭对辣椒根系特征参数的影响

由表 3.8 可知，除主根长外，施加生物炭对辣椒其他根系特征参数的影响与对照（CK）相比呈现减少趋势，具体如下：①C4 主根长为 4.53 cm，比 CK 增加 10.5%，具体表现为 C4＞C2＞CK＞C3＞C1，可见，生物炭有利于提高根系深度下扎，促进根系纵向生长。②施炭处理对主根直径影响结果表明，生物炭的持水和保水性能并不利于主根直径的生长。施炭处理的主根直径均低于 CK。③C4 的总根系鲜重与 CK 相比减幅最显著，减幅 45%。④总根长度分析显示，C1、C2 的总根长度与 CK 相比增加 10% 左右，而 C4 降幅超过 5%。⑤施加生物炭处理减少了根系的表面积和密度。与 CK 相比，C4 的总根表面积降低 24%，C1 的总根系密度降低 6.5%。因为辣椒根系的发育不发达，既不耐旱也不耐涝，生物炭处理后有效地提高了土壤的持水能力，土壤含水量增大，然而土壤过湿会影响辣椒的根系发育和生长，这与番茄的根系发育需求相反，所以生物炭的保水、持水能力在一定程度上抑制了辣椒的生长发育。

表 3.8　辣椒根系特征参数

处理	主根长/cm	主根直径/mm	总根系鲜重/g	总根长度/cm	总根表面积/cm²	总根系密度/（cm/cm³）
CK	4.1±0.20^c	4.83±0.24^a	4.18±0.22^a	1795.724±14.3^c	220.323±2.1^a	0.914±0.01^b
C1	3.9±0.19^e	4.2±0.23^b	3.14±0.15^c	2106.709±12.3^a	213.528±2.4^b	0.855±0.02^d
C2	4.17±0.23^b	3.5±0.21^e	2.47±0.11^d	1956.338±17.5^b	201.544±1.9^c	0.924±0.01^a
C3	4.07±0.22^d	4.0±0.20^c	3.35±0.13^b	1805.495±15.6^c	191.703±2.0^d	0.912±0.04^c
C4	4.53±0.31^a	3.77±0.30^d	2.30±0.11^e	1667.333±15.7^d	167.184±1.61^e	0.914±0.03^b

注：同行数字后面小写字母不同，表示在 P=0.05 时，处理间差异达到显著水平；字母相同表示处理间差异不显著

4. 生物炭对辣椒产量的影响

辣椒产量如图 3.39 所示，生物炭处理对增加辣椒产量没有显著的正效应，反而出现不同程度的降低趋势。与 CK 相比，C1、C2、C3、C4 产量分别减少了 3%、5%、6% 和 8%，其中高炭处理 C4 减幅最大。结果分析可知，施加生物炭不适合应用在提高辣椒产量方面，辣椒是不喜湿的作物，过多的水分会抑制辣椒根系的发育和植株的生长，恰恰生物炭的施入有效地提高了土壤的含水量，而在辣椒幼苗时期更需要通过控制水分的供给来促进根系的生长。土壤水分多、空气湿度大容易引发沤根并导致叶片、花蕾、果实黄化脱落的现象，影响辣椒产量。

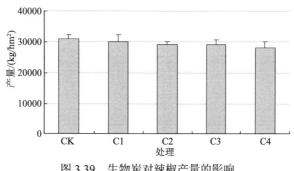

图 3.39　生物炭对辣椒产量的影响

3.9　本章小结

总体看来，通过对两种作物的盆栽试验可知，无论是番茄作物还是辣椒作物，生物炭施入土壤后可有效改善土壤的物理性质、化学性质、保水能力和保肥效果，但是，生物炭对这两种作物的生长调控效应不一，生物炭可有效地促进番茄的生长、提高产量，而对辣椒的生长及产量的促进效果不显著，过多的施炭量反而会抑制辣椒的生长，具体总结如下。

（1）施加生物炭后，土壤的容重明显降低，随着生物炭施入量的增加土壤容重呈现逐步降低的趋势，高施炭量对降低土壤容重效果显著。

（2）土壤总孔隙度和毛管孔隙度显著提高，出现随着施炭量增加而增大的趋势，其中较高炭量 C3、C4 处理效果较为明显。土壤通气孔隙度分析结果显示，在作物生长早期，与 CK 相比，随着含炭量的增加土壤通气孔隙度呈现下降趋势，其中，C1 与 CK 差异不显著，C3、C4 与 CK 差异显著。在作物生长中期、后期，土壤通气孔隙度呈现逐渐增大的趋势，土壤通气孔隙度的显著提高。

（3）生物炭处理有效地提高了土壤含水量，作用效应也随着施炭量的增加而增大，表现为 C4＞C3＞C2＞C1＞CK。并且，高炭量对土壤含水量具有明显的促进作用。土壤中施入生物炭后提高了土壤的毛管含水量，其中 C3 处理最显著。

（4）生物炭处理对提高土壤 pH 和阳离子交换量具有明显的作用。与 CK 相比，高炭量处理可有效增加土壤 pH 和阳离子交换量，尤其在作物生育前期效果显著。

（5）施加生物炭可有效提高作物土壤的有机质含量，并且随着施入炭量的增加而增大。土壤碱解氮供氮能力也显著提高，在作物生长前期和中期，较高施炭量作用下效果更显著。速效磷和速效钾含量在作物生育前期出现随着施炭量的增加而提高的现象，在生育中期和后期较高含炭量出现增加的趋势，故通过室内试验推荐较高施炭量处理 C3（40 g/kg）是适宜的生物炭掺量。

（6）施加生物炭处理的番茄茎粗、株高、叶片数和节数均高于对照，整体表现为 C3＞C2＞C4＞C1＞CK。高炭处理 C4 和低炭处理 C1 与 CK 相比，差异不显著，而较高炭处理 C3 与 CK 差异显著，增幅最大。施加生物炭处理抑制了辣椒的生长，整体表现为随着施炭量的增加抑制效果越显著，其中 C4 与 CK 相比差异最显著。分析其中原因可知，番茄是需水量较大的作物，砂壤土中施加适量的生物炭有效地提高了土壤的持水保水能力，供番茄在生育期内充分吸收水分促进植株生长。然而，生物炭这种保水性能抑制了不喜湿作物辣椒的生长，过分充足的水分反而影响了植株的发育。

（7）生物炭处理提高了番茄的生长也增加了其光合作用的能力，蒸腾速率、光合速率和气孔导度均有所提高；而辣椒作物生长指标间差异不明显，故生物炭对其光合作用的影响不显著。

（8）生物炭处理的番茄根系发育良好，根系相关参数指标表现为随着生物炭施用量的增加根系发育特征呈现增加趋势，其中 C3 与 CK 相比差异显著。生物炭处理对辣椒的根系发育影响不显著，随着生物炭施入量的增加反而抑制了根系的发育，影响了辣椒的生长。

（9）在砂壤土中施加生物炭可有效提高番茄的产量，其中 C3 的番茄产量最高，其施入生物炭的比例可作为后续进一步开展提高大田番茄产量试验研究的参考比例。施用生物炭不能有效促进辣椒的产量，过大的施炭量出现了减产的现象。

参 考 文 献

[1] 勾芒芒, 屈忠义. 土壤中施用生物炭对番茄根系特征及产量的影响. 生态环境学报, 2013, 22(8): 1348-1352.
[2] 殷丹阳, 罗洁文, 邱云霄, 等. 生物炭改良林地土壤研究进展. 世界林业研究, 2016, 29(6): 23-28.

第4章 大田试验条件下炭-肥耦合对土壤改良及番茄生长性状和产量的影响

近年来，我国一些学者已经开始关注生物炭的相关作用，并在生物炭的理化特性和环境功能等方面进行了一些研究，但基于田间定位试验，开展生物炭对大田土壤理化特性和碳截留的影响研究尚不多见，尤其是炭-肥耦合对土壤改良及作物生长性状和产量的影响更是鲜有报道。本章在项目组前期的室内土壤实验和温室盆栽试验成果的基础上，通过3年的田间定位试验，研究生物炭和化肥配施对土壤理化性质的影响，并分析其对作物生长发育及产量的影响，从而研究生物炭对作物水肥利用效率的影响，以期为理解内蒙古西部干旱半干旱地区高产农田生态系统施用生物炭在改善土壤质量和增加碳截留中的作用，提供一定的理论依据和技术参考。

4.1 试 验 设 计

试验区位于内蒙古自治区和林县东南部樊家夭乡家堡营村附近的内蒙古水利科技试验示范（和林）基地。试验区地处樊家夭盆地西缘，试验区地处樊家夭盆地西缘。地形呈西高东低趋势，高差18 m左右，比降1/55，南北向高差变化不大，地面高程在1 127～1 145 m。试验区属于中温带半干旱气候。气候总的特点是：冬季寒冷，夏季温热，春季多风干燥，秋季凉爽，昼夜温差大；多年平均气温为5.6 ℃，极端最低气温-34.5 ℃，极端最高气温37.5 ℃，平均日照数为2941.8 h，日平均气温稳定通过≥0 ℃的积温3 262 ℃，≥5 ℃的积温3141 ℃，≥10 ℃的积温2769 ℃，无霜期一般在120天。多年平均降雨量为417.5 mm，主要集中在7～8月，占全年降雨量的70%，而春季冬季降水量仅为26%～31%。春旱严重。多年平均蒸发量为1 850 mm，是降雨量的4.3倍。多年平均风速2.2 m/s，土壤最大冻结深度为1.75 m。试验于2013年和2014年两年的5月中旬～10月上旬进行，试验期日平均降雨量情况详见图4.1。

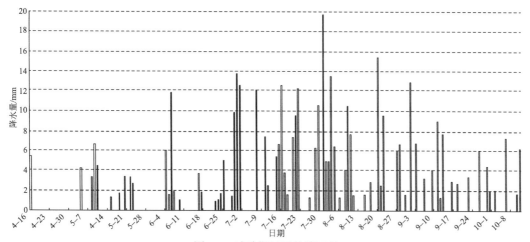

图4.1 试验期日平均降雨量

采用大田试验,随机区组试验设计。试验区的土壤为砂壤土。经测定土壤基本性质见表 4.1。

表 4.1　土壤基本性质

速效钾 /(mg/kg)	砂粒质量分数 /%	粉粒 /%	黏粒 /%	土壤容重 /(g/cm³)	孔隙度/%	田间持水率/%	pH	电导率 /(μS/cm)	有机质质量比 /(g/kg)	碱解氮含量 /(mg/kg)	速效磷含量 /(mg/kg)
146.98	64.15	16.49	19.36	1.39	43.52	31	7.85	141.8	6.66	48.07	12.06

试验生物炭选用辽宁金和福农业开发有限公司的生物炭成品。生物炭主要性质见表 4.2。

表 4.2　生物炭主要性质

C 的质量分数/%	N 的质量分数/%	H 的质量分数/%	C/N/%	pH	有机质质量比 /(g/kg)	碱解氮含量 /(mg/kg)	速效钾含量 /(mg/kg)	速效磷含量 /(mg/kg)
47.17	0.71	3.83	67.03	9.04	925.74	159.15	783.98	394.18

将生物炭均匀施于土壤表面,用旋耕机翻混入耕层土壤。试验用化肥为尿素[$\omega(N)=46\%$]、二胺[$\omega(P_2O_5)=46\%$]、氯化钾[$\omega(KCl)=46\%$],化肥以底肥的形式一次性施入。供试作物为番茄,品种为上海合作 918,种植密度为 4.5 万株/hm²,灌溉定额为 1 575 m³/hm²(苗期—开花着果期 675 m³/hm²、开花着果期—结果盛期 600 m³/hm²、结果盛期—后期 300 m³/hm²)。试验设计为 2 个因素:生物炭和化肥。生物炭设计 5 个水平,分别为生物炭 1(0 t/hm²)、生物炭 2(10 t/hm²)、生物炭 3(20 t/hm²)、生物炭 4(40 t/hm²)、生物炭 5(60 t/hm²)。化肥设计两个水平,分别为肥 1 水平,尿素 408 kg/hm²,二胺 163 kg/hm²,氯化钾 300 kg/hm²;肥 2 水平设计是在肥 1 各水平基础上减 25%。试验小区面积为 15 m²(长 5 m×宽 3 m),试验设计为 10 个处理,每个处理 3 个重复,共计 30 个小区,具体情况见表 4.3。

表 4.3　大田试验方案设计

方案	生物炭 1	生物炭 2	生物炭 3	生物炭 4	生物炭 5
肥 1	CK	T11	T21	T31	T41
肥 2	T0	T12	T22	T32	T42

在番茄的苗期—开花着果期、开花着果期—结果盛期、结果盛期—后期,在各小区灌水前后用土钻分别在 0～10 cm、10～20 cm、20～40 cm、40～60 cm、60～80 cm 五个土层取土,将各层取得土壤混合均匀装入铝盒测定土壤含水率。土壤含水率测定采用烘干称重法。在各小区 0～50 cm 每 10 cm 取环刀测定土壤容重及三相。在各小区插入地温计测定地表温度(地温计插入深度为 10 cm);在各小区用土钻在 0～20 cm 土层取土,土层土样经风干过筛后测定各处理土壤有机质、碱解氮、速效钾、速效磷、脲酶的含量。土壤有机碳测定采用外加热法,碱解氮测定采用碱解扩散法,速效磷采用磷钼蓝比色法测定,速效钾采用火焰光度法测定。

分别于番茄的苗期—开花着果期、开花着果期—结果盛期、结果盛期—后期,在田间每个小区选取 10 株具有代表性的植株进行株高和茎粗测量。同时,在每个小区选取 3 株具有代表性的植株,取其地下部分的根和地上部分的叶和茎,取回分离后在 105 ℃烘箱杀青 30 min,后于 80 ℃烘干至恒重,用电子天平分别称取各器官干物质;采用 LI6400 型(美国)光合仪在开花着果期—结果盛期取番茄主茎倒三叶测定植株蒸腾速率、净光合速率、胞间 CO_2 浓度;并采用丙酮分光光度计比色法测定叶绿素含量。

4.2 炭-肥耦合对耕层土壤理化性质的影响

4.2.1 对土壤含水量的影响

1. 土壤含水量的变化情况

从图 4.2 和表 4.4 可知，整个生育期内 0～10 cm 土层的土壤含水量总体表现为随着生物炭施用量的增加土壤含水量呈现增大的趋势。各处理间差异极显著。在苗期—开花着果期，与 CK 相比各处理的土壤含水量表现为 T0 减少 7%，T11 增加 5.8%，T12 和 T21 增加 0.8%，T22 增加 7.2%，以上处理增幅不大，均在 10% 以内。随着施炭量的增加，较大施炭量处理与对照相比的差异较大，T31 增幅最大，为 47.5%，T32 增幅为 43.1%，T41 增幅为 32.3%，T42 增幅为 28.1%。随着作物的生长，土壤含水量变化情况为，各处理间差异显著。整体变化趋势与作物生育早期基本一致。较高生物炭处理 T31、T32、T41、T42 与 CK 相比增幅较大，分别增加 34.2%、24.5%、30.4% 和 34.6%。通过以上分析可知，同一施肥水平下土壤中施加较高生物炭量可以有效提高土壤的持水、保水能力；同一施炭水平下，肥 1 水平的土壤含水量对番茄各生育期内土壤水分具有积极的促进作用。

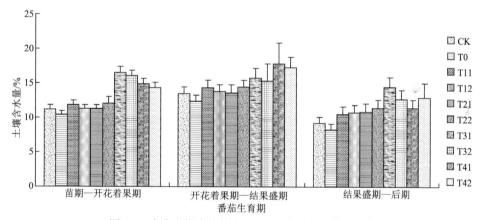

图 4.2　全生育期内土壤 0～10 cm 土壤含水量的变化

表 4.4　土壤含水量（0～10 cm）方差分析

变异来源	DF	平方和	均方	F 值	P 值
生物炭	4	127.302	31.820	1 081.27	<0.000 1
化肥	1	0.257	0.257	14.64	0.001 1
生物炭+化肥	4	2.256	0.563	221.87	<0.000 1
误差	20	0.352	0.017	极显著	<0.01
总计	29	130.167		极显著	<0.01

注：DF 代表自由度

从土层 10～20 cm 的土壤含水量变化情况和方差分析可知（图 4.3 和表 4.5），土壤含水量总体表现为，随着生物炭施用量的增加而增大，处理间差异极显著。整个生育期内表现为先增加后减少的趋势。在苗期—开花着果期，与 CK 相比，T22、T31、T32、T41、T42 的土壤含水量涨幅分别为 13.7%、40.5%、38.5%、19.3% 和 17.8%，其中 T31 增幅最大，增幅超过 40%。随着作物的生长，生育后期这种增幅趋势大体一致，其中 T31 增幅超过 20%。

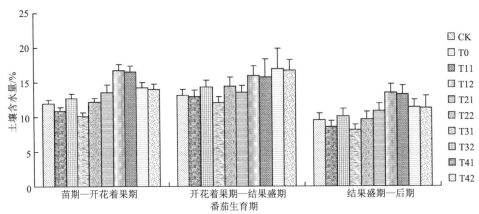

图 4.3　全生育期内土壤 10～20 cm 土壤含水量的变化

表 4.5　土壤含水量（10～20 cm）方差分析

变异来源	DF	平方和	均方	F 值	P 值
生物炭	4	0.101	0.101	5.52	0.0292
化肥	1	4.948	1.237	67.66	<0.0001
生物炭+化肥	4	0.365	0.018	极显著	<0.01
误差	20	101.321		极显著	<0.01
总计	29	95.906	23.976	1 311.39	<0.0001

从图 4.4～图 4.6 和表 4.6～表 4.8 分析可知，土层 20～40 cm 内土壤含水量整体表现为，随着番茄的生长土壤含水量呈现先增加后减少的趋势，各处理间差异极显著。在开花着果期—结果盛期，与 CK 相比，施炭处理的土壤含水量均呈下降趋势，其中 T31 和 T32 含水量最小，仅为 CK 的 70%左右。分析可知，砂壤土中施加生物炭可有效保持土壤耕层的有限水分供给作物生长所需，同时可以解决降水时空分布不均导致的土壤流失和渗漏，有效地提高土壤耕层持水蓄水能力，改善作物水土环境。土层 40～60 cm、60～80 cm 的土壤含水量整体变化趋势一致，即生物炭处理的土壤含水量均小于对照。

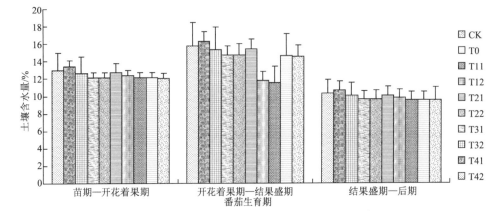

图 4.4　全生育期内土壤 20～40 cm 土壤含水量的变化

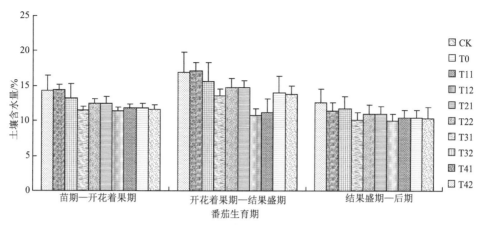

图 4.5　全生育期内土壤 40～60 cm 土壤含水量的变化

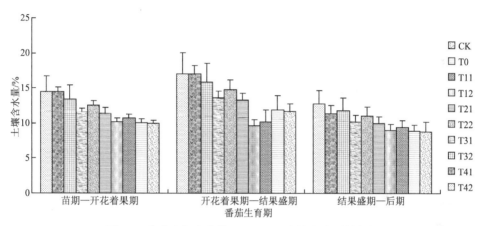

图 4.6　全生育期内土壤 60～80 cm 土壤含水量的变化

表 4.6　土壤含水量（20～40 cm）方差分析

变异来源	DF	平方和	均方	F 值	P 值
生物炭	4	4.825	1.206	78.32	<0.000 1
化肥	1	0.004	0.004	0.28	0.602 2
生物炭+化肥	4	1.347	0.336	21.86	<0.000 1
误差	20	0.308	0.015	极显著	<0.01
总计	29	6.485		极显著	<0.01

表 4.7　土壤含水量（40～60 cm）方差分析

变异来源	DF	平方和	均方	F 值	P 值
生物炭	4	29.110	7.278	458.51	<0.000 1
化肥	1	0.533	0.533	33.60	<0.000 1
生物炭+化肥	4	4.402	1.101	69.33	<0.000 1
误差	20	0.317	0.015	极显著	<0.01
总计	29	34.365		极显著	<0.01

表 4.8　土壤含水量（60～80 cm）方差分析

变异来源	DF	平方和	均方	F 值	P 值
生物炭	4	178.501	44.625	2380.86	<0.000 1
化肥	1	3.441	3.441	183.58	<0.000 1
生物炭+化肥	4	7.273	1.818	97.02	<0.000 1
误差	20	0.375	0.188	极显著	<0.01
总计	29	189.59		极显著	<0.01

2. 土壤含水量的变异性分析

数理统计学中常用极值比 K_a 和变差系数 C_v 进行表征数值的变化程度。

$$K_a = X_{max} / X_{min} \tag{4.1}$$

$$C_v = \sigma / \bar{x} \tag{4.2}$$

式中：X_{max} 为土壤含水量最大值；X_{min} 为土壤含水量最小值；K_a 为土壤含水量的变化幅度，K_a 越大说明土壤含水量变化幅度越大，反之变幅越小；C_v 为变差系数，反映土壤剖面含水量的变异性，比采用简单的增减值更加科学；σ 为均方差；$\bar{x}$ 为算术平均值；C_v 越大表示土壤含水量离散（变异）程度越大，反之越小。

在土壤垂直剖面上，表层土壤受外界环境影响较大，随着土壤深度的增大影响程度逐渐减小。由于试验方案中生物炭和化肥混施在土壤耕层，与对照相比能够较好地保持耕层土壤水分，防止水分渗漏，及时供给作物生长所需水分。从表 4.9 和图 4.7 可知，随着土层深度的增加，同一处理的 K_a 和 C_v 总体上呈现减小的趋势，CK 的 K_a 为 1.854，T31、T32、T41 和 T42 的 K_a 值均在 1.2 左右，这表明，无论施肥水平的高低施加生物炭后土壤含水量的变化幅度和变异程度减弱。对于同一深度的土壤而言，随着施炭量的增大，K_a 和 C_v 减小，与 CK 相比，较高施炭处理（T31、T32、T41、T42）的土壤剖面土壤含水量变差系数 C_v 相对较小，表明生物炭具有稳定的保水能力。

表 4.9　土壤剖面含水量变化的统计学分析结果

处理	参数	土壤深度/cm				
		10	20	40	60	80
CK	K_a	1.854	1.645	1.533	1.347	1.340
	C_v	2.486	2.044	2.160	1.889	1.835
T0	K_a	1.506	1.570	1.532	1.494	1.492
	C_v	1.718	1.904	2.269	2.214	2.354
T11	K_a	1.528	1.456	1.531	1.354	1.340
	C_v	1.980	1.912	1.937	1.680	1.610
T12	K_a	1.543	1.487	1.532	1.338	1.345
	C_v	1.903	1.444	1.866	1.267	1.499
T21	K_a	1.447	1.487	1.532	1.338	1.340
	C_v	1.623	1.985	1.827	1.434	1.549

处理	参数	土壤深度/cm				
		10	20	40	60	80
T22	K_a	1.433	1.674	1.530	1.354	1.504
	C_v	1.499	2.558	2.068	1.570	2.190
T31	K_a	1.264	1.375	1.393	1.247	1.250
	C_v	1.398	1.820	1.387	0.919	0.829
T32	K_a	1.266	1.250	1.266	1.134	1.136
	C_v	1.305	1.279	0.981	0.596	0.542
T41	K_a	1.212	1.218	1.232	1.230	1.190
	C_v	1.231	1.230	1.098	1.257	0.926
T42	K_a	1.240	1.287	1.231	1.238	1.209
	C_v	1.796	1.748	1.988	1.396	1.190

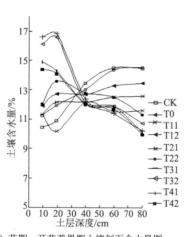

（a）苗期—开花着果期土壤剖面含水量图

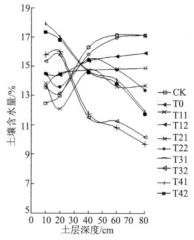

（b）开花着果期—结果盛期土壤剖面含水量图

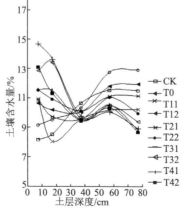

（c）结果盛期—后期土壤剖面含水量图

图4.7　全生育期内土壤剖面土壤含水量的变化

3. 土壤含水量的时空分布特征

土壤水分动态变化过程从图 4.8～图 4.17 清晰可见,土壤剖面含水量时空变化趋势通过土壤含水量等值线图来表征。等值线的疏密程度和曲面图的平缓曲折反映了不同处理间土壤含水量的时空变化。由图 4.9 可见,CK 在耕层土壤 0～20 cm 的土壤含水量较低,且等值线较密,反映了其土壤含水量梯度较大,在空间上变化剧烈。随着水分的垂直运移,土壤含水量增大。这也说明,砂壤土水分渗漏比较严重,耕层持水能力差,造成番茄耕层供水能力不足。T0 处理土壤的含水量时空分布特征与 CK 大体一致(图 4.8),表明施肥多少并不能改变土壤的保水特性,而施肥越多,随水分渗漏流失的越多。

与 CK 相比,随着土壤中施入生物炭量的增加,土壤耕层(0～20 cm)持水、保水能力增强,有限的水分可以充分供给番茄的生长所需,解决了番茄生育期内水分时空分布不均匀导致的作物缺水问题。通过土壤含水量等值线图和曲面图可以直观地发现,生物炭具有很好的保水、持水及减缓砂壤土水分快速渗漏的作用。这种保水现象在较高施炭处理(T31、T32、T41、T42)中更为显著(图 4.10～图 4.17)。在我国干旱、半干旱地区土壤生产力和土壤肥力较差,降雨又存在时空分布不均现象,水土流失比较严重。追其原因,大部分是因为土壤的持水能力差,有限的土壤养分易随水流失。本次实验表明,在砂壤土中施用生物炭可有效缓解这种矛盾,没有分析不同施肥水平对含水量的影响。

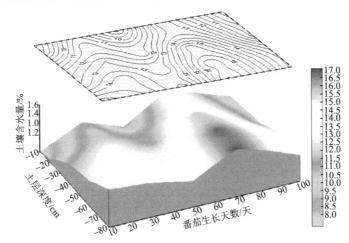

图 4.8　T0 处理的土壤含水量等值线图

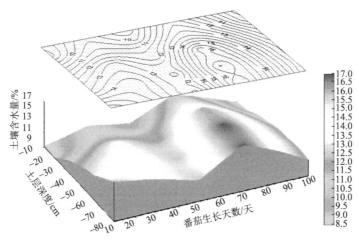

图 4.9　CK 处理的土壤含水量等值线图

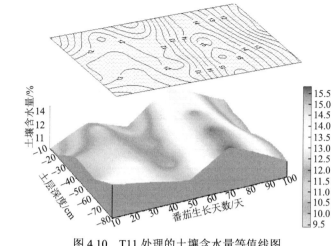

图 4.10　T11 处理的土壤含水量等值线图

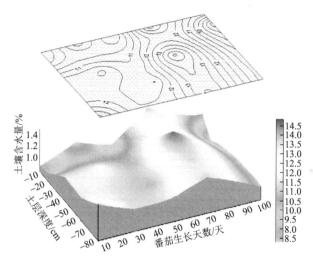

图 4.11　T12 处理的土壤含水量等值线图

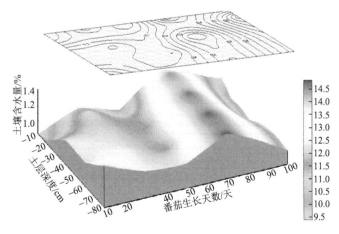

图 4.12　T21 处理的土壤含水量等值线图

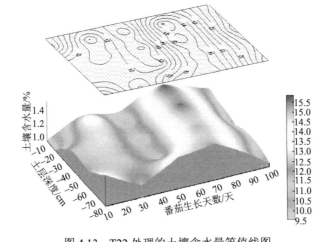

图 4.13　T22 处理的土壤含水量等值线图

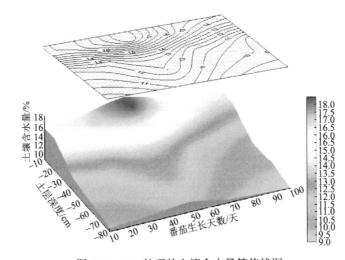

图 4.14　T31 处理的土壤含水量等值线图

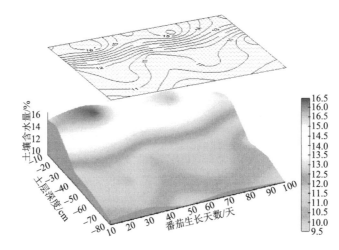

图 4.15　T32 处理的土壤含水量等值线图

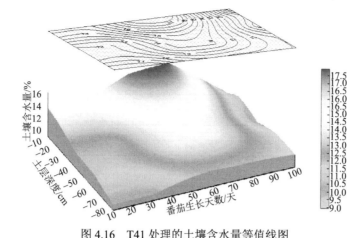

图 4.16　T41 处理的土壤含水量等值线图

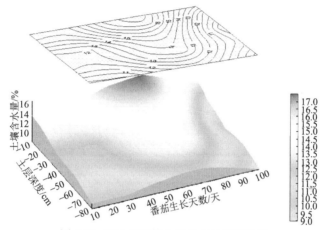

图 4.17　T42 处理的土壤含水量等值线图

4.2.2　对土壤孔隙度的影响

从图 4.18 分析可知，0～10 cm 的土壤孔隙度随着施炭量的增加呈现增大的趋势。随着作物的生长这种趋势保持一致。与 CK 相比，各处理土壤孔隙度表现为 T42＞T41＞T32＞T31＞T22＞T21＞T12＞T11＞T0。其中，T42 增幅达 18.9%。通过试验可知，10～20 cm 的土壤孔隙度增幅趋势与 0～10 cm 一致，这里不再赘述。从图 4.19 分析可知，随着土层的垂

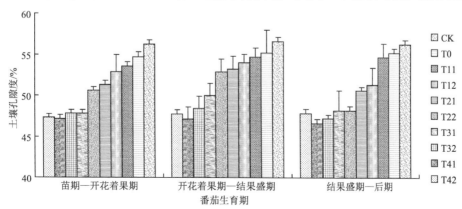

图 4.18　0～10 cm 土层的土壤孔隙度变化

直分布,到 20～30 cm 土壤孔隙度在各处理间变化不大,差异不显著。30～40 cm 及 40～50 cm 的试验结果表明,各处理间的土壤孔隙度变化趋势与 20～30 cm 一致。

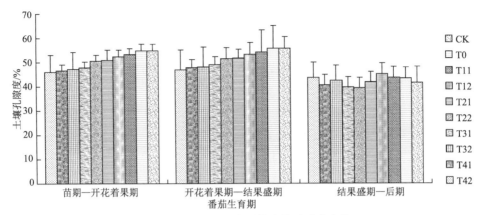

图 4.19   20～30 cm 土层的土壤孔隙度变化

通过对土壤孔隙度极值比（K_a）的统计学分析可知（表 4.10）,与 CK 相比,随着施炭量的增加各处理的 K_a 变化幅度逐渐减小。这说明,施用生物炭与对照相比土壤孔隙度的变异程度减弱。

表 4.10   土壤孔隙度变化的 K_a 分析结果

处理	苗期—开花着果期	开花着果期—结果盛期	结果盛期—后期
CK	1.151	1.130	1.100
T0	1.151	1.134	1.169
T11	1.148	1.110	1.136
T12	1.148	1.145	1.222
T21	1.275	1.247	1.222
T22	1.151	1.132	1.233
T31	1.350	1.293	1.249
T32	1.218	1.189	1.338
T41	1.275	1.254	1.296
T42	1.271	1.257	1.365

4.2.3 对土壤容重的影响

从图 4.20 分析可见,土壤 0～10 cm 施用生物炭可有效降低土壤的容重。与对照相比,较高施炭量的减幅明显。其中,T31、T32、T41、T42 与 CK 相比减幅达 10% 以上。T42 减幅最大,达 16.9%。同一施炭量不同施肥量间差异不显著。通过试验表明 10～20 cm 及 20～30 cm 的土壤容重变化趋势与 0～10 cm 基本一致。

然而,从 30～40 cm 土层的土壤容重分析结果可见（图 4.21）,与 CK 相比,各处理间的土壤容重差异减弱,主要原因是生物炭施用于土壤的耕层 0～20 cm,对土壤深层的影响不明显。随着土层的垂直加深（40～50 cm）这种差异性变小。

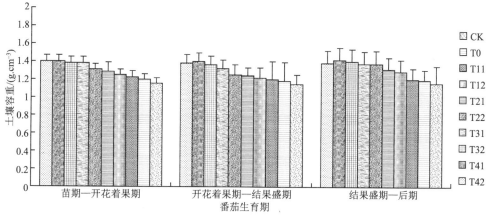

图 4.20 0～10 cm 土层的土壤容重变化

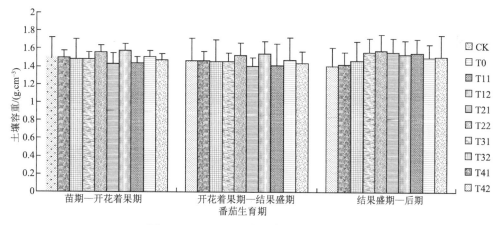

图 4.21 30～40 cm 土层的土壤容重变化

4.2.4 对土壤三相的影响

土壤的三相即土壤的固相、气相和液相。土壤三相比即这三种性质的比例。土壤三相比可以清晰地反映土壤颗粒与土壤孔隙的比例关系、土壤总孔隙度的大小，以及土壤孔隙中蓄水孔隙和蓄气孔隙的比例关系、土壤水气协调状况。试验表明，随着施炭量的不同及作物的生长，土壤中的三相组成发生着变化，从而也影响着土壤一系列性质的变化。

图 4.22 结果表明，各处理的土壤三相比变化表现为，随着土壤含水量的提高土壤液相增多，土壤气相和固相相应减少。从 0～10 cm 土层的土壤三相组成可知，随着施炭量的增大，土壤液相增加，气相相应减少，固相减幅较大。与 CK 的液相相比，较高施炭量处理 T21、T22、T31、T32、T41、T42 分别是 CK 的 1.97 倍、2.18 倍、1.97 倍、2.89 倍、3 倍和 2.89 倍，其中 T41 的液相率最高。各处理间气相率差异不显著。固相率表现出随着施炭量的增加而减少的趋势，T21、T22、T31、T32、T41、T42 分别是 CK 的 0.88 倍、0.87 倍、0.86 倍、0.84 倍、0.76 倍和 0.77 倍。由同一处理间的三相比分析结果可知，与 CK 相比，随着较高施炭量的增加，三相比的比例趋于平衡。其中，CK 的液相∶气相∶固相为 1∶6∶8；而 T31、T32、T41、T42 的三相比可均接近 1∶2∶2。适宜的三相比可为土壤通气、植物根系吸水和微生物活动创造良好的环境，并相应地提高土壤肥力。随着土层的深入，生物炭对土壤三相的影响

效果与对照相比差异不显著。40～50 cm 土层，表现为对照的液相率高于各施炭处理，气相率相应减少，固相率差异不显著。结果充分说明，生物炭可以有效锁住作物耕层土壤水分而不渗漏，保水、持水能力增强。随着作物的生长，各处理间土壤三相比变化趋势与苗期—开花着果期大体相同。

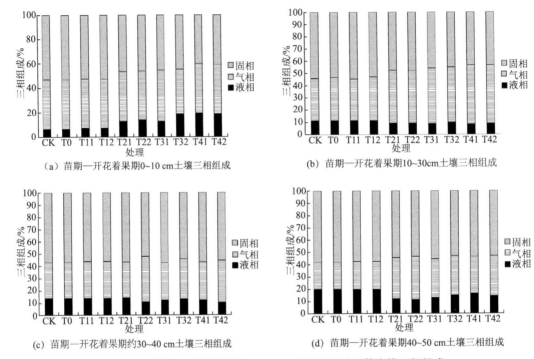

图 4.22　苗期—开花着果期 0～50 cm 土层不同处理的土壤三相组成

4.2.5　对土壤温度的影响

施用生物炭可以提高土壤耕层的温度。从图 4.23 分析可知，随着生物炭含量的增加土壤耕层温度呈现升高的趋势。与 CK 相比，施炭处理的日平均耕层温度增幅趋势分别为 T42＞T41＞T32＞T31＞T22＞T21＞T12＞T11＞T0。其中 T42、T41、T32、T31 与 CK 相比，分别增加 16.53%、15.71%、13.49%和 12.87%，增幅均超过 10%。全生育期内这种变化趋势大体一致。可见，施用生物炭能有效提高作物耕层温度，主要是因为施加生物炭后土壤颜色变深、变黑，吸收的辐射热量较多。

此外，通过试验分析可知，施用生物炭可以有效减小土壤耕层温度的昼夜温差。CK 的昼夜温差最大，为 11.8 ℃；T0 与 CK 差异不显著。随着施炭量的增加 T11、T12、T21、T22、T31、T32、T41、T42 的昼夜温差逐步减小，分别为 8.8 ℃、9.1 ℃、7.2 ℃、6.2 ℃、6.7 ℃、6.1 ℃、6.4 ℃、7.0 ℃。主要原因是，施用生物炭使土壤湿度提高，并提高土壤的导热性，湿润的表土层因导热性强白天吸收的热量易于传导到下层，夜晚下层的温度又向上补充上层热量的散失，昼夜温差变小。

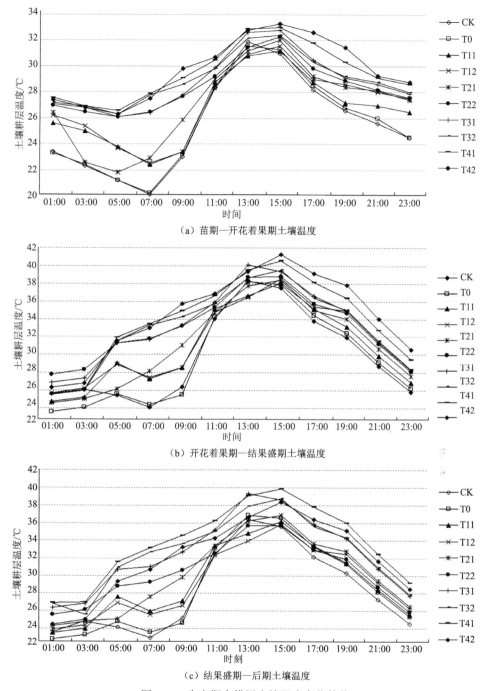

（a）苗期—开花着果期土壤温度

（b）开花着果期—结果盛期土壤温度

（c）结果盛期—后期土壤温度

图 4.23　生育期内耕层土壤温度变化趋势

图 4.24 显示，在午后 13:00 的温度，CK 比低炭处理的土层温度高，CK 的土层温度分别比 T11、T12、T21、T22 增加 3.57%、3.24%、2.24%和 1.27%。但是，高炭处理的土壤耕层温度此时仍高于 CK。T31、T32、T41、T42 与 CK 相比，分别增高了 2.2%、1.9%、3.1%和 2.8%。出现这种现象主要是因为最热的气候条件下干燥的表层土壤比湿润的表层土壤温度高。由试验分析可知，在午后最热的时候低炭处理的湿润土层没有砂壤土干燥的土层温度高，但是高炭处理的黑色成分较多，温度依然比对照土壤温度高。

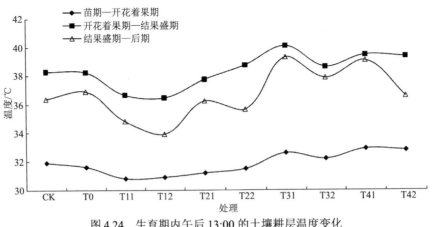

图 4.24　生育期内午后 13:00 的土壤耕层温度变化

4.2.6　对土壤电导率的影响

从图 4.25 可知，随着施炭量的增加土壤电导率呈现逐步升高的趋势，较高生物炭处理的土壤电导率与对照相比增幅较大。与 CK 相比，T0 差异不显著。T11、T12、T21、T22、T31、T32、T41、T42 分别增高了 0.3%、0.1%、1.0%、0.8%、1.1%、0.9%、3.3%和 3.0%。高施炭量处理的土壤电导率增幅最大。

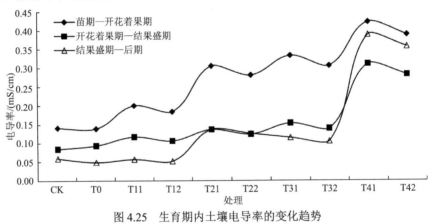

图 4.25　生育期内土壤电导率的变化趋势

4.3　炭-肥耦合对耕层土壤养分的影响

4.3.1　对土壤有机质的影响

有机质是土壤的重要组成部分，它在土壤肥力、环境保护及农业可持续发展方面有着重要的作用，含有植物生长所需的各种营养元素。从图 4.26 可知，随着施炭量的增加土壤有机质含量呈现升高的趋势。在整个生育期，与 CK 相比，高炭处理土壤有机质增幅显著，其中 T31、T32、T41、T42 分别增加 66.4%、53.2%、77.7%和 69.6%。原因主要有以下两方面：一方面是生物炭本身有机质含量较高，随着施炭量的增加土壤有机质含量增大；另一方面是施用生物炭可以改善土壤的理化性质，促进作物的生长，植物的残体和根系分泌物增多也增加了土壤中有机质的含量。

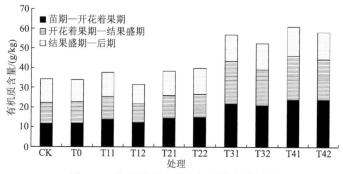

图 4.26　生育期内土壤有机质的变化趋势

4.3.2　对土壤碱解氮的影响

氮素是作物生产过程需求量较大的养分，土壤供氮不足会导致作物产量和品质的下降。持续施加化肥可以提高土壤储氮量，改善土壤供氮水平，但是仅以这种形式增加土壤氮素难以保证作物的生长。自化肥问世后，我国年均化肥使用量已较世界年均使用量高出 1/4，居世界之首。虽然化肥用量的增加在促进我国农业生产中起到了积极作用，但是化肥的长期使用将对土壤生产力的降低带来不可避免的损害，尤其在土地贫瘠、化肥使用过高的地区，化肥利用率低、损失量大，已产生了农业水土环境的污染问题。如何提高化肥利用效率是本章的重要研究目标之一。土壤中施用生物炭后，其表面具有丰富的官能团和较大的比表面积，提高了土壤阳离子交换量，吸附更多养分离子，避免了养分流失。可以利用其特有的绿色、无污染生物质原料有效提高土壤肥力及肥料利用效率。

从图 4.27 可知，苗期—开花着果期，随着生物炭施入量的增加土壤碱解氮含量整体呈现增大趋势。与 CK 相比，各处理的增减情况如下：T0 减少 3%；T11、T12、T21、T22、T31、T32、T41、T42 分别增加 85%、76%、96%、91%、98%、92%、90% 和 89%。其中，较高生物炭处理（T31、T32）的增幅显著，同一施炭水平不同施肥水平之间差异不显著。随着番茄的生长，这种增幅趋势大体一致。

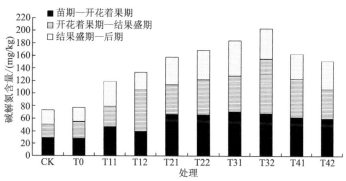

图 4.27　生育期内土壤碱解氮的变化趋势

4.3.3　对土壤速效钾和速效磷的影响

从图 4.28 可知，随着土壤施炭量的增加土壤中速效钾含量呈现先增加后降低的趋势，但整体来说均高于对照。与 CK 相比，各处理的增幅情况如下：T0 增加 25%；T11 增加 12%，T12 增加 11%，T21 增加 36%，T22 增加 26%，T31 增加 110%，T32 增加 105%，T41 增加

72%，T42 增加 65%。其中，T31 和 T32 处理增加最大。分析原因可知，湿润的土壤在作物生长过程中通过脱水过程可有效促进速效钾的释放，T41、T42 土壤中速效钾减少的原因可能是其含水量过高抑制了释放过程，具体原因需进一步研究。由图 4.29 可知，速效磷的整体变化趋势与速效钾大体一致。

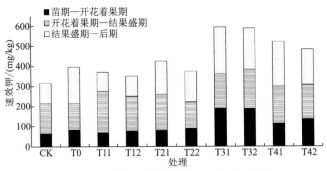

图 4.28　生育期内土壤速效钾的变化趋势

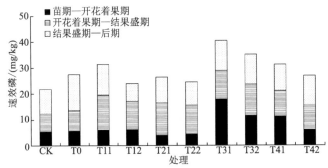

图 4.29　生育期内土壤速效磷的变化趋势

4.3.4　对土壤脲酶的影响

从图 4.30 可知，土壤中施用生物炭可以提高土壤脲酶的含量。土壤酶主要来自于微生物和植物根。土壤脲酶是一种水解酶或称水解尿素，是表征土壤肥力的重要指标。生物炭的多孔性和较大的比表面积可以为微生物的活动提供良好的场所，提高微生物在作物根系层繁殖和发育的能力。同时，土壤中施用生物炭有效改善了土壤的结构、水分和温度。这些因素都是导致土壤脲酶升高的原因。与 CK 相比，全生育期内土壤脲酶的增幅情况为：T0、T11、

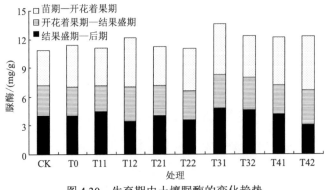

图 4.30　生育期内土壤脲酶的变化趋势

T12、T21、T22、T31、T32、T41、T42 平均增幅分别为 5.0%、2.2%、11.8%、3.2%、1.7%、25.2%、13.5%、11.7%、13.2%。其中，T31 增幅最大。试验表明，适宜的土壤结构、水分、温度是提高土壤脲酶的关键。

4.4 炭-肥耦合条件下土壤-水-肥-热的数值模拟

4.4.1 聚类分析

土壤肥力是土壤物理、化学和生物学性质的综合反映。水分和养分是作物必需的营养成分；并且影响环境因素的温度也是很重要的条件。施用生物炭后，砂壤土的结构、水分、肥力和温度都相应的有所改变。从图 4.31 可知，在选取的 13 个影响土壤肥力的因子中，通过聚类分析能够较好地反映土壤的水、肥、气、热条件之间的关系。

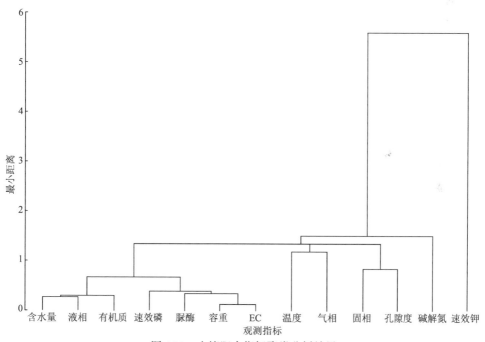

图 4.31　土壤肥力指标聚类分析结果

4.4.2 相关分析

相关分析是研究现象之间依存关系的重要统计分析。任何事物之间都是相互关联的。客观事物之间的密切程度可以用相关分析结果进行表征。通过上述聚类分析结果，选取反映土壤肥力的以下特征进行相关分析，包括反映土壤养分的有机质、碱解氮、速效磷、速效钾、脲酶；反映土壤水分特征的土壤含水量；反映土壤热度的耕层温度。对以上指标相关分析结果见表 4.11。土壤含水量与有机质、速效钾、速效磷、孔隙度呈显著正相关，相关系数超过 0.8，与容重呈显著负相关，相关系数为 0.79；有机质与温度和孔隙度呈显著正相关，相关系数超过 0.90，与容重呈负相关，相关系数为 0.94；碱解氮与温度和孔隙度呈显著正相关，相关系数超过 0.8，与容重呈负相关，相关系数为 0.83；速效钾与速效磷呈显著正相关，相关系数超过 0.8，与容重呈显著负相关，相关系数为 0.72；温度与容重呈显著负相关，与孔隙度呈显著正相关，相关系数均超过 0.90；容重与孔隙度呈显著负相关，相关系数达 0.99。

表 4.11 土壤肥力因素相关分析结果

	土壤含水量	有机质	碱解氮	速效钾	速效磷	脲酶	温度	容重	孔隙度
有机质	0.866 6**	1							
碱解氮	0.753 5*	0.709 5*	1						
速效钾	0.933 4**	0.783 9**	0.664 5*	1					
速效磷	0.828 2	0.646 1*	0.464 6	0.832 4**	1				
脲酶	0.457 9	0.108 5	0.224 0	0.391 6	0.632 1*	1			
温度	0.792 0*	0.923 2**	0.816 0**	0.706 9*	0.501 5	−0.066 2*	1		
容重	−0.797 5**	−0.940 4**	−0.826 5*	−0.722 4*	−0.459 7	−0.053 6	−0.947 4**	1	
孔隙度	0.805 0**	0.948 1**	0.818 5**	0.734 9*	0.475 0	−0.047 3	0.950 7**	−0.999 4**	1

注：*表示的相关系数值信度显著性水平达 0.05 以上；**表示显著性水平达 0.01 以上

4.4.3 多元线性回归

通过对影响土壤水、肥、气、热等基本土壤肥力因子进行聚类分析和相关分析后，针对每一个主要影响单元进行多元线性回归分析。

（1）选取代表土壤重要组成部分的有机质含量（x_1）、代表土壤基本性质的孔隙度（x_2）、代表土壤肥力的速效钾含量（x_3）及代表土壤热量的温度（x_4）这 4 个指标，模拟多种因素作用下它们对代表土壤水分特征的土壤含水量（Y）的影响。通过分析得到如下方程式，方程在 0.01 水平下极显著。

$$Y=8.633\ 0+0.182\ 2x_1+0.031\ 0x_2-0.134\ 6x_3+0.174\ 3x_4,\ R^2=0.921\ 6 \tag{4.3}$$

生物炭与化肥耦合条件下，各处理对土壤含水量的多元线性回归数值模拟结果见表 4.12 和图 4.32。通过分析可知，各处理土壤含水量的模型拟合精度均超过 90%，其中 T21、T31、T32、T41 的模拟结果较好，拟合精度均超过 99%。

表 4.12 土壤含水量模拟检验结果

处理	残差	拟合误差	拟合精度/%
CK	0.65	0.418	96.392
T0	−0.88	0.766	92.828
T11	0.70	0.490	96.013
T12	−0.90	0.810	92.458
T21	0.02	0.000	99.997
T22	0.54	0.286	97.765

处理	残差	拟合误差	拟合精度/%
T31	0.23	0.055	99.669
T32	0.17	0.029	99.823
T41	0.15	0.021	99.856
T42	−0.68	0.462	96.751

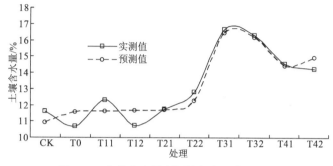

图 4.32　土壤含水量预测值与实测值的比较

（2）选取代表土壤水分特征的土壤含水量（x_1）、代表土壤基本性质的孔隙度和容重（x_2、x_3）、代表土壤热量的温度（x_4）这 4 个指标，模拟多种因素作用下它们对代表土壤养分特征的土壤碱解氮（Y）的影响。通过分析得到如下方程，方程在 0.01 水平下极显著。

$$Y = 5\ 137.436\ 2+3.265\ 1x_1-52.392\ 2x_2-2\ 015.592\ 8x_3+5.995\ 3x_4,\ R^2 = 0.819\ 3 \qquad (4.4)$$

生物炭与化肥耦合条件下，各处理对土壤碱解氮的多元线性回归数值模拟结果见表 4.13 和图 4.33。通过分析可知，各处理土壤碱解氮的模型拟合精度均超过 85%，其中 T31、T32 的模拟结果较好，拟合精度均超过 99%。

表 4.13　土壤碱解氮含量模拟检验结果

处理	残差	拟合误差	拟合精度/%
CK	−2.57	6.620	77.85
T0	2.99	8.940	69.17
T11	1.80	3.226	93.22
T12	−2.74	7.530	81.35
T21	2.43	5.924	91.26
T22	1.67	2.799	95.83
T31	0.84	0.706	99.02
T32	0.78	0.605	99.12
T41	−3.82	14.569	76.74
T42	−3.38	11.391	81.24

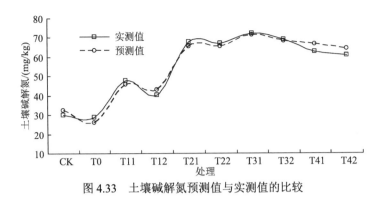

图 4.33　土壤碱解氮预测值与实测值的比较

（3）选取代表土壤水分特征的土壤含水量（x_1）、代表土壤重要组成部分的有机质（x_2）、代表土壤养分特征的土壤碱解氮和速效钾（x_3、x_4）这 4 个指标，模拟多种因素作用下它们对代表土壤热量的温度（Y）的影响。通过分析得到如下方程，方程在 0.01 水平下极显著。

$$Y = 5\ 137.436\ 2+3.265\ 1x_1-52.392\ 2x_2-2\ 015.592\ 8x_3+5.995\ 3x_4,\ R^2 = 0.918\ 0 \quad （4.5）$$

生物炭与化肥耦合条件下，各处理对土壤温度的多元线性回归数值模拟结果见表 4.14 和图 4.34。通过分析可知，各处理土壤温度的模型拟合精度均超过 97%，其中 CK、T11、T32、T41、T42 的模拟结果较好，拟合精度均超过 99.9%。

表 4.14　土壤温度模拟检验结果

处理	残差	拟合误差	拟合精度/%
CK	−0.16	0.027	99.90
T0	−0.32	0.103	99.60
T11	−0.06	0.004	99.99
T12	0.65	0.420	98.45
T21	−0.78	0.601	97.78
T22	0.71	0.506	98.22
T31	−0.27	0.073	99.75
T32	0.16	0.025	99.91
T41	−0.08	0.006	99.98
T42	0.14	0.021	99.93

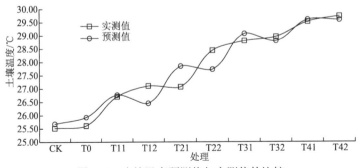

图 4.34　土壤温度预测值与实测值的比较

4.5 炭-肥耦合对番茄生长性状、产量及品质的影响

4.5.1 对番茄生长指标的影响

从图 4.35 可知，施用生物炭有效提高了番茄的茎粗。在苗期—开花着果期，与 CK 相比，T0 减少 8.8%，表明不施用生物炭又减少化肥使用的处理抑制了番茄的生长；施炭处理表现为 T32＞T31＞T21＞T41＞T22＞T42＞T11＞T12，其中与 CK 相比，T32 增幅最大，为 28%；在开花着果期—结果盛期，增幅较番茄生长初期有所降低，但整体表现为随着施炭量的增加植株茎粗表现出增大的趋势。与 CK 相比，T31、T32 处理的增幅显著。

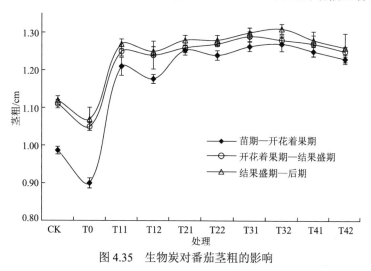

图 4.35　生物炭对番茄茎粗的影响

从图 4.36 可知，在苗期—开花着果期，与 CK 相比各处理的株高增减幅度不一。T0 减少 12.1%，T11、T12 增幅分别为 1.6% 和 6.5%，而 T12 和 T22 降幅分别为 5.6% 和 0.8%。可见，番茄生育初期，低炭处理的肥 2 水平抑制了作物的生长。随着施炭量的增大，这种现象消除。T31、T32、T41、T42 分别比 CK 增加了 8.9%、4.0%、5.6% 和 0.4%，其中 T31 增幅最大。高施炭处理 T41 和 T42 增幅相比 T31 和 T32 有所下降。

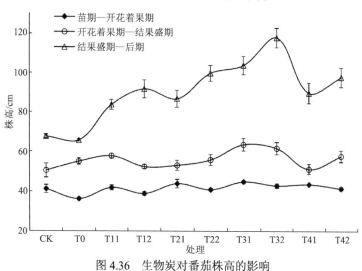

图 4.36　生物炭对番茄株高的影响

4.5.2　对番茄生理指标的影响

从图 4.37 可知，施用生物炭有效地提高了作物的净光合速率和蒸腾速率。净光合速率影响结果显示，与 CK 相比，T11、T12、T21、T22、T31、T32、T41、T42 分别增加 89.07%、27.32%、151.53%、134.62%、195.46%、147.77%、274.94% 和 190.13%，其中 T41 增幅最大。同一施炭的处理肥 1 水平大于肥 2 水平，同一施肥水平施炭量越大增幅越大。蒸腾速率的变化趋势整体上与净光合速率的变化趋势一致。

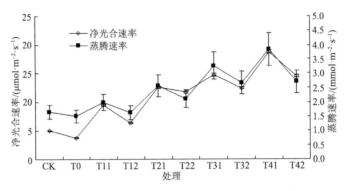

图 4.37　生物炭对番茄净光合速率和蒸腾速率的影响

从图 4.38 可知，植株气孔导度随着施炭量的增加而增大，与 CK 相比较高施炭量处理的 T31、T32、T41、T42 增幅显著，增幅分别为 199.56%、112.19%、215.96% 和 190.81%，其中 T41 增幅最大。胞间 CO_2 浓度与气孔导度变幅规律大体相同，只是在较高炭处理的肥 1 和肥 2 水平间差异不大。

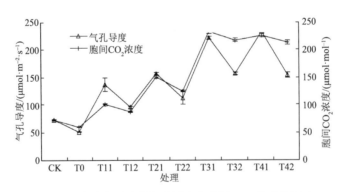

图 4.38　生物炭对番茄气孔导度和胞间 CO_2 浓度的影响

从图 4.39 可知，施炭处理整体上提高了植株的叶绿素含量。与 CK 相比，T11、T12、T21、T22、T31、T32、T41、T42 分别增加了 7.25%、5.20%、1.60%、5.65%、2.42%、3.57%、8.34% 和 19.27%。

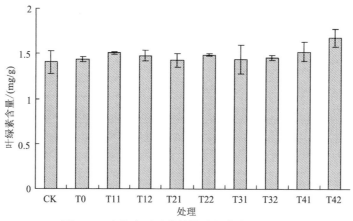

图 4.39　生物炭对番茄植株叶绿素含量的影响

4.5.3　对番茄植株干物质积累的影响

从图 4.40 可知，生物炭的施用可以提高番茄根系干物质的积累。整体表现为随着施炭量的增加蕃茄根干重增大。与 CK 相比，T11、T12、T21、T22、T31、T32、T41、T42 分别增加 22.95%、26.59%、31.82%、36.82%、81.59%、46.59%、19.77%和 2.27%。表现为增幅先增大后减小的趋势，其中较高施炭处理比高炭处理效果显著。

□苗期—开花着果期　　■开花着果期—结果盛期　　▨结果盛期—后期

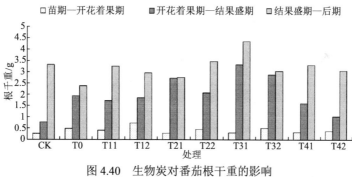

图 4.40　生物炭对番茄根干重的影响

从图 4.41 和图 4.42 可知，与 CK 相比，随着生物炭施用量的增加番茄茎和叶的干重呈现增大的趋势。其中，较高炭处理的 T31、T32 干重均超过其他处理，增幅最大，与 CK 差异最显著。研究结果表明，适量生物炭的使用对番茄干物质积累效果明显，在田间使用过程中应酌情添加，而不是施炭越多效果越好。

□苗期—开花着果期　　■开花着果期—结果盛期　　▨结果盛期—后期

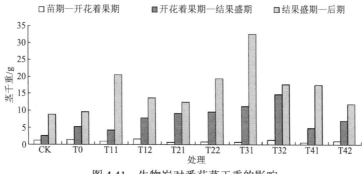

图 4.41　生物炭对番茄茎干重的影响

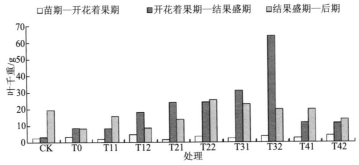

图 4.42　生物炭对番茄叶干重的影响

4.5.4　对番茄产量和品质的影响

从图 4.43 可知，与 CK 相比，随着施炭量的增加番茄产量增幅出现先升高后降低的趋势，但是整体增幅较对照相比差异显著。其中，与 CK 相比，不施炭减少化肥用量的 T0 处理出现减产；T11、T12、T21、T22、T31、T32、T41、T42 增幅分别为 17.80%、18.03%、40.12%、44.01%、46.34%、58.61%、49.63% 和 39.18%。其中 T32 产量最高。同一施炭不同施肥处理间差异不显著，可考虑减少化肥用量指导番茄田间种植。

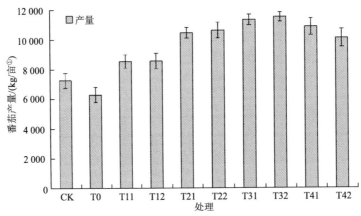

图 4.43　生物炭对番茄产量的影响

从图 4.44 可知，施用生物炭可以提高番茄的品质，总酸含量较对照相比有所提高，其中

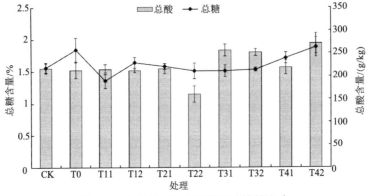

图 4.44　生物炭对番茄总酸和总糖的影响

---

① 1亩 ≈ 666.7m²

T31、T32、T42 分别增加 18%、15%和 20%。总糖含量表现与 CK 相比，T31、T32 减少 3.2%和 1.9%。适宜的酸糖比可提高番茄的品质。

4.6 炭-肥耦合对土壤改良及番茄生长性状响应的结论

（1）砂壤土中施用生物炭可有效提高土壤的含水量，其中较高施炭量处理对提高土壤含水量效果显著。从土壤剖面上分析，0～80 cm 土层中，0～20 cm 土壤含水量受生物炭影响效果明显，因为生物炭与土壤混播于土壤耕层 0～20 cm 内，故能够有效提高土壤含水量，达到持水、保水、防止水分快速渗漏的作用；通过土壤时空分布特征分析可知，随着番茄的生长，土壤水分在垂直剖面的影响表现为较高施炭量能保持耕作层有效水分，而对照处理的水分渗漏较快、较明显。施用生物炭可以有效缓解干旱、半干旱地区作物生育期降雨时空分布不均造成的作物缺水、水土流失的矛盾。

（2）砂壤土中施用生物炭降低了土壤的容重，增大了土壤的孔隙度。与对照相比，随着施炭量的增加土壤容重逐渐降低，土壤孔隙度逐渐增大。施入生物炭也改善了土壤三相比，随着施炭量的增加土壤液相比例增大，固相比例、气相比例相应降低。较高生物炭处理可以合理地调节土壤三相的比例，使土壤环境更适合作物生长。

（3）施用生物炭可有效提高土壤耕层的温度，随着施炭量的增加这种增幅比较显著。这种变化改善了砂壤土的热量条件，有利于延长作物的生育期。同时，生物炭处理的土壤昼夜温差较对照小，给作物和土壤微生物提供了良好的温度环境。

（4）施用生物炭可以有效保持土壤中的养分，同时也提高土壤有机质含量。因为生物炭本身有机质含量较高，施用后不仅可以提高土壤有机质含量，同时也利于促进其他养分的释放。另外，生物炭吸附能力强，比表面积较大，可以吸收更多的水分和肥料，使养分充分溶解并吸收。吸附到生物炭表面的肥料也可以起到缓释肥料的作用，满足作物生长的持续需肥需求。

（5）土壤中施用生物炭可以提高土壤电导率。与对照相比，较高施炭量的土壤电导率增幅较合理，显著改善了土壤的理化性质。高炭量处理的土壤电导率增幅相比其他施炭处理大，在盐碱土改良中有待进一步研究。

（6）通过对影响土壤肥力的多种指标进行统计分析可知，改善土壤水、肥、气、热条件是提高土壤肥力的关键。通过聚类分析和相关分析可知，指标之间关联较大、相关系数较高。通过对各自主导因素的多元回归分析能够较好地模拟农田土壤水土环境，模型模拟精度均超过 0.85。

（7）随着施炭量的增加番茄植株茎粗和株高整体表现为增大的趋势。与 CK 相比，T31、T32 的茎粗增幅显著提高，T32 增幅最大，为 28%。T31、T32、T41、T42 处理的株高分别比 CK 增加了 8.9%、4.0%、5.6%和 0.4%，其中 T31 增幅最大，该处理对番茄植株生长的响应关系显著。

（8）施用生物炭有效提高了作物的净光合速率和蒸腾速率。净光合速率与 CK 相比，T41 增幅最大，为 274.94%。同一施炭处理下肥 1 水平大于肥 2 水平，同一施肥水平下施炭量越大增幅越大。蒸腾速率的变化趋势整体上与净光合速率一致。植株气孔导度随着施炭量的增加而增大。与 CK 相比，T41 增幅最大，为 215.96%。胞间 CO_2 浓度与气孔导度变幅规律大体相同，只是在较高炭处理的肥1和肥2水平间差异不显著。

（9）生物炭的施用可以提高番茄植株干物质的积累。整体表现为随着施炭量的增加蕃茄植株干物质增大。与CK相比，T11、T12、T21、T22、T31、T32、T41、T42各处理的变化趋势表现为增幅先增大后降低的趋势，其中较高施炭处理比高炭处理增幅效果显著。

（10）与CK相比，随着施炭量的增加番茄产量增幅出现先升高后降低的趋势，但是整体增幅较对照相比差异显著。其中，与CK相比，T32产量增幅最高，为58.61%。同一施炭不同施肥处理间差异不显著，可考虑减少化肥用量，故T32为适宜生物炭和化肥互作比例。

（11）施用生物炭可以提高番茄的品质。与CK相比，T31、T32、T42的总酸含量增幅明显，分别增加18%、15%和20%。与CK相比，总糖含量表现为T31、T32减少3.2%和1.9%。适宜的酸糖比可提高番茄的品质。

4.7　番茄产量-水-肥-热模型

4.7.1　番茄产量与其影响因子的相关分析

选择与番茄产量相关的指标9个，分别为土壤含水量、土壤有机质含量、土壤碱解氮含量、土壤速效钾含量、土壤速效磷含量、土壤脲酶含量、土壤耕作层温度、土壤容重和土壤孔隙度。相关分析结果见表4.15，番茄产量与土壤含水量、土壤碱解氮、土壤耕作层温度呈极显著正相关，相关系数分别为0.801 5、0.974 4、0.863 3；与土壤容重呈极显著负相关，相关系数为–0.844 9。

表 4.15　产量与其影响因子的相关分析

指标	产量	土壤含水量	土壤有机质含量	土壤碱解氮含量	土壤速效钾含量	土壤速效磷含量	土壤脲酶含量	土壤耕作层温度	土壤容重	土壤孔隙度
土壤含水量	0.801 5**	1								
土壤有机质含量	0.756 8*	0.866 7**	1							
土壤碱解氮含量	0.974 4**	0.753 5*	0.709 5*	1						
土壤速效钾含量	0.702 7*	0.933 8**	0.783 3**	0.664 5*	1					
土壤速效磷含量	0.529 2	0.828 2**	0.646 1*	0.464 6	0.832 4**	1				
土壤脲酶含量	0.224 7	0.457 9	0.108 5	0.224 1	0.391 6	0.632 1*	1			
土壤耕作层温度	0.863 3**	0.792 1**	0.923 2**	0.816 1**	0.706 9*	0.501 5	0.066 2	1		
土壤容重	–0.844 9**	–0.797 5**	–0.940 3**	–0.826 5**	–0.722 4*	–0.459 7	0.053 7	–0.947 4**	1	
土壤孔隙度	0.837 5**	0.837 6**	0.804 9**	0.818 5**	0.734 9*	0.474 9	–0.047 3	0.950 7**	–0.999 4**	1

注：*表示的相关系数值信度显著性水平达0.05以上；**表示显著性水平达0.01以上

4.7.2 影响番茄产量的因子间主成分分析

主成分分析结果见表 4.16，前 3 个主成分的累计方差贡献率超过了 95%，表明这 3 个主成分基本包含了这 9 个因子的所有变异信息，其中第一个主成分方差贡献率达到 72.33%，它综合了最多最重要的变异信息。

表 4.16 产量影响因子的主成分分析结果

主成分	特征值	方差贡献率	累计方差贡献率
1	6.509	0.723 3	0.723 3
2	1.674 8	0.186 1	0.909 4
3	0.438 1	0.048 7	0.958 1

前 3 个主成分简化了原来的观察系统，保留原观察系统变异信息的 95.81%，从表 4.17 可知，可用 3 个彼此不相关的综合指标分别综合存在于原有的 9 个指标的各类信息中。

表 4.17 前 3 个主成分的因子载荷矩阵

影响因子	主成分		
	1	2	3
土壤含水量[x_1]	0.501 6	0.372 5	0.331 9
土壤有机质含量[x_2]	0.193 9	−0.107 3	−0.077 4
土壤碱解氮含量[x_3]	−0.053 8	−0.243 1	0.743 9
土壤速效钾含量[x_4]	0.050 2	0.320 3	0.515 1
土壤速效磷含量[x_5]	−0.240 9	−0.060 7	0.281 8
土壤脲酶含量[x_6]	0.372 8	−0.072 6	−0.178 6
土壤耕作层温度[x_7]	−0.693 9	0.269 6	−0.026 3
土壤容重[x_8]	0.156 1	−0.666 1	0.338 4
孔隙度[x_9]	0.050 4	0.608 6	0.032 9

第一主成分的表达式如下：

$$PRIN1 = 0.501\ 6x_1 + 0.193\ 9x_2 - 0.053\ 8x_3 + 0.050\ 2x_4 - 0.240\ 9x_5 + 0.372\ 8x_6 - 0.693\ 9x_7$$
$$+ 0.156\ 1x_8 + 0.050\ 4x_9 \tag{4.6}$$

其中：x_1 和 x_7 的系数最大，表明第一主成分值大时，土壤含水量和土壤耕作层温度影响最大，可以称第一主成分为水、热因子。水、热条件是提高土壤肥力的限制性因子，也是提高产量的关键。

第二主成分的表达式如下：

$$PRIN2 = 0.372\ 5x_1 - 0.107\ 3x_2 - 0.243\ 1x_3 + 0.320\ 3x_4 - 0.060\ 7x_5 - 0.072\ 6x_6 + 0.269\ 6x_7$$
$$- 0.666\ 1x_8 + 0.608\ 6x_9 \tag{4.7}$$

其中：x_8、x_9 的系数最大，表明第二主成分值大时，土壤容重和土壤孔隙度影响最大，可以称第二主成分为土壤基本性质因子，土壤基本理化性质的改变是提高土壤肥力的载体。

第三主成分的表达式如下：

$$PRIN3 = 0.331\ 9x_1 - 0.077\ 4x_2 + 0.743\ 9x_3 + 0.515\ 1x_4 + 0.281\ 8x_5 - 0.178\ 6x_6 - 0.026\ 3x_7$$
$$+ 0.338\ 4x_8 + 0.032\ 9x_9 \tag{4.8}$$

其中：x_3、x_4 的系数最大，表明第三主成分值大时，土壤碱解氮含量和土壤速效钾含量影响最大，可以称第三主成分为土壤养分因子，土壤养分含量是提高产量的直接因素。

4.7.3 生物炭对番茄产量-水-肥-热模型的构建及影响

通过对影响产量的诸多因子进行的相关分析和主成分分析结果可知，番茄产量与土壤水、肥、热等肥力条件密切相关，而生物炭影响下的番茄产量-水-肥-热之间的交互关系如何，目前没有相关模型的构建，本章应用 2013 年的数据进行模型的构建和参数的选取，用 2014 年的数据进行模型的预测和检验，构建番茄产量-水-肥-热模型。

1. 多元线性回归模型

通过对番茄产量（y）和 4 个主要影响因子土壤含水量（x_1）、土壤碱解氮含量（x_2）、土壤耕作层温度（x_3）、土壤容重（x_4）进行多元线性回归，构建的多元线性回归方程如下：

$$y = -13\ 979 + 99x_1 + 87x_2 + 399x_3 + 5\ 013x_4 \tag{4.9}$$

其中：$R^2 = 0.970\ 2$；$P < 0.01$。通过应用模型的预测值与实测值对比可知（表 4.18），平均拟合精度为 0.969（图 4.45），检验误差为 0.031，拟合误差为 273.3（图 4.46）。

表 4.18 多元线性回归模型模拟检验结果

处理	实测产量/（kg/亩）	预测产量/（kg/亩）	拟合误差	检验误差	拟合精度
CK	7 258	6 887	371	0.054	0.946
T0	6 301	6 764	463	0.068	0.932
T11	8 550	8 902	352	0.040	0.960
T12	8 567	8 281	286	0.035	0.965
T21	10 453	10 318	135	0.013	0.987
T22	10 621	10 837	216	0.020	0.980
T31	11 332	11 577	245	0.021	0.979
T32	11 512	11 286	226	0.020	0.980
T41	10 860	10 682	178	0.017	0.983
T42	10 102	10 365	263	0.025	0.975

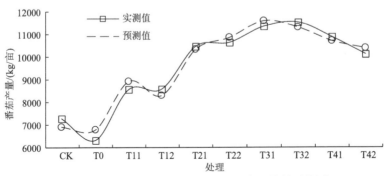

图 4.45 多元线性回归模型模拟值与实测值的对比图

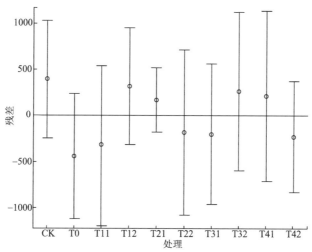

图 4.46 多元线性回归模型的残差值分析图

2. 多元非线性回归模型

在许多实际问题中,回归函数往往是较复杂的非线性函数,其回归参数不是线性的,也不能通过转换的方法将其变为线性的参数,这类模型称为非线性回归模型。根据理论或经验,假定已获得输出变量与输入变量之间的非线性表达式,但表达式的系数是未知的,要根据输入输出的多次观察结果来确定系数的值。按最小二乘法原理来求出系数值,所得到的模型为非线性回归模型[1]。本节通过对番茄产量(y)和 4 个主要影响因子土壤含水量(x_1)、土壤碱解氮含量(x_2)、土壤耕作层温度(x_3)、土壤容重(x_4)构建了 9 个具有相关关系的多元非线性回归方程,并从中选取 2 个相关性较高的模型进行数值模拟,具体情况如下。

1)模型的构建及参数的确定

(1)模型 1 的构建:

$$y=a+bx_1+cx_2+dx_2^2+ex_3\times x_4 \tag{4.10}$$

参数的确定:$y=-3\,679.1+166x_1+152.2x_2-0.6x_2^2+132.1x_3\times x_4$,$R^2=0.913\,2$,$F=41$,拟合精度=0.9691。

(2)模型 2 的构建:

$$y=a+bx_1+cx_1^2+dx_2+ex_3\times x_4 \tag{4.11}$$

参数的确定:$y=-7\,442.6+601.4x_1-15.9x_1^2+91.5x_2+0.194\,5x_3\times x_4$,$R^2=0.163\,3$,$F=6$,拟合精度=0.000\,1。

(3)模型 3 的构建:

$$y=a+bx_1+cx_2+dx_2^2+ex_3+fx_4 \tag{4.12}$$

参数的确定:$y=-1\,4151+97x_1+84x_2+0.1x_2^2+405x_3+5\,078x_4$,$R^2=0.906\,6$,$F=38$,拟合精度=0.963\,1。

(4)模型 4 的构建:

$$y=a+bx_1+cx_2+dx_3+ex_3^2+fx_4+gx_4^2 \tag{4.13}$$

参数的确定:$y=-378\,160+180x_1-10x_2+17\,460x_3-310x_3^2+241\,170x_4-99\,870x_4^2$,$R^2=0.821\,9$,

F=30，拟合精度=0.727 3。

（5）模型 5 的构建：

$$y=a+bx_1+cx_2+dx_3\times x_4 \tag{4.14}$$

参数的确定：$y=3\ 929.3+152.7x_1+93.5x_2+179.2x_3\times x_4$，$R^2$=0.715 7，$F$=27，拟合精度=0.544 6。

（6）模型 6 的构建：

$$y=a+bx_1+cx_2+dx_3+ex_3^2+fx_4 \tag{4.15}$$

参数的确定：$y=-119\ 740+130x_1+60x_2+8\ 980x_3-160x_3^2-1\ 910x_4$，$R^2$=0.886 7，$F$=30，拟合精度=0.864 1。

（7）模型 7 的构建：

$$y=a+bx_1+cx_2+dx_3+ex_4+fx_4^2 \tag{4.16}$$

参数的确定：$y=-121\ 510+110x_1+50x_2+450x_3+178\ 580x_4-69\ 380x_4^2$，$R^2$=0.934 9，$F$=43，拟合精度=0.974 5。

（8）模型 8 的构建：

$$y=a+bx_1x_2+cx_3+dx_4+ex_4^2 \tag{4.17}$$

参数的确定：$y=-195\ 280+0.1x_1*x_2+500x_3+299\ 820x_4-117\ 980x_4^2$，$R^2$=0.9711，$F$=48，拟合精度=0.989 7。

（9）模型 9 的构建：

$$y=a+bx_1+cx_2+dx_2^2+e\times x_3+fx_4+gx_4^2 \tag{4.18}$$

参数的确定：$y=-254\ 670+240x_1+220x_2-1.1x_2^2+40\times x_3+409\ 130x_4-163\ 450x_4^2$，$R^2$=0.837 6，$F$=33，拟合精度=0.764 5。

以上多元非线性回归模型的构建及参数确定结果详见表 4.19。

表 4.19 多元非线性回归模型的构建及参数确定

序号	模型结构选择	模型参数确定	R^2	F	拟合精度
1	$y=a+bx_1+cx_2+dx_2^2+ex_3\times x_4$	$y=-3\ 679.1+166x_1+152.2x_2-0.6x_2^2+132.1x_3\times x_4$	0.9132	41	0.9691
2	$y=a+bx_1+cx_1^2+dx_2+ex_3\times x_4$	$y=-7\ 442.6+601.4x_1-15.9x_1^2+91.5x_2+0.1945x_3\times x_4$	0.1633	6	0.0001
3	$y=a+bx_1+cx_2+dx_2^2+ex_3+fx_4$	$y=-14\ 151+97x_1+84x_2+0.1x_2^2+405x_3+5\ 078x_4$	0.9066	38	0.9631
4	$y=a+bx_1+cx_2+dx_3+ex_3^2+fx_4+gx_4^2$	$y=-378\ 160+180x_1-10x_2$ $+17\ 460x_3-310x_3^2+241\ 170x_4-99\ 870x_4^2$	0.8129	30	0.7273
5	$y=a+bx_1+cx_2+dx_3\times x_4$	$y=3\ 929.3+152.7x_1+93.5x_2+179.2x_3\times x_4$	0.7157	27	0.5446
6	$y=a+bx_1+cx_2+dx_3+ex_3^2+fx_4$	$y=-119\ 740+130x_1+60x_2+8\ 980x_3-160x_3^2-1910x_4$	0.8867	30	0.8641
7	$y=a+bx_1+cx_2+dx_3+ex_4+fx_4^2$	$y=-121\ 510+110x_1+50x_2+450x_3+178\ 580x_4-69\ 380x_4^2$	0.9349	43	0.9745
8	$y=a+bx_1\times x_2+c\times x_3+dx_4+ex_4^2$	$y=-195\ 280+0.1\times x_1\times x_2+500x_3+299\ 820x_4-117\ 980x_4^2$	0.9711	48	0.9897
9	$y=a+bx_1+cx_2+dx_2^2$ $+e\times x_3+fx_4+gx_4^2$	$y=-254\ 670+240x_1+220x_2-1.1x_2^2$ $+40\times x_3+409\ 130x_4-163\ 450x_4^2$	0.8376	33	0.7645

2）模型的选取

通过对已建模型拟合精度的分析，选取了精度较高的模型 7 和模型 8。模型 7 为 $y=a+bx_1+cx_2+dx_3+ex_4+fx_4^2$，表明了容重（$x_4$）对提高产量起到关键性作用。模型 8 为 $y=a+bx_1\times x_2+c\times x_3+dx_4+ex_4^2$，表明了水肥耦合（$x_1\times x_2$）对提高产量作用显著，模型 7 拟合结果详见图 4.47，模型 8 拟合结果详见图 4.48。

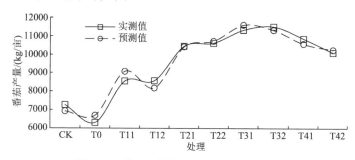

图 4.47　模型 7 模拟值与实测值的对比图

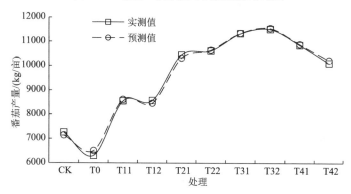

图 4.48　模型 8 模拟值与实测值的对比图

在模型 8 的基础上，本节单独构建了水-肥-产量模型（模型 9），模型 9 结果见图 4.49 和图 4.50。

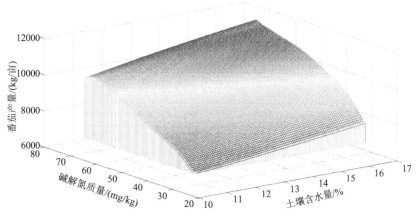

图 4.49　番茄产量-水-肥模型曲面图

模型 9：$y=a+bx_1+cx_2+dx_2^2$ 　　　　　　　　　　　　　　　　（4.19）

参数确定后方程为$y=698.9+155.3x_1+174.3x_2-0.845x_2^2$，$R^2=0.8376$，$F=33$，拟合精度= 0.7645。

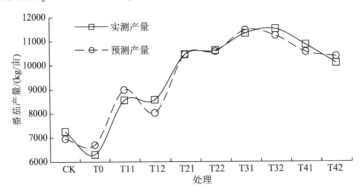

图 4.50　模型 9 模拟值与实测值的对比图

3. 基于 BP 神经网络的模型

1）BP 神经网络模型原理

人工神经网络模型的原理是反映输入转化为输出的数学关系，并通过网络参数和结构的确定来进行训练并最终得出输出值。利用多层网络的误差反传算法即 BP（back propagation）算法对 n 个输入样本和已经与其相对应的 n 个输出样本进行训练，用实际输出值与目标值之间的误差来修正其权值，并使输出值与目标值尽可能接近。

2）BP 神经网络模型的建立

BP 神经网络模型的建立包括以下两个主要方面。一方面是确定网络结构，包括隐含层、隐层神经元数和激励转移函数；另一方面是确定网络的主要参数，包括训练样本、动量项系数、学习速率及学习次数。

相关分析结果表明（表 4.15），土壤含水量、土壤碱解氮含量、土壤耕作层温度、土壤容重与番茄产量有较好的相关性，可以把这 4 个因子作为番茄产量预测模型的输入因子，以番茄产量为输出因子。

相关研究可知，3 层 BP 网络能够逼近任何有理函数，它在 BP 模型应用中比较常见。在网络层数确定时，将 2013 年田间试验数据作为训练样本，2014 年田间试验数据作为检验样本。通过对 4 个因子 3 层和 4 层 BP 模型的分析可知，在相同的收敛误差精度下，前者的检验效果略好于后者（表 4.20 和表 4.21），故本节应用 3 层网络结构，并且隐层神经元数为 6 时的检验误差最小，故本次 BP 网络是 4-6-1。

表 4.20　3 层 4 个因子训练结果

项目	隐层神经元数						
	1	2	4	6	8	9	10
训练次数 N	8 000	8 000	8 000	8 000	8 000	8 000	8 000
最大拟合误差	211.97	49.13	49.12	11.66	12.57	14.06	14.47
学习速率	0.01	0.01	0.01	0.01	0.01	0.01	0.01
检验误差	0.051	0.043	0.039	0.026	0.041	0.040	0.042

表 4.21　4 层 4 个因子训练结果

项目	隐层神经元数						
	1	2	4	6	8	9	10
训练次数 N	8 000	8 000	8 000	8 000	8 000	8 000	8 000
最大拟合误差	217.37	59.02	51.26	45.79	24.53	19.46	21.03
学习速率	0.01	0.01	0.01	0.01	0.01	0.01	0.01
检验误差	0.463	0.056	0.047	0.042	0.039	0.045	0.047

不同的激励函数可以反映样本输入与输出之间的不同对应关系，通过对 3 层 BP 网络中输入及输出激励函数进行的不同组合训练对比（表 4.22），输入层-输出层的激励函数选择 tansig-tansig 组合，即输入层激活函数表达式为 $f(x)=(1-e-2x)/(1+e-2x)$，输出层激活函数表达式为 $f(x)=x$。

表 4.22　不同激励函数组合结果对比

激励函数组合	输入层-输出层	最大拟合误差/%	收敛情况	检验误差/%
1	tansig-tansig	0.95	收敛	1.86
2	tansig-logsig	356	不收敛	—
3	logisig-logsig	410	不收敛	—
4	logsig-purelin	356	不收敛	—
5	tansig-purelin	4.86	收敛	1.52

3）普通 BP 算法的改进

虽然 BP 算法在实际应用中比较成熟，但其本身还待改善。而应用快速 BP 算法的动量因子和自适应学习速率特点可降低网络对于误差曲面局部细节的敏感性，较好地改善了网络收敛过程的稳定性，调节了网络收敛速度，达到比较理想的模拟效果。本节利用普通 BP 算法和快速 BP 算法分别进行训练检验。结果显示：在相同的误差条件下，快速 BP 算法的检验误差平均为 0.021，而普通 BP 算法的检验误差平均为 0.045（表 4.23）。由此说明，快速 BP 算法的稳定性要优于普通 BP 算法。

表 4.23　普通 BP 算法和快速 BP 算法模拟检验结果

误差	普通 BP 算法	快速 BP 算法
拟合误差	16.860	11.020
检验误差	0.045	0.021

4. 几种模型的比较

3 种模型预测值与实测值的比较如图 4.51 所示，运用快速 BP 神经网络模型模拟预测番茄产量，模拟误差为 0.002；多元非线性回归模型模拟误差为 0.027；多元线性回归模型模拟（模型 8）误差为 0.031；快速 BP 神经网络方法优于多元非线性回归模型，相比之下多元线性回归模型略低于前两个模型。分析原因是快速 BP 神经网络具有的高度非线性映射能力较线性回归更能逼近问题的本质，而非线性回归较线性回归更能反映因子间的内在联系。

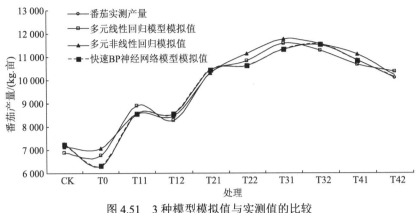

图 4.51　3 种模型模拟值与实测值的比较

4.7.4　小结

（1）番茄产量与土壤含水量、土壤碱解氮含量、土壤耕作层温度呈极显著正相关，相关系数分别为 0.8015、0.974 4、0.863 3；与土壤容重呈极显著负相关，相关系数为–0.8449。

（2）主成分分析结果表明，前三个主成分的累计方差贡献率超过了 95%，这三个主成分分别代表了土壤水热因子、土壤基本物理性质因子和土壤养分因子。

（3）通过对番茄产量（y）和 4 个主要影响因子土壤含水量（x_1）、土壤碱解氮含量（x_2）、土壤耕作层温度（x_3）、土壤容重（x_4）进行多元线性回归，构建了多元线性回归方程：$y=-13979+99x_1+87x_2+399x_3+5013x_4$。

（4）通过构建 9 个多元非线性回归模型，筛选出 2 个适合的番茄产量-水-肥-热耦合模型，分别为：$y=a+bx_1+cx_2+dx_3+ex_4+fx_4^2$ 和 $y=a+bx_1\times x_2+c\times x_3+dx_4+ex_4^2$。

（5）建立了 4 因子、3 层快速 BP 神经网络模型，检验误差为 0.021。

（6）运用快速 BP 神经网络方法预测番茄产量，模拟误差为 0.002；多元非线性回归模型模拟误差为 0.027；多元线性回归模型模拟误差为 0.031；快速 BP 神经网络方法优于多元非线性回归模型，相比之下多元线性回归模型略低于前两个模型。

4.8　生物炭对土壤水肥利用效率的影响

对于农业发展，"关键是水，出路在肥"[2]。水资源缺乏、生态环境脆弱、土壤贫瘠已成为限制我国西北干旱半干旱地区农业发展的主要因素，如何提高这一地区土壤水肥利用效率、促进作物增产增收是摆在人们面前的一个难题。20 世纪 70 年代初，我国开始大量的施用氮肥，一跃成为世界上氮肥消耗量最大的国家之一[3]。例如，在我国西北地区，大量施用氮肥在帮助实现作物增产的同时也带来许多的问题，由于化肥利用效率低，造成严重的浪费，未利用的化肥随着灌溉、降雨渗透到地下，造成地下水体的富营养化。加之这一地区降雨分布不均，降雨主要集中在 7～9 月[4]，且多以暴雨或小雨的形式降雨，不仅不利于作物的吸收利用，还会造成严重的水土流失，使得土壤进一步恶化。如何改良土壤的结构，使土壤具有较好的入渗、保水性能，从而提高土壤水肥利用效率，是我国西北地区能否实现农业可持续发展的关键。通过大量研究结果表明，生物炭作为一种新型而古老的环境功能性材料可以显著地改良土壤的结构，增强土壤的入渗及保水性能[5]，从而提高土壤的水肥利用效率。

4.8.1 试验设计

试验设计 5 个处理：对照组，即不施用生物炭（CK），处理组分别为生物炭施用量是 10 t/hm² （T1）、20 t/hm²（T2）、40 t/hm²（T3）、60 t/hm²（T4）。每个试验处理 3 次重复，共计 15 个试验小区，小区面积为 15 m²（长 500cm×宽 300cm），根据土地的状况随机布置小区（具体布置见图 4.52）。

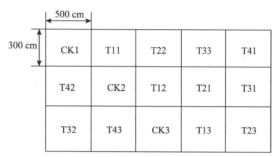

图 4.52　试验小区布置图

4.8.2　生物炭对土壤水分利用效率的影响

试验采取烘干法测定土壤含水率，通过各处理之间施用不同量生物炭，来研究番茄的耗水规律。作物腾发量用水量平衡法进行计算，依据相邻两次土壤含水率测定结果，计算该时段作物腾发量。耗水公式采用

$$ET = 10\sum_{i=1}^{n}[r_iH_i(W_{i1}-W_{i2})]+M+P+K-C \qquad (4.20)$$

式中：ET 为阶段耗水量，mm；i 为土壤层次编号；n 为土壤层次总数目；r_i 为第 i 层土壤干容重，g/cm³；H_i 为第 i 层土壤厚度，cm；W_{i1} 为第 i 层土壤在时段始的含水率（占干土重的百分比）；W_{i2} 为第 i 层土壤在时段末的含水率（占干土重的百分比）；M、P、K、C 分别为时段内灌水量、降雨量、地下水补给量和排水量，mm；10 为换算系数。

由于试验区地下水埋深在 15～22 m，埋深较大，所以地下水补给量可以略不计，即 $K=0$。每次灌水定额都不是特别大不会产生深层渗漏，因此，排水量也可以忽略不计，即 $C=0$。由于和林格尔县干旱少雨蒸发较大，在进行雨量计算时降雨量小于 5mm 时不计入降雨量。故式（4.20）可用式（4.21）代替：

$$ET = 10\sum_{i=1}^{n}[r_iH_i(W_{i1}-W_{i2})]+M+P \qquad (4.21)$$

由表 4.24 可知，耗水量受生物炭施用量影响较大，随着生物炭施用量的增加番茄耗水量呈先减小后增大的趋势，且耗水量均大于灌水量，耗水量最大为 CK，最小为 T3。从表 4.24 中可以看出番茄在苗期—开花着果期耗水量较大，在结果盛期—果实成熟期耗水量较小。与

CK 相比，施用生物炭各处理耗水量分别减少了 0.002%、1.2%、2.6%、1.6%，差异性明显。总耗水量 T1 与 CK 相比相差较小，说明低生物炭用量对番茄耗水量的减少差异不显著。

表 4.24   各处理下番茄各生育期耗水量

处理	苗期—开花着果期 (5-15～7-15)			开花着果期—结果盛期 (7-15～8-17)			结果盛期—果实成熟期 (8-17～10-1)			全生育期		
	灌水量/ (m³/亩)	降雨量/ (m³/亩)	耗水量/ (m³/亩)	灌水量/ (m³/亩)	降雨量/ (m³/亩)	耗水量/ (m³/亩)	灌水量/ (m³/亩)	降雨量/ (m³/亩)	耗水量/ (m³/亩)	灌水量/ (m³/亩)	降雨量/ (m³/亩)	耗水量/ (m³/亩)
CK	45	169	224.08b	40	57	104.44d	20	56	81.19b	105	282	409.7c
T1	45	169	224.02b	40	57	104.14cd	20	56	81.52b	105	282	409.69c
T2	45	169	223.64b	40	57	102.20bc	20	56	78.94a	105	282	404.79b
T3	45	169	222.16a	40	57	99.46a	20	56	77.25a	105	282	398.87a
T4	45	169	223.74b	40	57	100.49ab	20	56	78.98a	105	282	403.21b

注：表中同列数相同字母表示差异不显著（$P>0.05$），不同字母为差异性显著（$P<0.05$）

本节采用水分利用效率（WUE）=番茄产量/番茄全生育期耗水量（单位为 kg/m³）来计算土壤的水分利用效率。从表 4.25 可知，随着生物炭施用量的增加番茄的水分利用效率呈先增大后减小的趋势，水分利用率由大到小依次为 T3、T4、T2、T1、CK。与 CK 相比各处理水分利用率至少增加 27.3%，差异性明显。说明施用生物炭能够有效提高水分利用效率。

表 4.25   各处理番茄水分利用效率

参数	CK	T1	T2	T3	T4
产量/kg	7 258.05	9 233.25	10 452.51	11 332.47	10 860.03
水分利用效率/（kg/m³）	17.71c	22.54c	25.82b	28.41a	26.93b

4.8.3   生物炭对土壤肥料利用效率的影响

土壤养分利用效率的定义为单位土壤养分消耗量所获得的经济产量,它反映了产量和土壤养分消耗量的关系[6]，可以由公式：化肥利用效率（NUE）=（处理组番茄产量−对照组番茄产量）/处理所施肥料中的养分的量（单位为 kg/kg）进行计算。

表 4.26   各处理化肥利用效率

参数	CK	T1	T2	T3	T4
经济产量/kg	2 258.05	4 233.25	5 452.51	6 332.47	5860.03
氮肥施用量/kg	12.30	12.30	12.30	12.30	12.30
氮肥利用效率/（kg/kg）	183.58c	344.17bc	443.29b	514.83a	476.43ab
磷肥施用量/kg	9.80	9.80	9.80	9.80	9.80
磷肥利用效率/（kg/kg）	230.41d	431.96c	556.38bc	646.17a	597.96b
钾肥施用量/kg	10.00	10.00	10.00	10.00	10.00
钾肥利用效率/（kg/kg）	225.81d	423.33c	545.25b	633.25a	586.00ab

注：表中同列数相同字母表示差异不显著（$P>0.05$），不同字母为差异性显著（$P<0.05$）

由表 4.26 可知，氮肥、磷肥、钾肥的利用效率均随着生物炭施用量的增加呈现先增加后减少的趋势，化肥利用效率由大到小依次为 T3、T4、T2、T1、CK；施用生物炭能够有效地促进化肥的利用，与 CK 相比较施用生物炭处理氮肥、磷肥、钾肥利用效率明显提高。施用生物炭各处理氮肥利用效率较 CK 分别增大了 87.5%、141.5%、180.4%、159.5%，磷肥与钾肥利用效率增幅也较大，差异性显著。

4.8.4 小结

（1）生物炭能明显提高作物对土壤水分的利用效率。T3 增幅最大，增幅为 69.8%；各处理与对 CK 比施用生物炭的水分利用效率至少提高了 27.3%。

（2）生物炭施用能明显提高肥料利用率。T3 增幅最大，增幅为 180.4%；各处理与 CK 相比施用生物炭的水分利用效率至少提高了 87.5%。

参 考 文 献

[1] BATES D M, WATTS D G. 非线性回归分析及其应用. 韦博成, 万方焕, 朱宏图, 译. 北京: 中国统计出版社, 1997.

[2] 李嘉竹, 黄占斌, 陈威, 等. 环境功能材料对半干旱地区土壤水肥利用效率的协同效应. 水土保持学报, 2012, 26(1): 232-236.

[3] 徐玉鹏, 赵忠祥, 张夫道, 等. 缓/控释肥料的研究进展. 华北农学报, 2007, 22(S2): 190-194.

[4] LI F, ZHAO S, GEBALLE G T. Water use patterns and agronomic performance for some cropping systems with and without fallow crops in a semi-arid environment of Northwest China. Agriculture, Ecosystems and Environment, 2000, 79(2/3):129-142.

[5] 齐瑞鹏, 张磊, 颜永毫, 等. 定容重条件下生物炭对半干旱区土壤水分入渗特征的影响. 应用生态学报, 2014, 25(8): 2281-2288.

[6] 李韵珠, 王凤仙, 黄元仿. 土壤水分和养分利用效率几种定义的比较. 土壤通报, 2000, 31(4): 150-155.

第5章 滴灌条件下水-炭耦合对土壤节水保肥和固碳减排综合效应的影响

本章以秸秆木炭为试验材料，在膜下滴灌条件下设置不同秸秆木炭施用量和不同灌溉水量梯度，研究水-炭（生物炭）耦合对土壤理化性质，作物生长发育、产量，以及农田土壤温室气体（CO_2、CH_4、N_2O）排放的影响规律，并估算 CH_4 和 N_2O 的全球增温潜势及其排放强度，探究生物炭在土壤改良、作物增产和固碳减排等方面的作用，寻求适宜的生物炭施用量和灌溉水量，提出生物炭对内蒙古地区农业环境保护的理论意义，为生物炭技术在内蒙古地区的广泛推广与利用提供理论依据。

5.1 试 验 设 计

2015 年 4 月将生物炭施于土壤表层，用旋耕机将生物炭与耕层土壤均匀混合，2016 年不再施用生物炭，继续进行田间定位试验。本试验采用生物炭和灌溉定额双因素设计，即 3 个生物炭施用量梯度，1 个空白对照（B0），生物炭施用量分别为 15 t/hm^2（B15）、30 t/hm^2（B30）、45 t/hm^2（B45）；3 个灌溉定额，通过埋于滴头下方 20 cm 处的张力计测定土壤基质势，设置 3 种灌水下限，分别为-35 kPa（W1）、-25 kPa（W2）、-15 kPa（W3），即当基质势达到这个数值时开始进行浇灌；共 12 种处理，每种处理 3 种重复，共 36 个试验小区，每个小区面积为 90 m^2。具体见表 5.1。灌溉方式为膜下滴灌，2015 年和 2016 年各处理的灌溉方案如图 5.1 所示，灌水定额为 22.5 mm，2015 年 W1、W2、W3 灌溉定额分别为 375.8 mm、399.2 mm、500.4 mm；2016 年 W1、W2、W3 灌溉定额分别为 276.7 mm、300.4 mm、355.4 mm。

表 5.1 试验方案

灌水下限/kPa	生物炭施用量 /（t/hm^2）	基施磷酸二胺 /（kg/hm^2）	基施复合肥 /（kg/hm^2）	追施尿素/（kg/hm^2）	代码
-35（W1）	0	450	337.5	375	W1B0
	15	450	337.5	375	W1B15
	30	450	337.5	375	W1B30
	45	450	337.5	375	W1B45
-25（W2）	0	450	337.5	375	W2B0
	15	450	337.5	375	W2B15
	30	450	337.5	375	W2B30
	45	450	337.5	375	W2B45
-15（W3）	0	450	337.5	375	W3B0
	15	450	337.5	375	W3B15
	30	450	337.5	375	W3B30
	45	450	337.5	375	W3B45

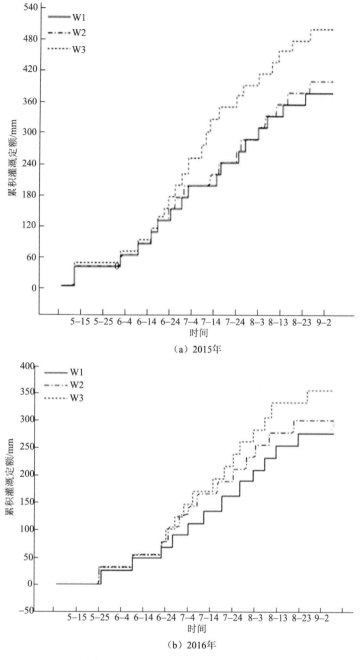

(a) 2015年

(b) 2016年

图 5.1 2015 年和 2016 年累积灌溉水量图

5.2 水-炭耦合对土壤理化性质的影响

5.2.1 水-炭耦合对土壤物理性质的影响

1. 水-炭耦合对耕层土壤含水率的影响

如图 5.2（不同字母 a，b，c，d 表示差异性显著）所示，在 2015 年和 2016 年，土层深度 0～10 cm 土壤含水率在玉米各生育期的变化趋势基本一致，随着施炭量的增加呈先增加后减少的趋势，且均高于对照。

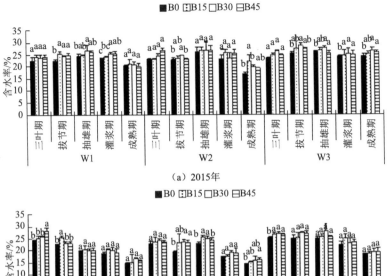

图 5.2　玉米全生育期不同处理 0～10 cm 土层土壤含水率

灌水下限为–35 kPa（W1）时，在三叶期，2015 年各处理间的土壤含水率差异不显著，2016 年 B45 与 B0 相比，增幅为 15.37%，差异达到显著水平，其他处理差异均不显著；在拔节期，与 B0 相比，2015 年 B15、B30 和 B45 的土壤含水率差异均达到显著水平，增幅分别为 11.95%、8.87% 和 9.60%，2016 年 B15 的土壤含水率差异显著，增幅为 14.37%，其他处理均未达到显著水平；在抽雄期，2015 年 B30 的土壤含水率与 B0 相比，增幅为 10.42%，差异达到显著水平，其他处理差异均不显著，2016 年各处理间的土壤含水率差异不显著；在灌浆期，2015 年 B30 和 B45 的土壤含水率与 B0 相比，增幅为 8.94% 和 8.06%，差异达到显著水平，其他处理差异均不显著，2016 年各处理间的土壤含水率差异不显著；在成熟期，2015 年和 2016 年各处理的土壤含水率均未达到显著水平。

灌水下限为–25 kPa（W2）时，在三叶期，2015 和 2016 年各处理间的土壤含水率差异不显著；在拔节期，与 B0 相比，2015 年和 2016 年 B30 的土壤含水率差异均达到显著水平，增幅分别为 7.20% 和 20.40%，其他处理均未达到显著水平；在抽雄期，2015 年各处理间的土壤含水率差异不显著，2016 年 B15 和 B30 的土壤含水率与 B0 相比，增幅分别为 10.87% 和 7.97%，差异达到显著水平，其他处理差异均不显著；在灌浆期，2015 年和 2016 年各处理的土壤含水率均未达到显著水平；在成熟期，2015 年 B15 和 B30 的土壤含水率与 B0 相比，增幅分别为 28.73% 和 16.62%，差异达到显著水平，2016 年 B45 与 B0 相比，增幅为 13.92%，差异显著，其他处理差异均不显著。

灌水下限为–15 kPa（W3）时，在三叶期，2015 年各处理间的土壤含水率差异不显著，

2016 年各生物炭处理与 B0 相比，B15、B30 和 B45 的土壤含水率差异均达到显著水平，增幅分别为 6.06%、7.56% 和 5.27%；在拔节期和抽雄期，与 B0 相比，2015 年 B30 的土壤含水率差异显著，增幅分别为 11.84% 和 6.62%，其他均未达到显著水平，2016 年各处理的土壤含水率未达到显著水平；在灌浆期，2015 年各生物炭处理与 B0 相比，B15、B30 和 B45 的土壤含水率差异均达到显著水平，增幅分别为 0.68%、3.43% 和 2.07%，2016 年各处理间的土壤含水率差异不显著；在成熟期，2015 年 B30 的土壤含水率与 B0 相比，增幅为 9.11%，差异达到显著水平，其他处理差异均不显著，2016 年各处理土壤含水率差异未达到显著水平。

如图 5.3 所示，在 2015 年和 2016 年，土层深度 10～20 cm 土壤含水率在玉米各生育期的变化趋势基本一致，随着施炭量的增加，含水率先增大后减小，且均高于对照。

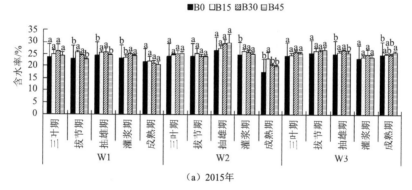

（a）2015 年

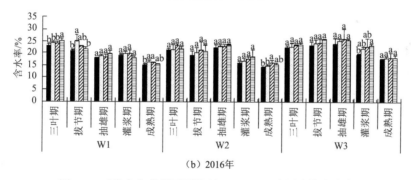

（b）2016 年

图 5.3　玉米全生育期不同处理 10～20 cm 土层土壤含水率

灌水下限为 -35 kPa（W1）时，在三叶期，2015 年各处理间的土壤含水率差异不显著，2016 年 B45 与 B0 相比，增幅为 8.85%，差异显著，其他处理差异均不显著；在拔节期，2015 年各生物炭处理与 B0 相比，B15 和 B30 的土壤含水率差异均达到显著水平，增幅分别为 11.43% 和 6.42%，2016 年，B15 与 B0 相比，差异达到显著水平，增幅为 19.94%；在抽雄期，2015 年 B15、B30 的土壤含水率与 B0 相比，增幅分别为 8.85%、5.27%，差异达到显著水平，其他处理差异均不显著，2016 年各处理间的土壤含水率差异不显著；在灌浆期，2015 年 B30、B45 的土壤含水率与 B0 和 B15 相比，差异达到显著水平，增幅分别为 7.9%、4.36% 和 6.82%、3.32%，2016 年各处理差异均不显著；在成熟期，2015 年各处理土壤含水率差异不显著，2016 年 B15、B30 的土壤含水率与 B0 相比，增幅分别为 8.12%、6.74%，差异显著，其他处理差异均不显著。

灌水下限为 -25 kPa（W2）时，在三叶期、拔节期和抽雄期，2015 年和 2016 年各处理间的土壤含水率差异不显著；在灌浆期，2015 年各生物炭处理与 B0 相比，B15、B30 和 B45 的土壤含水率差异均达到显著水平，增幅分别为 6.20%、4.84% 和 1.98%，各生物炭处理间的差异不显著，2016 年各处理间的土壤含水率差异不显著；在成熟期，2015 年 B15 的土壤含水率与 B0 相比，增幅为 31.51%，差异达到显著水平，2016 年 B30 土壤含水率与 B0 相比，增幅为 12.99%，差异达到显著水平，其他处理差异均不显著。

灌水下限为 −15 kPa（W3）时，在三叶期和拔节期，2015 年和 2016 年各处理土壤含水率差异均不显著；在抽雄期，2015 年 B15 和 B30 的土壤含水率与 B0 相比，增幅分别为 2.86% 和 6.18%，差异达到显著水平，2016 年各土壤含水率差异不显著；在灌浆期，2015 年各处理土壤含水率差异不显著，2016 年 B45 的土壤含水率与 B0 相比，增幅为 18.63%，差异达到显著水平，其他处理差异均不显著；在成熟期，2015 年 B45 的土壤含水率与 B0 相比，增幅为 4.50%，差异达到显著水平，2016 年各处理土壤含水率差异不显著。

通过以上分析可知，在不同的灌溉下限控制下，施用生物炭提高了 2015 年 0~10 cm 和 10~20 cm 的土壤含水率，其中，在三叶期各处理差异不显著，在 2016 的连续监测中，也表现出同样的效果。2015 年 W1 和 2016 年 W3 中的成熟期差异均不显著，其他生育期 B15 和 B30 均与 B0 表现出较稳定的显著差异。根据两年的试验结果可知，适量的生物炭施用量在不同的灌溉下限控制下均可以提高土壤含水率，其中，15 t/hm² 和 30 t/hm² 可较大限度地提高土壤含水率。

试验研究表明，在三种灌水处理中施入生物炭可显著提高土壤含水率，这与尚杰等[1] 和 Edward 等[2] 的研究结果相吻合。施入生物炭提高土壤含水率，一方面是因为生物炭本身有巨大的比表面积，施入土壤后减小土壤的容重，进而增大土壤的孔隙度[1]，含水率提高；另一方面是因为生物炭具有多孔结构和一定的亲水性，吸附力大，从而提高土壤的保水能力，也有可能是生物炭本身含有较高盐分，施入土壤后增大了土壤盐分，而土壤盐分的增加会加大土壤的吸湿能力，从而减缓土壤水分蒸发[3]。在整个玉米生育期，随施炭量增加土壤含水率逐渐降低，这与高海英等[4] 的研究结果一致，可能是因为较大生物炭施用量导致土壤变得更加疏松多孔，从而保水能力降低。在三叶期，各处理土壤含水率差异性不显著，原因是在此阶段作物需水量少、蒸发小，土壤较长时间达不到灌水下限，农田灌水少且没有降水补给，并且播前各处理含水率水平一致。在 2015 年，W1 中成熟期各处理差异不显著，且随着施炭量的增加，耕层土壤各处理土壤含水率逐渐下降，主要原因是玉米成熟后就不再灌水且 W1 为灌水量最小的处理，而取土时间距最后一次灌水时间为 25 天，长时间没有灌水补给和降雨补给，土壤极度缺水，而土壤施入生物炭增加了土壤的孔隙度，在一定范围内，施炭量越多，孔隙度越大，当土壤孔隙极度缺水时，导致土壤气相相对增大，从而增强土壤的蒸发强度，最终导致土壤含水率逐渐减小。在 2016 年，W3 中成熟期各处理差异不显著，主要原因是 2016 年降雨多且 W3 为灌水量最多的处理，各处理土壤含水率均比较大且大于 W1 和 W2 处理（图 5.2 和图 5.3），所以没有表现出显著差异。综上可知，生物炭的保水能力和适宜施用量与灌水、降雨、土壤本身的含水率有很大的关系。

2. 水−炭耦合对土壤表层温度的影响

图 5.4 为 2015 年玉米全生育期土壤表层温度日变化，在三叶期，同一水处理，随着生物炭施用量的增多各处理的土壤表层温度逐渐升高，且均高于对照；同一生物炭处理随着灌水

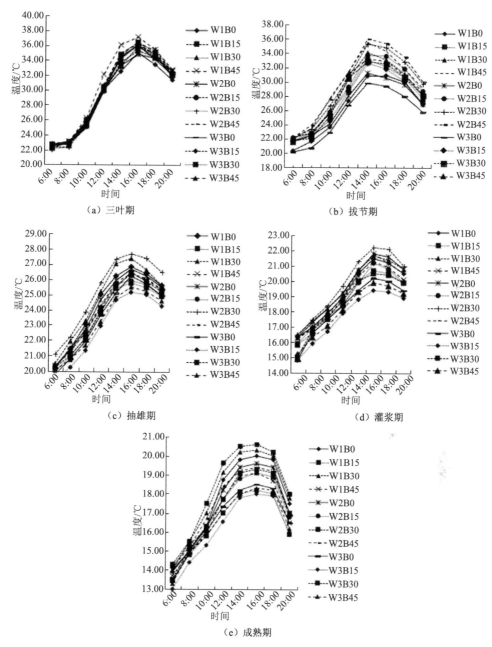

图 5.4 2015 年玉米全生育期不同处理土壤表层（10 cm）温度日变化

量增多，温度逐渐降低，各处理从大到小依次为 W1B45、W2B45、W3B45、W1B30、W2B30、W3B30、W1B15、W2B15、W3B15、W1B0、W2B0、W3B0。

在拔节期，同一水处理，随着生物炭施用量的增多各处理的土壤表层温度逐渐升高，且均高于对照；同一生物炭处理，各处理的土壤表层温度均表现为 W2>W1>W3，各处理从大到小依次为 W2B45、W2B30、W1B45、W2B15、W1B30、W3B45、W3B30、W1B15、W3B15、W2B0、W1B0、W3B0。

在抽雄期、灌浆期和成熟期，各处理表层土壤温度呈现相同的规律，同一水处理，只有 B30 土壤表层温度高于 B0，B15 和 B45 均低于 B0；同一生物炭处理，各处理的土壤表层温度均表现为 W2＞W1＞W3，其中抽雄期各处理土壤表层温度从大到小依次为 W2B30、W1B30、W1B0、W2B0、W2B45、W2B15、W1B45、W3B30、W1B15、W3B0、W3B45、W3B15；灌浆期土壤表层温度从大到小依次为 W2B30，W1B30、W2B0、W2B45、W1B0、W1B45、W2B15、W1B15、W3B30、W3B0、W3B45、W3B15；成熟期土壤表层温度依次为 W2B30、W1B30、W1B0、W2B0、W2B45、W3B30、W2B15、W1B45、W3B0、W3B45、W1B15、W3B15。

图 5.5 为 2016 年玉米全生育期土壤表层温度日变化，在三叶期，同一水处理，随着生物炭施用量的增多各处理的土壤表层温度逐渐升高，且均高于对照；同一生物炭处理随着灌水

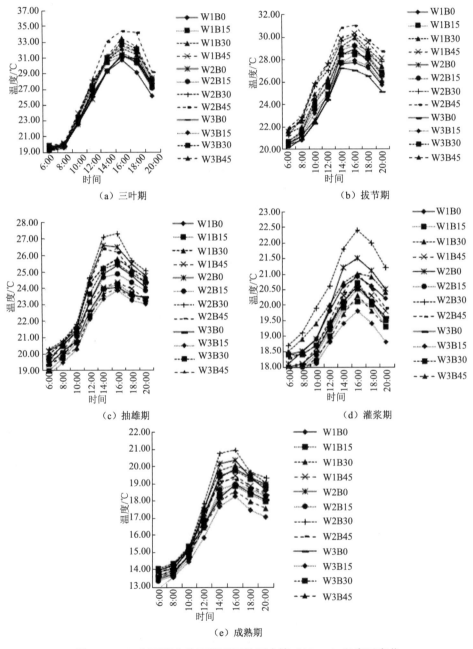

图 5.5　2016 年玉米全生育期不同处理土壤（10 cm）温度日变化

量增多，温度逐渐降低，各处理从大到小依次为 W2B45、W3B45、W3B30、W1B45、W3B15、W1B30、W2B30、W1B15、W2B15、W2B0、W3B0、W1B0。

在拔节期，同一水处理，随着生物炭施用量的增多各处理的土壤表层温度逐渐升高，且均高于对照；同一生物炭处理，各处理的土壤表层温度均表现为 W2＞W1＞W3，各处理从大到小依次为 W2B45、W1B45、W2B30、W1B30、W3B45、W2B15、W2B0、W3B30、W1B15、W3B15、W1B0、W3B0。

在抽雄期、灌浆期和成熟期，各处理表层土壤温度呈现相同的规律，同一水处理，只有 B30 土壤表层温度高于 B0，B15 和 B45 均低于 B0；同一生物炭处理，各处理的土壤表层温度均表现为 W2＞W1＞W3。其中抽雄期各处理土壤表层温度从大到小依次为 W2B30、W2B0、W2B45、W1B30、W3B30、W1B0、W2B15、W1B45、W3B0、W1B15、W3B45、W3B15；灌浆期土壤表层温度从大到小依次为 W2B30、W2B0、W1B30、W1B0、W2B45、W1B45、W3B30、W3B0、W2B15、W1B15、W3B45、W3B15；成熟期土壤表层温度依次为 W2B30、W2B0、W1B30、W1B0、W3B30、W2B45、W1B45、W2B15、W1B15、W3B0、W3B45、W3B15。

通过以上分析可知，2015 年和 2016 年各处理土壤表层温度在玉米各生育期基本呈现相同的规律，同一水处理，在三叶期和拔节期，施用生物炭有助于提高土壤表层温度，且高生物炭施用量处理的土壤表层温度最高，在抽雄期、灌浆期和成熟期，只有施入 30 t/hm² 生物炭处理的土壤表层温度高于对照，其他均低于对照；同一生物炭处理，在三叶期随着灌水量增多，土壤表层温度呈降低趋势，在之后的生育期均表现为 W2＞W1＞W3，因此，灌水下限−25 kPa 和生物炭施用量 30 t/hm² 是提高土壤表层温度的较佳水-炭组合。

土壤温度是决定作物生长优劣的重要指标，受土壤含水率和土壤颜色的影响，太阳辐射和土壤微生物生命活动是其热量的主要来源。由试验结果可知，各处理土壤表层温度在三叶期和拔节期，随施炭量的增加而升高，这是因为高浓度的生物炭会加深土壤颜色[5]，Briggs[6]通过试验发现，添加生物炭后孟塞尔色度值随着施炭量增加降幅增大，而孟塞尔色度值与土壤反射率呈线性相关[7]，且此段时期植株较小，各处理差异较小，消除植株对太阳辐射的影响，因此，高浓度生物炭处理可吸收更多太阳辐射，进而提高土壤表层温度，也有可能是生物炭丰富而复杂的多孔结构有利于微生物的各种生命活动和繁殖后代，而在微生物的生命活动过程中会释放出大量热量，从而增加土壤温度。在抽雄期、灌浆期和成熟期，随施炭量的增加土壤表层温度没有呈现逐渐增加的趋势，其中 B30 土壤表层土壤温度最高，这可能是因为此阶段 B30 土壤含水率、株高和微生物生命活动相比其他处理达到了最优比例，从而温度最高。同一生物炭施用量下，土壤表层温度在 2015 年和 2016 年试验结果一致，在三叶期表现为 W1＞W2＞W3，可能是因为三叶期各处理植株矮小，不会影响太阳的辐射，而灌水量从大到小依次为 W3、W2、W1，致使处理 W3 含水率偏高，W1 最低，土壤含水率越低温度越高，在之后的各生育期均表现为 W2＞W1＞W3，可能是因为后期植株逐渐长高长密，生物炭、灌水量和植株共同影响土壤温度，因此，适宜的生物炭施用量和灌水量可以提高土壤表层温度，本试验中 30 t/hm² 是较优的施用量。

5.2.2 水-炭耦合对土壤化学性质的影响

1. 水-炭耦合耕层土壤 pH 值的影响

如图 5.6 所示，2015 年和 2016 年水-炭耦合在玉米全生育期对 0～15 cm 土层土壤 pH 的影响。研究结果表明，2015 年，W1 处理中随着生物炭施用量的增加，各处理土壤 pH 值在玉米全生育期呈先增加后降低的趋势；在 W2 和 W3 处理中，生物炭对玉米全生育期土壤 pH 值的影响没有明显的规律；2016 年，在三种灌水处理中，随着生物炭施用量的增加，各处理土壤 pH 值在玉米全生育期呈先增加后降低的趋势，而同一生物炭施用量不同灌水量在两年试验中对土壤 pH 值的影响没有明显规律。

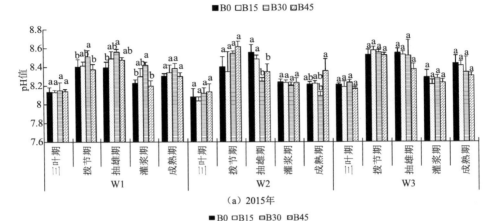

（a）2015年

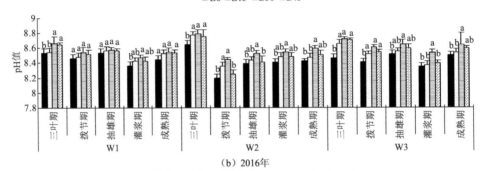

（b）2016年

图 5.6　玉米全生育期不同处理 0～15 cm 土层土壤 pH 值

如图 5.7 所示，2015 年和 2016 年水-炭耦合在玉米全生育期对 15～30 cm 土层土壤 pH 值的影响。研究结果表明，2015 年水-炭耦合对 15～30 cm 土层土壤 pH 值没有明显的规律；2016 年，在三种灌水处理中，随着生物炭施用量的增加，各处理土壤 pH 值在玉米全生育期呈先增加后降低的趋势，而同一生物炭施用量不同灌水量在两年试验中对土壤 pH 值的影响没有明显规律。

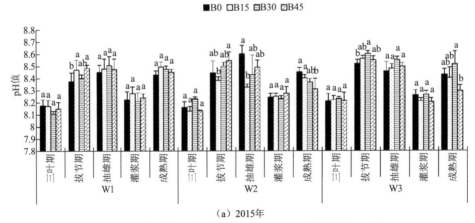

（a）2015年

图 5.7　玉米全生育期不同处理 15～30 cm 土层土壤 pH 值

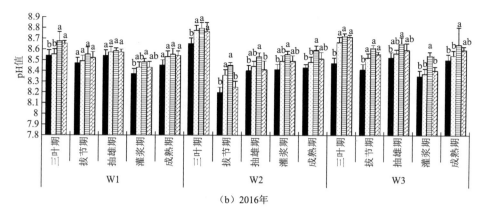

（b）2016年

图 5.7　玉米全生育期不同处理 15～30 cm 土层土壤 pH 值（续）

通过对 2015 年、2016 年 0～15cm 和 15～30 cm 土层土壤 pH 值的分析可知，在 2015 年，生物炭和灌溉水量对土壤 pH 值基本无影响，而 2016 年研究结果表明，施用生物炭提高了耕层土壤 pH 值，但是增幅是有限度的，当生物炭施用量为 45 t/hm² 时，耕层土壤 pH 值呈现降低的趋势，灌水量对耕层土壤 pH 值影响不明显。

土壤 pH 值是影响土壤化学反应过程和支配土壤化学成分在土壤中发挥效果的重要指标[8]。有研究显示，施用生物炭能提高酸性土壤的 pH 值，对碱性土壤影响不大[9]，本节施用生物炭后，在 2015 年，生物炭与灌水对耕层土壤 pH 值的影响没有明显规律，在 2016 年施用生物炭提高耕层土壤 pH 值，原因可能是试验地为碱性土壤（表 5.1），而生物炭自身也呈碱性，所以施用生物炭对土壤 pH 值无影响，到 2016 年，随着生物炭施入土壤时间的增加，生物炭释放出更多的有机官能团和碳酸盐[10]且土壤与生物炭更好地融为一体，形成良好的土壤结构，从而增强了土壤的吸附性，最终土壤 pH 值升高。

2. 水-炭耦合对耕层土壤电导率的影响

图 5.8 是 2015 年和 2016 年玉米全生育期不同处理 0～15 cm 土层土壤电导率变化情况。研究结果表明，2015 年和 2016 年得出了相同的结果，在三种灌水处理中，电导率随着生物炭施用量的增加基本呈先增加后降低的趋势，且均高于对照。

■ B0 □ B15 ▥ B30 ▨ B45

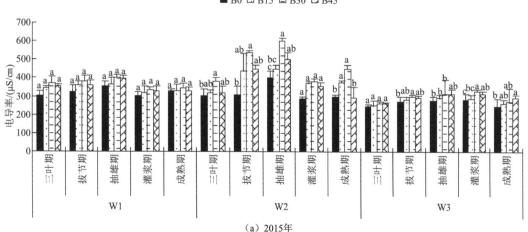

（a）2015年

图 5.8　玉米全生育期不同处理 0～15 cm 土层土壤电导率

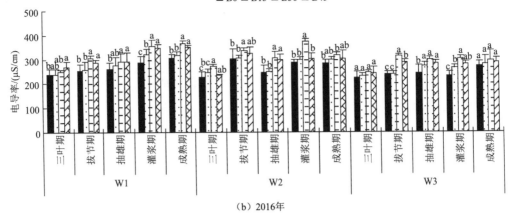

（b）2016年

图 5.8　玉米全生育期不同处理 0～15 cm 土层土壤电导率（续）

2015 年，在 W1 处理中，各处理差异均未达到显著水平。在 W2 处理中，与 B0 相比，三叶期和拔节期的 B30 差异显著，增幅分别为 25.36%和 75.57%；抽雄期的 B30 和 B45 差异显著，增幅分别为 48.7%和 24.32%；灌浆期各处理差异不显著；成熟期的 B15 和 B30 差异达到显著水平，增幅分别为 26.48%和 52.28%。在 W3 处理中，与 B0 相比，三叶期和抽雄期各处理均未达到显著水平；拔节期的 B30 差异显著，增幅为 9.72%；灌浆期的 B30 和 B45 处理差异显著，增幅分别为 16.76%和 11.76%；成熟期的 B45 差异显著，增幅为 17.54%。通过分析发现，W1 处理中，全生育期各处理差异均不显著，W2 和 W3 有较多处理差异达到显著水平，说明生物炭对土壤电导率的影响受灌水量限制，当灌水量较小时，生物炭对土壤电导率的影响较小，差异不显著，当灌水量增大时，施用生物炭可以显著增加土壤电导率，这可能是因为土壤低含水率会阻碍生物炭与土壤的各种物理化学反应。

2016 年，在 W1 处理中，与 B0 相比，三叶期的 B30 差异显著，增幅为 10.98%；拔节期、灌浆期和成熟期的 B30、B45 差异显著，增幅分别为 12.06%、10.51%；20.47%、24.65%，29.58%、19.58%；抽雄期的 B15、B30 和 B45 差异达到显著水平，增幅分别为 15.06%、32.64%和 19.25%。在 W2 处理中，与 B0 相比，三叶期和成熟期的 B30 处理差异显著，增幅分别为 16.59%和 23.28%；拔节期的 B30 和 B45 差异显著，增幅分别为 18.29%和 8.23%；抽雄期各处理差异不显著；灌浆期的 B15、B30 和 B45 差异达到显著水平，增幅分别为 19.91%、54.87%和 38.50%。在 W3 处理中，与 B0 相比，三叶期的 B30 差异显著，增幅为 12.50%；拔节期和抽雄期的 B30、B45 差异达到显著水平，增幅分别为 16.38%、14.22%和 40.97%、15.86%；灌浆和成熟期的 B15、B30、B45 差异达到显著水平，增幅分别为 15.59%、83.58%、43.31%和 10.34%、22.41%、10.69%。通过研究发现，灌水量对土壤电导率的影响没有明显规律，这可能有两个原因，一是 2016 年降雨较多，灌水较少，从而导致不同水处理之间差异小，二是生物炭与土壤经过一年的物理化学反应，已经和土壤相互融合。

图 5.9 是 2015 年和 2016 年玉米全生育期不同处理 15～30 cm 土层土壤电导率变化情况。研究结果表明，2015 和 2016 年得出了相同的结果，在三种灌水处理中，电导率随着生物炭施用量的增加基本呈先增加后降低的趋势，且均高于对照。

2015 年，在 W1 处理中，各处理差异均未达到显著水平；在 W2 处理中，与 B0 相比，三叶期、拔节期和灌浆期的 B30 差异显著，增幅分别为 28.26%、48.39%和 19.39%；抽雄期

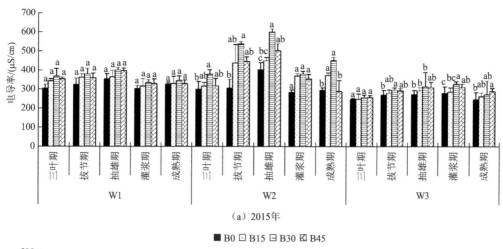

（a）2015年

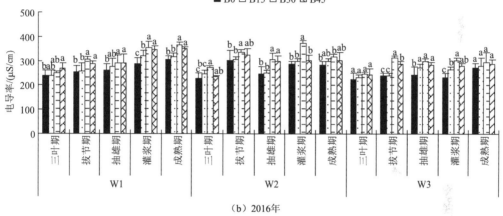

（b）2016年

图 5.9　玉米全生育期不同处理 15～30 cm 土层土壤电导率

的 B15、B30 和 B45 差异显著，增幅分别为 32.80%、51.75%和 36.46%；成熟期各处理差异未达到显著水平。在 W3 处理中，与 B0 相比，三叶期、拔节期、抽雄期和成熟期的各处理均未达到显著水平，灌浆期的 B30 差异显著，增幅为 21.50%。通过分析发现，在 W1 处理中，全生育期各处理差异均不显著，W2 和 W3 有处理差异达到显著水平，这与 2015 年 0～15 cm 土层土壤电导率规律一致。

2016 年，在 W1 处理中，与 B0 相比，三叶期的 B45 差异显著，增幅为 12.50%；拔节期、抽雄期和成熟期的 B30、B45 差异显著，增幅分别为 21.03%、13.89%，11.03%、10.65%、19.54%、13.68%；灌浆期的 B15、B30 和 B45 差异达到显著水平，增幅分别为 12.24%、23.43%和 21.33%。在 W2 处理中，与 B0 相比，三叶期和抽雄期的 B30、B45 差异显著，增幅分别为 18.78%、2.62%，23.79%、20.16%；拔节期和灌浆期的 B30 差异显著，增幅分别为 10.93%和 30.77%；成熟期各处理差异不显著。在 W3 处理中，与 B0 相比，三叶期和成熟期各处理差异不显著；拔节期的 B30 和 B45 差异达到显著水平，增幅分别为 31.65%和 21.10%；抽雄期和灌浆期的 B15、B30、B45 差异达到显著水平，增幅分别为 12.30%、21.72%、16.39%，13.79%、29.74%、20.26%。通过研究发现，灌水量对土壤电导率的影响没有明显规律，这与 2015 年 15～30cm 土层土壤电导率的研究结果一致。

土壤电导率的大小与底物的矿化和矿物质浓度分数有关。在玉米整个生育期施用生物炭均提高了耕层土壤的电导率，这可能是因为生物炭和秸秆本身含有较多的可溶性盐或在有机质分解时释放出矿质盐分[11]，也有可能是因为生物炭强大的吸附力，促进了盐分的累积，从而导致土壤电导率升高。

3. 水-炭耦合对耕层土壤养分的影响

土壤养分指植物生长所必需的营养元素，通常是由土壤直接提供或经土壤理化反应后间接提供给植物，通过根系吸收，用于植物生长发育，是促进植物生长发育、提升作物产量和品质必不可少的营养元素。土壤营养元素主要包括氮、磷、钾、钙、硫、镁等，其中，氮、磷、钾是作物生长必需且需要量相对较多的营养元素。自然土壤中营养元素主要来源于土壤矿物质、有机质分解、降雨、径流和地下水等，农耕土壤中施肥和灌溉是营养元素的主要来源。土壤养分一般包括迟效性和速效性养分，速效性养分在土壤中含量相对较少，却是作物所能直接吸收的养分，是衡量土壤肥力的重要指标。因此，本节就水-炭耦合对土壤耕层碱解氮、速效钾、有机质、速效磷含量的影响进行分析。

1）水-炭耦合对耕层土壤碱解氮含量的影响

图 5.10 为 2015 年和 2016 年玉米整个生育期不同处理耕层土壤碱解氮含量变化情况。不同处理耕层土壤碱解氮含量都比较稳定，这可能是因为该试验采用的是膜下滴灌随水施肥且

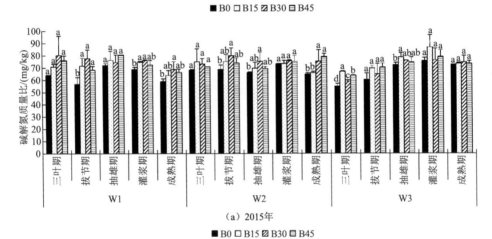

（a）2015年

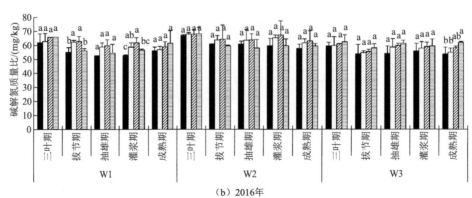

（b）2016年

图 5.10　2015 年和 2016 年玉米全生育期不同处理耕层土壤碱解氮含量

注重在需肥较大的生育期多次少量适时适量追肥，从而保证土壤碱解氮能有效并平稳供应。在 W1、W2 和 W3 中，2015 年和 2016 年各生物炭处理耕层土壤碱解氮含量均高于对照处理，表明施用生物炭可以提高耕层土壤碱解氮含量。2015 年不同处理耕层土壤碱解氮含量为 55.41～65.69 mg/kg，2016 年为 64.21～76.03 mg/kg，见表 5.2，在 2015 年同一生物炭施用量下，不同水处理耕层土壤碱解氮含量在整个生育期平均含量表现为 W2＞W1＞W3，且 W2B30 处理相比其他处理含量处于较高水平，2016 年与 2015 年试验结果一致。

表 5.2　不同处理耕层土壤全生育期养分均值

处理	土壤碱解氮含量/（mg/kg）		土壤速效钾含量/（mg/kg）		土壤有机质含量/（mg/kg）		土壤速效磷含量/（mg/kg）	
	2015 年	2016 年	2015 年	2016 年	2015 年	2016 年	2015 年	2016 年
W1B0	56.13	64.21	141.10	141.43	14.33	15.49	8.26	17.79
W2B0	61.61	68.33	126.10	126.81	15.39	16.05	5.28	17.44
W3B0	55.41	67.34	117.70	134.51	12.56	15.29	4.76	16.88
W1B15	60.40	71.98	170.60	181.39	15.79	16.39	11.33	19.91
W2B15	64.86	75.29	142.70	180.62	16.63	16.88	8.27	19.79
W3B15	57.28	71.65	132.70	161.43	15.50	16.52	6.67	19.11
W1B30	62.28	75.55	243.00	191.38	16.61	17.73	13.88	25.52
W2B30	65.69	76.03	177.40	159.87	18.39	18.73	10.27	23.86
W3B30	58.71	70.18	141.80	154.50	16.34	16.92	8.48	21.85
W1B45	59.35	72.84	193.10	178.32	18.80	20.57	16.13	26.81
W2B45	61.37	73.82	147.50	173.34	19.62	20.80	12.17	25.60
W3B45	60.73	72.36	142.70	165.65	17.88	19.90	11.00	24.74

2015 年，W1 条件下，三叶期、抽雄期和成熟期各处理均没有达到显著水平；拔节期和灌浆期，相比 B0，B15、B30 差异显著，增幅分别为 12.83%、13.82% 和 11.38%、17.20%。W2 条件下，各生育期均未达到显著水平。W3 条件下，相比 B0，成熟期的 B45 差异显著，增幅为 9.58%，其他生育期各处理差异均不显著。

2016 年，W1 条件下，在拔节期，相比 B0，B15、B30 和 B45 差异显著，增幅分别为 26.25%、36.77% 和 19.91%；在灌浆期，B15 和 B30 与 B0 相比差异显著，增幅分别为 8.71% 和 10.62%；在成熟期，B30 相比 B0 差异显著，增幅为 16.79%；在三叶期和抽雄期各处理差异均不显著。W2 条件下，在拔节期和抽雄期，相比 B0，B30 差异显著，增幅分别为 16.32% 和 13.87%；在成熟期，B30 和 B45 相比 B0，差异显著，增幅分别为 16.27% 和 22.16%；在三叶期和灌浆期各处理差异不显著。W3 条件下，在三叶期 B15、B30 和 B45 相比 B0 差异均显著，增幅分别为 22.39%、7.05% 和 16.21%；在抽雄期，B15 相比 B0 差异显著，增幅为 8.68%，其他生育期各处理差异均不显著。

2）水-炭耦合对耕层土壤速效钾含量的影响

如图 5.11 所示，在 2015 年和 2016 年，W1、W2、W3 条件下，各生物炭处理耕层土壤速效钾含量在玉米整个生育期均高于 B0，表明生物炭可以提高土壤速效钾含量，随着生物炭施用量的增加，土壤速效钾含量没有明显的变化规律。通过表 5.2 可知，在 2015 年，同一生物炭施用量下，不同水处理耕层土壤速效钾含量表现为 W1＞W2＞W3，且 W1B30 处理相比其他处理在整个生育期土壤速效钾平均含量处于较高水平，2016 年与 2015 年试验结果一致。

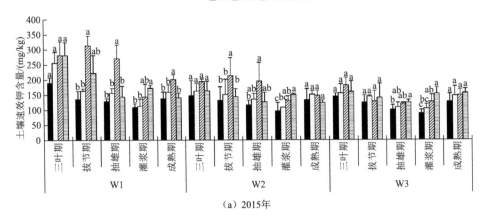

（a）2015年

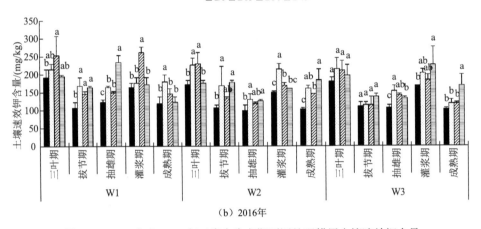

（b）2016年

图5.11 2015年和2016年玉米全生育期不同处理耕层土壤速效钾含量

2015 年，W1 条件下，三叶期各处理差异不显著，在拔节期、抽雄期和成熟期，与 B0 相比，B30 差异显著，增幅分别为 130.04%、108.85%和 46.21%；在灌浆期，B45 相比 B0 差异显著，增幅为 57.73%。W2 条件下，三叶期和成熟期各处理差异不显著；在拔节期和抽雄期，与 B0 相比，B30 差异显著，增幅分别为 61.05%和 66.81%；在灌浆期，相比 B0，B30 和 B45 差异显著，增幅分别为 37.31%和 57.51%。W3 条件下，三叶期、拔节期和成熟期各处理差异不显著；在抽雄期，B45 相比 B0 差异显著，增幅为 23.65%；在灌浆期，相比 B0，B30 和 B45 差异显著，增幅分别为 43.26%和 72.47%。

2016 年，W1 条件下，三叶期和灌浆期的 B30 相比 B0 差异显著，增幅分别为 32.01%和 58.12%；在拔节期和抽雄期，相比 B0，B15、B30、B45 差异显著，增幅分别为 57.16%、35.73%、53.58%和 34.35%、21.83%、90.57%；在成熟期，B15 相比 B0 差异显著，增幅为 55.57%。W2 条件下，在三叶期和灌浆期，相比 B0，B15、B30 差异显著，增幅分别为 31.11%、33.30%和 43.61%、12.85%；在拔节期和抽雄期，与 B0 相比，B15、B45 差异显著，增幅分别为 57.16%、66.12%和 30.78%、26.98%；在成熟期，相比 B0，B15、B30 和 B45 差异显著，增幅分别为 55.57%、40.72%和 77.78%。W3 条件下，三叶期和拔节期各处理与 B0 相比差异不显著；在抽雄期，相比 B0，B15、B30、B45 差异显著，增幅分别为 57.16%、35.73%、53.58%和 34.35%、21.83%、90.57%；在灌浆期和成熟期，相比 B0，B45 差异显著，增幅为 34.09%和 62.99%。

3）水-炭耦合对耕层土壤有机质含量的影响

如图 5.12 所示，在 2015 年和 2016 年，W1、W2、W3 中各处理耕层土壤有机质质量比均随着生物炭施用量的增加而呈增加的趋势，且均高于对照，表明施用生物炭可提高耕层土壤有机质含量。通过表 5.2 可知，在 2015 年，同一生物炭施用量下，不同水处理耕层土壤有机质含量表现为 W2＞W1＞W3，且 W2B45 相比其他处理在整个生育期土壤速效钾平均含量处于较高水平，2016 年与 2015 年试验结果一致。

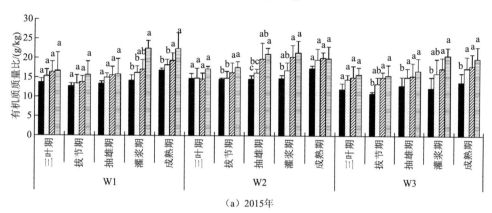

（a）2015年

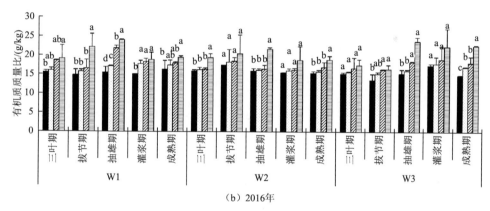

（b）2016年

图 5.12　2015 年和 2016 年玉米全生育期不同处理耕层土壤有机质含量

2015 年，W1 条件下，三叶期、拔节期和抽雄期各处理差异均不显著；在灌浆期，相比 B0，B45 差异达到显著水平，增幅为 57.71%；在成熟期，相比 B0，B30 和 B45 差异达到显著水平，增幅分别为 14.16% 和 32.32%。W2 条件下，三叶期和成熟期各处理差异不显著；在拔节期、抽雄期、灌浆期，相比 B0，B30 和 B45 差异达到显著水平；B30 在三个生育期增幅分别为 11.64%、34.99%、36.74%；B45 增幅分别为 20.72%、43.84%、43.97%。W3 条件下，三叶期各处理差异不显著；在拔节期和灌浆期，相比 B0，B30、B45 差异显著，增幅分别为 37.93%、41.87% 和 39.84%、66.91%；在抽雄期和成熟期，与 B0 相比，B15、B30、B45 差异显著，增幅分别为 16.80%、18.87%、28.93% 和 26.07%、30.43%、43.65%。

2016 年，W1 条件下，三叶期、拔节期和成熟期各处理相比 B0，B45 差异显著，增幅分别为 23.08%、49.83% 和 19.27%；在抽雄期和灌浆期，相比 B0，B15、B30、B45 差异达到显著水平，增幅分别为 10.61%、40.84%、54.98% 和 17.88%、21.85%、25.50%。W2 条件下，在三叶期、抽雄期和成熟期，相比 B0，B45 差异显著，增幅分别为 22.64%、36.05% 和 23.05%；在拔节期和灌浆期，各处理差异不显著。W3 条件下，三叶期和灌浆期各处理差异不显著；在拔节期和抽雄，相比 B0，B30、B45 差异显著，增幅分别为 21.03%、22.14% 和 19.87%、54.72%；在成熟期，与 B0 相比，B15、B30、B45 差异显著，增幅分别为 14.81%、22.22%、52.19%。

4）水-炭耦合对耕层土壤速效磷含量的影响

如图 5.13 所示，在 2015 年和 2016 年，W1、W2、W3 中各处理耕层土壤速效磷含量均随着生物炭施用量的增加而呈增加的趋势，且均高于对照，表明施用生物炭可提高耕层土壤速效磷含量。通过表 5.2 可知，在 2015 年，同一生物炭施用量下，不同水处理耕层土壤速效磷含量表现为 W1＞W2＞W3，且 W1B45 耕层土壤速效磷全生育期平均含量最高，2016 年与 2015 年试验结构一致。

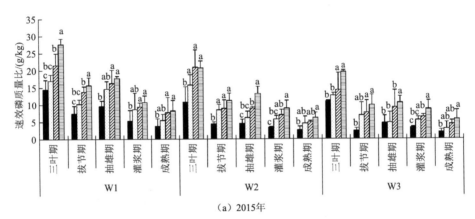

（a）2015年

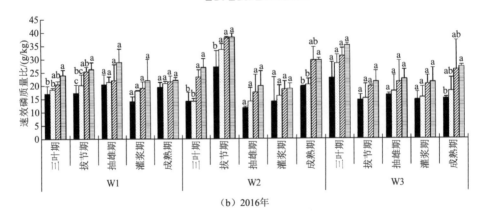

（b）2016年

图 5.13　2015 年和 2016 年玉米全生育期不同处理耕层土壤有效磷含量

2015 年，W1 条件下，相比 B0，在玉米 5 个生育期，B30 和 B45 差异均达到显著水平，增幅分别为 47.78%、82.89%、69.59%、76.85%、98.73% 和 89.42%、107.89%、84.54%、100%、112.66%。W2 条件下，在三叶期和拔节期，与 B0 相比，B15、B30、B45 差异显著，增幅分

别为 45.87%、93.12%、91.74%和 89.01%、98.90%、148.35%；在抽雄期和灌浆期，相比 B0，B30、B45 差异达到显著水平，增幅分别为 93.62%、182.98%和 100%、154.93%；在成熟期，B45 相比 B0 差异显著，增幅为 133.33%。W3 条件下，B30 和 B45 相比 B0，在三叶期、拔节期、灌浆期差异显著，增幅分别为 30.45%、205.88%、91.18%和 78.64%、290.20%、160.29%；在抽雄期和成熟期，与 B0 相比，B45 差异显著，增幅分别为 124.21%和 180.95%。

2016 年 W1 条件下，在三叶期，B45 相比 B0 差异显著，增幅为 40.52%；在拔节期，相比 B0，B30 和 B45 差异达到显著水平，增幅分别为 46.42%和 51.00%；在抽雄期、灌浆期和成熟期，各处理差异不显著。W2 条件下，在三叶期，相比 B0，B30 和 B45 差异显著，增幅分别为 63.29%和 88.81%；在拔节期，相比 B0，B15、B30、B45 差异显著，增幅分别为 23.71%、39.89%、40.99%；在抽雄期和灌浆期，各处理差异不显著；在成熟期，B45 相比 B0 差异显著；增幅为 50%。W3 条件下，前 4 个生育期各处理差异均不显著；在成熟期，与 B0 相比，B45 差异显著，增幅为 77.70%。

大量的室内室外试验研究表明，施用生物炭可有效提高土壤中的有机质[5,12-14]，本节研究结果表明，施用生物炭后，在玉米的全生育期均提高了耕层土壤有机质含量，一方面是因为生物炭本身含碳量非常高，可以增加土壤中有机物质的含量[15]，另一方面是因为生物质中的碳主要是由生物质通过热解生成的，以惰性的芳香环状结构存在，因此，生物炭很难分解[16]。据报告生物炭可以封存上千年。生物炭表面丰富的含氧官能团所带的负电荷及其复杂的孔隙结构赋予了其较大的阳离子交换量和特有的强大的吸附力，因此，可将生物炭作为载体，缓慢释放土壤养分，进而减小土壤养分的淋洗损失和固定损失等，最终提高肥料利用率[15]。通过结果分析可知，在玉米全生育期耕层土壤各生物炭处理的土壤碱解氮含量、土壤速效钾和土壤速效磷含量均高于对照，一方面是因为生物炭增大土壤阳离子交换量，减少土壤中氮、磷、钾的淋溶损失，另一方面是因为生物炭具有强大的吸附能力，可将磷、硝酸盐、铵和其他水溶性盐等离子吸附，提高土壤储肥性能[17]。

5.3　水-炭耦合对玉米生长指标及产量的影响

玉米是内蒙古主要粮食作物之一，也是地方农民维持生计及地方经济发展的重要手段。据统计，内蒙古玉米种植面积和玉米产量都呈现逐年上升的趋势，播种面积由 1947 年的 $19 \times 10^4 \text{hm}^2$ 已上升到了 2014 年的 $337 \times 10^4 \text{hm}^2$，增长了约 17 倍[18]，因此，内蒙古有非常丰富的玉米秸秆生物质资源。然而，一味地以增大种植面积来达到总产量的提高不是长久之计，如何提高单位面积产量应予以重视，并且玉米秸秆每年除了用于工业生产、饲料生产、食品等，仍然有大量剩余，农民一般将其直接遗弃在农田进行焚烧处理，这不仅是对资源的白白浪费，而且也严重影响生态环境。因此，近年来生物炭成为学术研究人员的研究重点，有研究显示，生物炭可以改善土壤，减少温室气体排放、提高玉米产量[19-22]，因此，生物炭可能是解决资源浪费、环境污染、作物产量停滞不前的有效途径之一。

内蒙古地区降雨量少，日照时间长，水资源短缺，然而大多数地方农民仍然采用大水漫灌进行灌溉，不利于农业水资源的高效利用。因此，大力推广新型节水灌溉迫在眉睫。膜下滴灌是近年来新兴的灌溉方式，不仅可以有效节水，还可使作物主要根系区的土壤始终保持在最优含水状态，地膜覆盖则进一步减少了作物棵间水分的蒸发[23,24]，且能提高耕层土壤的温度[25]，然而有关生物炭与膜下滴灌相结合的农田地产效应研究几乎为空白。因此，提出一个有效的水炭组合，为农民在实际应用过程中提供理论指导，对生物炭和滴灌的广泛推广及环境友好型可持续发展具有重要意义。

5.3.1　水-炭耦合对玉米株高的影响

2015 年不同处理玉米全生育期株高见表 5.3，所有处理株高在三叶期、拔节期、抽雄期、灌浆期均逐渐增高，在成熟期降低，这是因为株高测量的是自然垂直高度，成熟期雄穗逐渐弯折掉落，株高降低。

表 5.3　2015 年玉米全生育期不同水炭处理株高的变化

灌水水平	施炭水平	株高/cm				
		三叶期	拔节期	抽雄期	灌浆期	成熟期
W1	B0	53.2f	93e	251.7f	370.7d	362.4ef
	B15	55.5cdef	95.6bcde	258cdef	386bcd	382.5bcd
	B30	54.7def	94.2cde	255.7def	376.7cd	369def
	B45	54.2ef	93.5de	252.3ef	377.3cd	370.7cdef
W2	B0	55.1def	94.1cde	255.3def	375.3d	355.3f
	B15	57.4bcd	100.2ab	263.7bc	384bcd	381.4bcd
	B30	56.4bcde	96.4bcde	259.7bcde	380bcd	373.3cde
	B45	56.8bcde	99abc	262.7bcd	380bcd	374.8cde
W3	B0	56.3bcde	96.7bcde	263.7bc	387.7bcd	385bcd
	B15	61.2a	103.7a	281.3a	405.3a	404a
	B30	58.2bc	98.8abcd	266.3b	394abc	393b
	B45	59ab	103.7a	267b	396.7ab	388abc
处理		显著性检验 P 值				
		三叶期	拔节期	抽雄期	灌浆期	成熟期
灌水		0.000**	0.000**	0.000**	0.000**	0.000**
施炭		0.002**	0.002**	0.000**	0.042*	0.001**
灌水+施炭		0.713	0.496	0.061	0.990	0.821

注：**表示在 $P<0.01$ 水平上差异显著；*表示在 $P<0.05$ 水平上差异显著；数据后标的不同小写字母表示在 $P=0.05$ 水平上差异显著，下表同

在三叶期，W1、W2 处理中，各处理差异不显著，其中，W1B15 和 W2B15 最大，W3处理中 B15 最大，且 B15 与对照 B0 和 B30 差异显著，增幅为 8.58%和 5.10%，三个灌水处理中最大值从大到小依次为 W3B15、W2B15、W1B15，生物炭对各处理株高影响极显著。同一生物炭水平下，W3B15 与 W2B15、W1B15 相比差异显著，W2B30、W3B30 与 W1B30相比差异显著，W3B45 与 W2B45、W1B45 相比差异显著，均表现为 W3＞W2＞W1。灌水对各处理株高影响极显著，但是水炭交互作用对株高影响不显著。

在拔节期，W1 中各处理差异不显著；W2 条件下，相比 B0，B15 差异显著；W3 条件下，相比 B0，B15 和 B45 差异显著；三个灌水处理中最大值从大到小依次为 W3B15、W2B15、W1B15，生物炭对各处理株高影响极显著。同一生物炭水平下，W3B15 与 W1B15 相比差异显著，W2B45 与 W3B45 相比差异显著，均表现为 W3＞W2＞W1，灌水对各处理株高影

响极显著，但是水-炭耦合作用对株高影响不显著。

在抽雄期，W1 中各处理差异不显著；W2 条件下，B15 与 B0 相比差异显著；W3 条件下，B15 与 B0、B30、B45 相比差异均达到显著水平；灌水处理中最大值从大到小依次为 W3B15、W2B15、W1B15，生物炭对各处理株高影响极显著。在同一生物炭水平下，W3B15 与 W1B15、W2B15 相比差异显著，W3B30 与 W1B30 相比差异显著，W2B45、W3B45 与 W1B45 相比差异达到显著水平，均表现为 W3＞W2＞W1。灌水对各处理株高影响极显著，但是水-炭耦合作用对株高影响不显著。

在灌浆期，W1、W2 处理中，各处理差异不显著，其中，W1B15 和 W2B15 最大；W3 处理中 B15 最大，且 B15 与 B0、B30 相比差异显著，增幅为 8.58%和 5.10%；三种灌水处理中最大值从大到小依次为 W3B15、W1B15、W2B15，生物炭对各处理株高影响极显著。在同一生物炭水平下，W3B15 与 W1B15、W2B15 相比差异显著，W3B45 与 W1B45 相比差异达到显著水平；除去 B15 之外，均表现为 W3＞W2＞W1。灌水对各处理株高影响极显著，但是水-炭耦合作用对株高影响不显著。

在成熟期，W1 处理中，相比 B0，B15 差异显著；W2 处理中，相比 B0，B15、B30、B45 差异均达到显著水平；W3 处理中，B15 与 B0、B30 相比差异显著；三种灌水处理中最大值从大到小依次为 W3B15、W1B15、W2B15；生物炭对各处理株高影响极显著。在同一生物炭水平下，W3B15 与 W1B15、W2B15 相比差异显著，W3B30 与 W1B30、W2B30 相比差异显著；三个灌水处理中，除去 B15 之外，均表现为 W3＞W2＞W1，灌水对各处理株高影响极显著，但是水-炭耦合作用对株高影响不显著。

通过分析可知，灌水和施炭均对玉米全生育期株高产生显著影响，但是灌水和施炭的交互作用不显著，其中，W1 各处理间差异基本不显著，随着灌水量的增加，株高逐渐增加，且施入 15t/hm² 生物炭可显著提高株高。

2016 年不同处理玉米全生育期株高见表 5.4，所有处理株高在三叶期、拔节期、抽雄期、灌浆期均逐渐增高，在成熟期降低，这与 2015 年结果一致。

表 5.4　2016 年玉米全生育期不同水-炭处理株高的变化

灌水水平	施炭水平	株高/cm				
		三叶期	拔节期	抽雄期	灌浆期	成熟期
W1	B0	17.8de	105.5de	281e	330.7c	318d
	B15	23bc	118.5bc	296bcd	347b	337.3ab
	B30	20cde	116.2bc	291.7cde	342.3abc	331abcd
	B45	22.5bcd	116.8bc	294bcd	344abc	335abc
W2	B0	16.5e	100.7e	284de	338abc	322.3bcd
	B15	28.4a	121.5b	305ab	347ab	336.3abc
	B30	21.1bcde	111.1cd	293.7bcd	342.7abc	328abcd
	B45	25.7ab	120.6b	298.7bc	344.3abc	329.3abcd
W3	B0	19.4cde	113.1bcd	300bc	336.3bc	321.7cd
	B15	24.3abc	133a	313.7a	351.7a	341.3a
	B30	20.9bcde	117.6bc	300.7bc	343.3abc	328abcd
	B45	22.4bcd	120.6b	301.7bc	346.7ab	337.3ab

处理	显著性检验 P 值				
	三叶期	拔节期	抽雄期	灌浆期	成熟期
灌水	0.166	0.000**	0.000**	0.519	0.627
施炭	0.000**	0.000**	0.000**	0.006**	0.000**
灌水+施炭	0.283	0.072	0.568	0.967	0.885

在三叶期，W1 处理中，B15 与 B0、B30、B45 相比差异均达到显著水平；W2 处理中，B15 与 B0、B30 差异显著，B45 与 B0 相比差异显著；W3 处理中，各处理差异不显著；三种灌水处理中最大值从大到小依次为 W2B15、W3B15、W1B15，生物炭对各处理株高影响极显著。同一生物炭水平下，W2B15 与 W1B15 相比差异显著，灌水对各处理株高影响不显著，水-炭耦合作用对株高影响也不显著。

在拔节期，W1 处理中，各处理差异不显著；W2 处理下，相比 B0，B15 差异显著；W3 处理中，相比 B0，B15 和 B45 差异显著；三种灌水处理中最大值从大到小依次为 W3B15、W2B15、W1B15；生物炭对各处理株高影响极显著。同一生物炭水平下，W3B15 与 W1B15、W2B15 相比差异显著；除 B30 之外，均表现为 W3＞W2＞W1。灌水对各处理株高影响极显著，但是水-炭耦合作用对株高影响不显著。

在抽雄期，W1、W2 处理中，B15 和 B45 与 B0 相比差异显著；W3 条件下，B15 与 B0、B30、B45 相比差异均达到显著水平；各灌水处理中最大值从大到小依次为 W3B15、W2B15、W1B15；生物炭对各处理株高影响极显著。在同一生物炭水平下，W3B15 与 W1B15 相比差异显著，均表现为 W3＞W2＞W1。灌水对各处理株高影响极显著，但是水-炭耦合作用对株高影响不显著。

在灌浆期，W1、W3 处理中，B15 与 B0 相比差异显著；三种灌水处理中最大值从大到小依次为 W3B15、W2B15、W1B15；生物炭对各处理株高影响极显著。在同一生物炭水平下，W3B15 与 W1B15 相比差异显著，均表现为 W3＞W2＞W1，灌水和水-炭耦合作用对各处理株高影响不显著。

在成熟期，W1、W3 处理中，相比 B0，B15 和 B45 差异显著；W2 处理中，各处理差异不显著；三种灌水处理中最大值从大到小依次为 W3B15、W1B15、W2B15；生物炭对各处理株高影响极显著。在同一生物炭水平下，各处理差异均不显著，除去 B30 之外，均表现为 W3＞W1＞W2。灌水和水-炭耦合作用对株高影响不显著。

通过分析可知，生物炭对玉米整个生育期株高的影响均表现出极显著，水-炭互作对玉米株高在全生育期均不显著，这与 2015 年试验结果一致，灌水在三叶期、灌浆期、成熟期对株高的影响均不显著，与 2015 年试验结果不一致，原因是 2016 年降雨较频繁，以至于不同灌溉水平处理间差异较小，其中 W3B15 株高最高。

5.3.2　水-炭耦合对玉米茎粗的影响

2015 年玉米全生育期不同处理下茎粗的变化见表 5.5，不同处理下在前四个生育期茎粗均逐渐增加，在成熟期减小，这是因为在成熟期玉米茎秆逐渐衰老退化，水分逐渐减少，因而茎粗减小。

表 5.5　2015 年玉米全生育期不同水–炭处理下茎粗的变化

灌水水平	施炭水平	茎粗/mm				
		三叶期	拔节期	抽雄期	灌浆期	成熟期
W1	B0	1.14c	24.08d	29.71e	32.8c	32.03ef
	B15	1.18bc	24.16cd	30.69de	32.85c	32.03ef
	B30	1.33a	25.78abcd	31.44bcde	35.13bc	33.29bcde
	B45	1.23abc	24.36bcd	31.24cde	32.94bc	32.48de
W2	B0	1.22abc	24.58bcd	30.76de	34.74c	30.73f
	B15	1.24abc	25.35abcd	32.45abcd	35.51bc	32.8cde
	B30	1.28ab	26.14ab	34.18a	36.57ab	34.67ab
	B45	1.27abc	26.08abc	32.98abc	35.63abc	33.12bcde
W3	B0	1.27abc	25.01abcd	31.77bcd	33.73bc	33.31bcde
	B15	1.29ab	26.01abc	32.6abcd	34.97ab	33.98abcd
	B30	1.33a	26.81a	33.33ab	35.94a	35.58a
	B45	1.33a	26.69a	33.12abc	35.31ab	34.31abc

处理	显著性检验 P 值				
	三叶期	拔节期	抽雄期	灌浆期	成熟期
灌水	0.024*	0.003**	0.000**	0.001**	0.000**
施炭	0.030*	0.010*	0.001**	0.006**	0.000**
灌水+施炭	0.667	0.848	0.806	0.905	0.342

在三叶期，W1 处理中，B30 与 B15 和 B0 相比差异显著；W2、W3 中的各处理差异均不显著；三种灌水处理中，各处理玉米茎粗均随生物炭施用量的增加而先增加后减小。且 B30 茎粗最大，依次为 W3B30＞W1B30＞W2B30；生物炭对玉米茎粗影响显著。相同生物炭水平下，各处理差异都不显著，B15 和 B45 的茎粗都随着灌水量的增加而逐渐增加。灌水对玉米茎粗影响显著，但是水–炭耦合作用不显著。

在拔节期，W1、W2、W3 处理中，各处理差异均不显著；三种灌水处理中，各处理玉米茎粗均随生物炭施用量的增加而呈先增加后减小的趋势，且 B30 茎粗最大，依次为 W3B30＞W2B30＞W1B30，生物炭对玉米茎粗影响显著。相同生物炭水平下，W3B45 相比 W1B45 差异显著，茎粗均随灌水量的增加逐渐增加。灌水对玉米茎粗影响极显著，但是水–炭耦合作用不显著。

在抽雄期，W1、W3 处理中，各处理差异都不显著；W2 条件下，B30 相比 B0 差异显著；在三种灌水处理中，各处理玉米茎粗均随着生物炭施用量的增加呈先增加后降低的趋势，其中 B30 最大，依次为 W2B30＞W3B30＞W1B30；生物炭对玉米茎粗影响极显著。相同生物炭施用量下，W2B30 与 W1B30 相比差异显著，B15 和 B45 的玉米茎粗都随着灌水量的增加逐渐增加，灌水对玉米茎粗影响极显著。但是水–炭耦合作用不显著。

在灌浆期，W1 处理中，各处理差异不显著；W2、W3 条件下，B30 相比 B0 差异显著；在三种灌水处理中，各处理玉米茎粗均随着生物炭施用量的增加而先增加后减小，其中 B30 处理茎粗最大，依次为 W2B30＞W3B30＞W1B30；生物炭对玉米茎粗影响极显著。相同生物炭施用量下，W3B15 与 W1B15 相比差异显著，W3B30 与 W1B30 相比差异显著。同一生物炭处理，茎粗均随着灌水量的增加而先增加后降低，表现为 W2＞W3＞W1。灌水对玉米茎粗影响极显著，但是水-炭交互作用不显著。

在成熟期，W1 处理中各处理差异都不显著；W2 处理中，相比 B0，B15、B30、B45 差异显著；W3 处理中，B30 与 B0 相比差异显著；三种灌水处理中，茎粗随生物炭施用量增加先增大后降低，其中 B30 茎粗最大，依次为 W3B30＞W2B30＞W1B30；生物炭对玉米茎粗影响极显著。相同生物炭水平下，W3B15 相比 W1B15 差异显著，W3B30 相比 W1B30 差异显著；W3B45 相比 W1B45 差异显著；相同生物炭处理，茎粗均随灌水量的增加逐渐增加。灌水对玉米茎粗影响极显著，但是水-炭交互作用不显著。

通过分析可知，灌水量和生物炭施用量对玉米茎粗均产生显著影响；相同灌水水平下，茎粗均随着生物炭施用量的增加先增加后减小，且 B30 最大；相同生物炭施用量下，W3 处理茎粗整体上处于较高水平，其中 W3B30 在整个生育期基本处于最大；水-炭交互作用对玉米全生育期茎粗的影响不显著。

2016 年玉米全生育期不同处理茎粗见表 5.6，W1 和 W2 中的各处理都在前四个生育期茎粗逐渐增加，在成熟期减小，这与 2015 年试验结果一致，W3 处理中的各处理在前三个生育期茎粗逐渐增加，在灌浆期和成熟期减小，与 2015 年试验结果不一致。

表 5.6　2016 年玉米全生育期不同水-炭处理茎粗的变化

灌水水平	施炭水平	茎粗/mm				
		三叶期	拔节期	抽雄期	灌浆期	成熟期
W1	B0	4.03cd	25.9d	26.7d	29.57ef	26.64e
	B15	5.21ab	27.46cd	28.4cd	32.76bcd	27.69cde
	B30	5.99a	29.97bc	31.2abc	33.5abc	29.77abcde
	B45	5.43ab	28.35bcd	28.9bcd	33.18abcd	28.93bcde
W2	B0	3.65d	26.39d	29.95abcd	30.01f	27.71cde
	B15	4.71bc	26.91d	30.67abcd	33abcd	30.16abcd
	B30	5.41ab	33.35a	33.9a	35.81a	33.05a
	B45	5.29ab	30.85b	30.86abcd	35.34ab	30.62abc
W3	B0	4.91bc	26.39d	30.83abcd	30.39def	26.97de
	B15	5.35ab	26.9cd	32.35abc	31.92cdef	29.04bcde
	B30	6.17a	30.03bc	33.43a	32.68bcd	31.16ab
	B45	5.57ab	27.36cd	32.94ab	32.28cde	29.72abcde
处理		显著性检验 P 值				
		三叶期	拔节期	抽雄期	灌浆期	成熟期
灌水		0.010*	0.031*	0.003**	0.053	0.025*
施炭		0.000**	0.000**	0.021*	0.000**	0.000**
灌水+施炭		0.742	0.094	0.966	0.259	0.963

在三叶期，W1 处理中，B30 相比 B0 差异显著；W2 处理中，相比 B0，B15、B30、B45 差异显著；W3 处理中，B30 相比 B0 差异显著；三种灌水处理中，茎粗随生物炭施用量增加

先增大后降低，其中，B30 茎粗最大，依次为 W3B30＞W1B30＞W2B30；生物炭对茎粗的影响极显著。相同生物炭施用量下，表现为 W3＞W1＞W2，各处理差异不显著。灌水对茎粗影响显著，但是水-炭耦合作用不显著。

在拔节期，W1 处理中，B30 相比 B0 差异显著；W2 处理中，相比 B0，B30 和 B45 差异显著；W3 处理中，B30 相比 B0 差异显著；三种灌水处理中，茎粗随生物炭施用量增加先增大后降低，其中，B30 茎粗最大，依次为 W2B30＞W3B30＞W1B30；生物炭对茎粗的影响极显著。相同生物炭施用量下，W2B30 相比 W1B30 和 W3B30 差异显著，W2B45 与 W3B45 相比差异显著，灌水对茎粗影响显著。但是水-炭耦合作用不显著。

在抽雄期，W1 处理中，相比 B0，B30 差异显著；W2、W3 处理中，各处理差异都不显著；三种灌水处理中，茎粗随生物炭施用量增加先增大后降低，其中，B30 茎粗最达，依次为 W2B30＞W3B30＞W1B30；生物炭对茎粗影响达到显著水平。相同生物炭施用量下，B15 和 B45 茎粗随着灌水量的增加而增加，各处理差异都不显著。灌水对茎粗影响极显著，但是水-炭耦合作用不显著。

在灌浆期，W1 处理中，相比 B0，B15、B30、B45 差异显著；W2 处理中，相比 B0，B15、B30、B45 差异显著；W3 处理中，B30 相比 B0 差异显著；三种灌水处理中，茎粗随生物炭施用量增加先增大后降低，其中，B30 茎粗最大，依次为 W2B30＞W1B30＞W3B30；生物炭对玉米茎粗影响极显著。相同生物炭施用量下，W2B30 与 W3B30 相比差异显著，W1B45、W2B45 相比 W3B45 差异显著，相同生物炭施用量处理茎粗随着灌水量的增多而先增加后减小，表现为 W2＞W1＞W3。灌水和水-炭耦合作用对茎粗的影响都不显著。

在成熟期，W1 处理中，各处理差异都不显著；W2、W3 处理中，相比 B0，B30 差异显著；三种灌水处理中，各处理茎粗均随着生物炭施用量的增加而先增加后减小，其中 B30 茎粗最大，依次为 W2B30＞W3B30＞W1B30；生物炭对茎粗的影响极显著。相同生物炭施用量下，茎粗随着灌水量的增多先增加后降低，表现为 W2＞W3＞W1，各处理差异都不显著，灌水对茎粗影响显著。但是水-炭耦合作用不显著。

通过分析可知，生物炭与灌水对玉米茎粗都影响显著，而水-炭耦合作用规律不显著，这与 2015 年试验结果一致，其中 W2B30 在玉米整个生育期茎粗基本最大与 2015 年不一致，可能是 2016 年是丰水年，高灌水量不会导致茎粗的继续增加，因为土壤含水率始终都处于较高的水平。

5.3.3 不同水-炭处理对玉米叶面积指数的影响

2015 年和 2016 年叶面积指数如图 5.14 所示，2015 年各处理叶面积指数基本上均随着生育时间的增加，呈先增加后减少的趋势，这是因为玉米在前期以营养生长为主，植株高度及叶片逐渐增高变茂，叶面积指数逐渐增大，后期以生殖生长为主，养分和水分主要供应于玉米籽粒，促进籽粒饱满及干物质累积，而叶片逐渐进入衰老阶段，导致叶面积指数减小，且生物炭可显著提高叶面积指数。根据表 5.7 可知，从玉米拔节到成熟，生物炭和灌水基本上对玉米叶面积指数影响显著，但是水-炭交互作用基本不显著，2016 年与 2015 年一致。

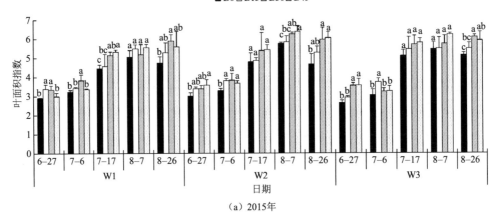

（a）2015年

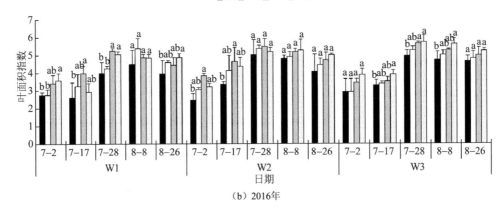

（b）2016年

图 5.14　2015 年和 2016 年不同处理叶面积指数变化

表 5.7　灌水量、生物炭及其交互作用对叶面积指数显著性检验 P 值

变异来源	2015 年				
	6–27	7–6	7–17	8–7	8–26
灌水量	0.530	0.000**	0.000**	0.000**	0.000**
生物炭	0.001**	0.004**	0.001**	0.001**	0.013*
灌水量+生物炭	0.028*	0.393	0.402	0.244	0.744

变异来源	2016 年				
	7–2	7–17	7–28	8–8	8–26
灌水量	0.539	0.000**	0.000**	0.000**	0.005**
生物炭	0.000**	0.000**	0.022*	0.009**	0.009**
灌水量+生物炭	0.287	0.230	0.510	0.190	0.805

　　2015 年 6 月 27 日，W1 条件下，B15、B30 相比 B0 和 B45 差异显著，相差分别为 15.86%、14.61% 和 12.83%、11.62%；W2 条件下，B45 相比 B0 差异显著，相差为 19.09%；W3 条件下，B30、B45 相比 B0 和 B15 差异显著，相差分别为 34.09%、34.71% 和 21.04%、21.61%，三个灌水处理中各处理叶面积指数平均值从大到小依次为 W2（3.354）、W3（3.189）、W1（3.178）；其中，W2B45 叶面积指数最大。2016 年 7 月 2 日，W1 条件下，B45 相比 B0 和 B15 差异显

著，相差分别为 30.29%、29.98%；W2 条件下，B30 相比 B0 差异显著，相差为 55.85%；W3 条件下，各处理差异不显著；三种灌水处理中各处理叶面积指数平均值从大到小依次为 W3（3.31）、W2（3.16）、W1（3.15），其中，W3B45 叶面积指数最大。

2015 年 7 月 6 日，W1 条件下，B30 相比 B0、B15、B45 差异显著，相差分别为 18.81%、12.12%、13.78%；W2 条件下，相比 B0、B15、B30、B45 差异显著，相差分别为 16.06%、16.77%、11.92%；W3 条件下，B15 相比 B0、B30、B45 差异显著，相差分别为 22.44%、15.05%、14.58%；三种灌水处理中各处理叶面积指数平均值从大到小依次为 W2（3.669）、W1（3.480）、W3（3.333），其中，W1B30、W2B30 叶面积指数相等且最大。2016 年 7 月 17 日，W1 和 W2 条件下，B30 相比 B0 差异显著，相差分别为 52.99% 和 38.14%；W3 条件下，B45 相比 B0 差异显著，相差为 18.95%；三种灌水处理中各处理叶面积指数平均值从大到小依次为 W2（4.14）、W3（3.55）、W1（3.22），其中，W2B30 叶面积指数最大。

2015 年 7 月 17 日，W1 条件下，相比 B0，B30 和 B45 差异显著，相差分别为 15.25%、19.05%，B45 相比 B15 差异显著，相差为 16.11；W2、W3 条件下各处理差异都不显著；三种灌水处理中各处理叶面积指数平均值从大到小依次为 W3（5.530）、W2（5.131）、W1（4.893），其中，W3B45 叶面积指数最大。2016 年 7 月 28 日，W1 和 W3 条件下，B30、B45 相比 B0、B15 差异显著，相差分别为 31.31%、23.20%、26.56%、18.75% 和 14.47%、7.32%、15.81%、8.58%；W2 条件下，各处理差异不显著；三种灌水处理中各处理叶面积指数平均值从大到小依次为 W3（5.41）、W2（5.28）、W1（4.65），其中，W3B45 叶面积指数最大。

2015 年 8 月 7 日，W1 和 W3 条件下，各处理差异都不显著；W2 条件下，相比 B0，B30 和 B45 差异显著，相差分别为 8.67%、10.98%，B45 相比 B15 差异显著，相差为 9.34%；三种灌水处理中各处理叶面积指数平均值从大到小依次为 W2（6.072）、W3（5.745）、W1（5.333），其中，W2B45 叶面积指数最大。2016 年 8 月 8 日，W1 和 W2 条件下，各处理差异都不显著；W3 条件下，B45 相比 B0 差异显著，相差为 19.21%；三种灌水处理中各处理叶面积指数平均值从大到小依次为 W3（5.18）、W2（5.06）、W1（4.91），其中，W3B45 叶面积指数最大。

2015 年 8 月 26 日，W1 条件下，B30 相比 B0 差异显著，相差为 24.06%；W2 和 W3 条件下，B30、B45 相比 B0 差异显著，相差分别为 27.73%、29.72% 和 18.54%、14.99%；三种灌水处理中各处理叶面积指数平均值从大到小依次为 W3（5.677）、W2（5.501）、W1（5.395），其中，W3B30 叶面积指数最大。2016 年 8 月 26 日，W1 条件下，B45 相比 B0 差异显著，相差为 23.19%；W2 和 W3 条件下，各处理差异不显著；三种灌水处理中各处理叶面积指数平均值从大到小依次为 W3（4.93）、W2（4.58）、W1（4.48），其中，W3B30 叶面积指数最大。通过分析可知，2015 年和 2016 年较高生物炭施用量（B30、B45）和灌水较多（W2、W3）处理的叶面积指数整体较大。

5.3.4 水–炭耦合对玉米地上部干物质累积、产量及产量要素、收获指数的影响

2015 年玉米产量见表 5.8，玉米产量为 12014.64～15204.42 kg/hm²。通过多因素方差分析发现，施用生物炭对产量影响显著（$P<0.05$），且相比 B0，所有生物炭处理产量均差异

显著。相同水处理，玉米产量随着生物炭施用量的增加呈先增加后减小的趋势，灌水量对产量影响不显著，B15 和 B30 随着灌水量增加先增加后减少，B45 随着灌水量增加逐渐增加，且在相同生物炭施用量不同灌水量下，各处理差异不显著。水-炭耦合作用不显著，其中，W2B30 产量最高，W1B0 产量最低。

表 5.8   2015 年不同水-炭处理玉米产量及产量构成要素

灌水水平	施炭	穗行数	行粒数	百粒重/g	干物质质量/（kg/hm²）	产量/（kg/hm²）	收获指数
W1	B0	14.80d	43.7a	38.98bc	32 280.27c	12 014.64c	0.372ab
	B15	17.20ab	43.4a	41.11ab	36 780.01abc	14 568.48a	0.396ab
	B30	16.80ab	44.2a	40.48ab	35 575.21bc	14 279.00a	0.401ab
	B45	17.80a	44.3a	37.68c	34 853.81bc	14 051.16ab	0.40a
W2	B0	14.90cd	43.7a	40.92ab	35 495.10bc	12 623.89c	0.356ab
	B15	17.00ab	45.2a	41.32ab	40 225.18ab	15 056.43a	0.374ab
	B30	17.00ab	44.7a	42.33a	37 352.56abc	15 204.42a	0.407a
	B45	16.60ab	44.0a	41.63ab	42 958.15a	14 413.19a	0.336b
W3	B0	15.30cd	42.9a	40.97ab	36 743.3abc	12 801.48bc	0.348ab
	B15	16.60ab	43.8a	42.87a	39 081.96abc	14 931.68a	0.382ab
	B30	16.80ab	44.3a	41.12ab	36 688.91abc	14 533.38a	0.396ab
	B45	16.00bc	44.2a	43.28a	39 269.36ab	14 474.06a	0.369ab

P 值	穗行数	行粒数	百粒重/g	干物质质量/（kg/hm²）	产量/（kg/hm²）	收获指数
灌水	0.30	0.55	0.00**	0.01*	0.18	0.13
施炭	0.14	0.73	0.67	0.08	0.04*	0.03*
灌水+施炭	0.22	0.73	0.07	0.42	0.88	0.51

2016 年玉米产量见表 5.9，玉米产量为 11 756.63～13 030.56 kg/hm²，产量整体低于 2015 年。通过方差分析发现，施用生物炭对玉米产量有着极显著的影响（$P<0.01$），相比 B0，W2B30 差异显著，最大相差为 10.8%，其他处理均不显著；相同水处理中，随着生物炭施用量的增加玉米产量呈现先增加后降低的趋势，这与 2015 年试验结果一致。灌水量对产量影响不显著，且在相同生物炭施用量不同灌水量下，各处理之间差异不显著，与 2015 年试验结果一致；B15 和 B45 的产量随着灌水量的增加先降低后增加，B30 随着灌水量增加先增加后降低，与 2015 年试验结果不一致。水-炭耦合作用对玉米产量没有显著影响，其中 W2B30 产量最高，与 2015 年试验结果一致，W2B0 产量最低。

表 5.9   2016 年不同水-炭处理玉米产量及产量构成要素

灌水水平	施炭	穗行数	行粒数	百粒重/g	干物质质量/（kg/hm²）	产量/（kg/hm²）	收获指数
W1	B0	16.8ab	43.8bc	33.92abc	30059.31a	11880.87bc	0.395a
	B15	16.4b	45.5ab	35.89a	31202.21a	12673.1abc	0.406a
	B30	17.4ab	44.1abc	33.89abc	30191.42a	12367.03abc	0.410a
	B45	17.4ab	43.3bc	34.12abc	30094.28a	12183.96abc	0.405a

灌水水平	施炭	穗行数	行粒数	百粒重/g	干物质质量/（kg/hm²）	产量/（kg/hm²）	收获指数
	B0	17.0ab	43.6bc	33.43bc	29 906.2a	11 756.63c	0.393a
W2	B15	17.0ab	44.6ab	33.14c	32 438.16a	11 930.33bc	0.368a
	B30	17.4ab	45.5ab	34.87abc	31 785.86a	13 030.56a	0.410a
	B45	18.2a	42.3c	33.12c	34 015.91a	12 133.23abc	0.357a
	B0	16.6b	43.4bc	34.77abc	31 154.39a	11 902.67bc	0.382a
W3	B15	17.0ab	46a	34.73abc	33 448.66a	12 966.04ab	0.388a
	B30	16.6b	45.1ab	35.83a	31 111.11a	12 706.55abc	0.408a
	B45	17.0ab	43.5bc	35.22ab	33 702.66a	12 312.82abc	0.365a
P 值		穗行数	行粒数	百粒重/g	干物质质量/（kg/hm²）	产量/（kg/hm²）	收获指数
灌水		0.15	0.60	0.00**	0.15	0.56	0.27
施炭		0.16	0.00**	0.28	0.48	0.00**	0.26
灌水×施炭		0.72	0.42	0.06	0.75	0.32	0.59

2015 年玉米地上部干物质质量见表 5.8，不同于产量，施用生物炭对干物质没有显著影响（$P > 0.05$）。然而不同灌水量对玉米干物质量影响显著（$P < 0.05$），随着灌水量的增加，相同生物炭处理的干物质量呈先增加后减小的趋势，相比 B0，W2B45 差异显著，最大相差为 33.08%。水-炭耦合作用对干物质量没有显著影响。

2016 年玉米地上部干物质质量见表 5.9，通过方差分析发现，各处理差异都不显著（$p > 0.05$），且生物炭、灌水量及水-炭耦合作用都对干物质量没有显著影响。生物炭及水-炭耦合对干物质质量影响的显著性与 2015 年试验结果一致，说明生物炭对玉米干物质影响很小；灌水与 2015 年的试验结果不一致，这可能是因为 2016 年降雨较多，从而不同灌水量处理间差异较小，说明枯水年灌水量对玉米干物质质量影响显著，在丰水年影响不显著。

2015 年玉米收获指数见表 5.8，通过方差分析发现，施用生物炭对玉米收获指数影响显著，相同灌水量下，随着生物炭施用量的增加，玉米收获指数呈先增加后降低的趋势，其中，B30 的收获指数处于较高水平，且 W2B30 最大。灌水量和水-炭耦合作用对玉米收获指数影响不显著。

2016 年玉米收获指数见表 5.9，通过方差分析发现，各处理差异都不显著，灌水、施炭及水-炭耦合对玉米收获指数影响都不显著，这与 2015 年收获指数试验结果不一致，与 2016 年干物质质量结果一致。由上面分析可知，枯水年灌水量对干物质质量影响显著，丰水年影响不显著，而 2015 年生物炭对玉米收获指数影响显著，说明生物炭在枯水年对收获指数影响显著，在丰水年影响不显著，W2B30 收获指数最大。

玉米产量、收获指数及产量构成要素的结果显示，W2B30 均处于最高水平。

上述针对水-炭耦合作用下土壤水热肥状态的分析研究，以及前人的相关研究结果[26-30]表明，生物炭可以改善土壤理化性状，提高作物的水肥利用效率，从而有助于作物各项生理指标的生长发育，本节通过研究得出，生物炭和灌水可以提高作物的株高、茎粗、叶面积指数、干物质质量、产量，Situmeang 等[31]和李昌见[32]等也都得出相同的结果。

5.4 生物炭对土壤温室气体排放规律的影响

5.4.1 不同生物炭处理水平下 CO_2 排放通量特征

如图 5.15（a）所示，从总的趋势来看，2015 年各生物炭处理土壤 CO_2 的排放通量均呈先上升后降低的趋势，前期（6 月 20 日～7 月 6 日）各生物炭处理土壤的 CO_2 排放通量高于 B0，之后各生物炭处理土壤的 CO_2 排放通量基本低于对照（除 8 月 7 日 B30 和 9 月 5 日 B45 外），表明生物炭在施用前期对土壤 CO_2 的排放通量有明显的促进作用，在施用中后期具有一定的抑制作用。B0 的 CO_2 排放通量为 9.240～223.101mg/（$m^2 \cdot h$）；B15 的 CO_2 排放通量为 –1.175～190.237 mg/（$m^2 \cdot h$）；B30 的 CO_2 排放通量为 –7.780～213.265 mg/（$m^2 \cdot h$）；B45 的 CO_2 排放通量为 –69.315～218.343 mg/（$m^2 \cdot h$）。B0、B15、B30 和 B45 的 CO_2 季节平均排放通量分别为 1.692 kg/（$hm^2 \cdot h$）、1.275 kg/（$hm^2 \cdot h$）、1.395 kg/（$hm^2 \cdot h$）、1.318 kg/（$hm^2 \cdot h$），与 B0 相比，B15、B30 和 B45 分别降低了 24.6%、17.6%、22.1%，不同处理间差异显著（$P < 0.05$）。由此可见，添加生物炭可以抑制土壤 CO_2 的排放，其中 B15 的效果最好。

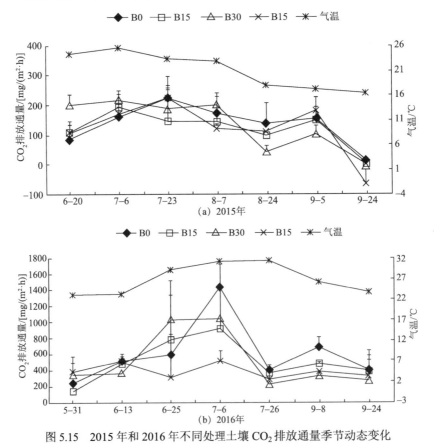

图 5.15 2015 年和 2016 年不同处理土壤 CO_2 排放通量季节动态变化

从图 5.15（b）可知，2016 年各生物炭处理水平下，CO_2 气体排放通量趋势总体与 2015 年一致，呈先增加后降低的趋势，前期（5 月 31 日～6 月 25 日）各处理没有明显规律，之后（7 月 6 日～9 月 24 日）各生物炭处理的 CO_2 排放通量均低于 B0，与 2015 年试验结果一致，表明生物炭在 7 月份以后对土壤 CO_2 排放具有一定的抑制作用。B0 处理下土壤的 CO_2 排放通量为 229.699～1422.673 mg/（$m^2 \cdot h$），B15 处理下土壤的 CO_2 排放通量为 129.234～910.542 mg/（$m^2 \cdot h$）；B30 处理下土壤的 CO_2 排放通量为 214.722～1038.538 mg/（$m^2 \cdot h$）；B45 处理下土壤的 CO_2 排放通量为 283.463～503.377 mg/（$m^2 \cdot h$），各处理 CO_2 排放通量高于 2015 年。B0、B15、B30 和 B45 处理下土壤的 CO_2 季节平均排放通量分别为 6.217 kg/（$hm^2 \cdot h$）、5.020 kg/（$hm^2 \cdot h$）、4.610 kg/（$hm^2 \cdot h$）、3.693 kg/（$hm^2 \cdot h$），与 B0 相比，B15、B30 和 B45 分别降低了 19.26%、25.85%、40.60%，不同处理间差异显著（$P < 0.05$）。由此可知，添加生物炭可以抑制土壤 CO_2 的排放，与 2015 年试验结果一致，表明生物炭在连续监测第二年依然可以抑制 CO_2 的排放，其中 B45 的效果最好。

通过皮尔逊相关性分析发现（表 5.10），2015 年土壤 CO_2 排放通量与土壤表层温度（10 cm）呈极显著正相关，2016 年呈显著正相关，表明土壤表层温度是影响土壤 CO_2 排放通量的因素之一。

表 5.10　CO_2、CH_4 和 N_2O 的排放通量与土壤温度（10 cm）的相关性分析

年份	CO_2 排放通量		CH_4 排放通量		N_2O 排放通量	
	R^2	P	R^2	P	R^2	P
2015	0.730**	0.001	0.506*	0.046	0.225	0.402
2016	0.408*	0.031	0.377*	0.048	0.374	0.050

注：**表示在 $P < 0.01$ 水平（双侧）上显著相关，*表示在 $P < 0.05$ 水平（双侧）上显著相关

研究发现施用生物炭均不同程度地抑制了土壤 CO_2 的排放。相关分析显示，土壤 CO_2 排放通量与土壤温度（10 cm）呈显著正相关，这是因为土壤温度在一定程度上影响土壤微生物呼吸速率，且具有一定的正相关性[33,34]，而浅层土壤温度受大气温度影响较大，因此，土壤 CO_2 的排放通量与大气温度规律一致，从春季到秋季呈先增加后下降的趋势。在 2015 年，6 月 20 日和 7 月 6 日各生物炭处理水平下 CO_2 的排放通量都高于对照处理 B0，一方面可能是施用的生物炭本身携带了大量的易被土壤微生物利用的有机质，从而提高土壤微生物的活性、增强呼吸作用[35,36]，另一方面可能是较低温度裂解生物炭含有不完全转化的纤维素、半纤维素等糖类物质，这些不稳定的糖类物质极易为土壤微生物利用，降低生物炭的固碳潜力，促进土壤 CO_2 释放[8,37]，也可能是生物炭中的更多不稳定成分更易被矿化[8,32,37]。因为生物炭处理土壤 CO_2 季节平均排放通量均小于对照，且 7 月 6 日之后生物炭处理总体上表现为抑制 CO_2 的排放，这可能是后期生物炭促进一些难以被土壤微生物分解的大分子物质形成，如土壤腐殖质、碳水化合物、酯族、芳烃等[38,39]，从而降低微生物对有机碳的利用量，降低微生物量炭[33]，使土壤内碳矿化受到一定的抑制[33]，导致碳矿化速率降低[36]，最终降低土壤 CO_2 的排放通量。在 2016 年，7 月之前土壤 CO_2 的排放通量规律不明显，从 7 月以后，各生物炭处理 CO_2 的排放通量均低于对照，因此，生物炭对土壤 CO_2 的抑制作用是一个长期的效应，在长时间尺度内，生物炭可以起到固碳减排的作用。

5.4.2　不同生物炭处理水平下 CH_4 排放通量特征

图 5.16（a）表示 2015 年不同生物炭处理水平下土壤 CH_4 排放通量，正值为土壤 CH_4 净排放表现为向大气释放 CH_4，负值为 CH_4 净排放表现为土壤吸收大气中的 CH_4。前期 6 月、

7月大气温度较高，随之土壤温度也较高，各处理的土壤CH_4排放通量均较大，变化剧烈，而此阶段正是玉米拔节期和抽雄期，玉米生长较快，说明作物生长较快的时期土壤CH_4排放通量较高，后期由于大气温度逐渐降低，土壤CH_4排放通量变化逐渐趋于平缓，表明灌浆和成熟期土壤CH_4排放总通量较低。B0、B15、B30和B45处理下的土壤CH_4排放通量分别为$-38.88\sim$17.77 μg/($m^2\cdot$h)、$-70.09\sim$13.26 μg/($m^2\cdot$h)、$-52.52\sim0.00$ μg/($m^2\cdot$h)、$43.89\sim74.12$ μg/($m^2\cdot$h)。处理B0、B15、B30和B45处理下的土壤CH_4季节平均排放通量分别为-61.642 mg/（$hm^2\cdot$h）、-221.680 mg/（$hm^2\cdot$h）、-173.834 mg/（$hm^2\cdot$h）、12.281 mg/（$hm^2\cdot$h），与BO相比，B15、B30处理下的土壤CH_4季节平均土壤吸收通量分别增加259.62%和182.01%，B45处理下的$CH4$季节平均土壤排放通量增加119.92%，不同处理间差异显著。由此可知，处理B15、B30促进了土壤对CH_4的吸收，而B45却增加了CH_4向大气的排放，因此，土壤适量添加生物炭有助于生长季土壤$CH4$的吸收，处理B15和B30对CH_4的减排效果较好。

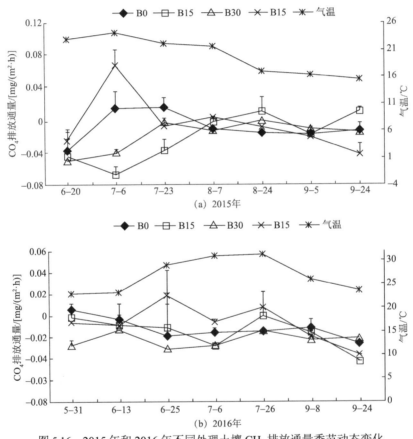

图 5.16　2015 年和 2016 年不同处理土壤 CH_4 排放通量季节动态变化

图 5.16（b）表示 2016 年不同处理土壤 CH_4 排放通量，2016 年 6～7 月玉米正处于拔节期和抽雄期，此时大气温度较高，随之土壤温度也较高，CH_4 排放通量相比其他时间变化剧烈，6 月中旬之前和 8 月之后由于大气温度较低，土壤 CH_4 排放通量变化逐渐趋于平缓，与2015 年类似。通过两年试验结果分析，大气温度及土壤温度是影响土壤 CH_4 排放通量的因素之一，同时也说明作物生长较快的时期（拔节期、抽雄期）土壤 CH_4 排放通量较高，灌浆期和成熟期土壤 CH_4 排放通量较低。B0、B15、B30 和 B45 处理下的土壤 CH_4 排放总通量分别

为−25.36～4.79 μg/（m²·h）、−42.40～−0.64 μg/（m²·h）、−30.64～−12.58 μg/（m²·h）、−36.39～17.82 μg/（m²·h）。2016 年处理 B0、B15、B30 和 B45 的土壤 CH₄ 季节平均排放通量分别为−126.947 mg/（hm²·h）、−131.321 mg/（hm²·h）、−208.630 mg/（hm²·h）、−60.257 mg/（hm²·h），与 B0 相比，B15、B30 处理下的土壤 CH₄ 季节平均土壤吸收通量分别增加 3.44%和 63.34%，B45 的 CH₄ 季节平均土壤吸收通量减少 52.53%，不同处理间差异显著。由此可知，处理 B15、B30 促进了土壤对 CH₄ 的吸收，B45 却增加了 CH₄ 的排放，与 2015 年试验结果一致。两年试验结果表明，添加适量生物炭在第二年依然可以抑制土壤 CH₄ 排放，处理 B15 和 B30 对 CH₄ 的减排效果较好。

通过皮尔逊相关性分析发现（表 5.10），2015 年和 2016 年土壤 CH₄ 的排放通量与土壤温度（10 cm）具有一定的正相关性。

CH₄ 的排放是土壤中产甲烷菌和甲烷氧化菌综合作用的结果[40]。通过相关性分析可知，CH₄ 的吸收或排放通量与土壤表层温度（10 cm）呈正相关，这与马秀芝等[41]的研究结果一致，这可能是因为土壤温度影响土壤微生物的活性和相关酶的活性。与 BO 相比，B15 和 B30 显著抑制了土壤 CH₄ 的平均排放通量，原因可能是生物炭本身巨大的比表面积和复杂的结构，施入土壤后，减小土壤的容重、改善土壤的通气性和持水能力，为甲烷氧化菌提供充足的氧气和生存条件，促进 CH₄ 的氧化[4,33-42]，破坏了产甲烷菌的厌氧环境[39-40,42-45]。较高生物炭施用量（45 t/hm²）增加了 CH₄ 的平均排放通量，这与张祥等[46]的研究结果一致，一方面可能是因为较高的外加碳源改变了微生物的群落和活性，减弱 CH₄ 的氧化速率，从而增加 CH₄ 的净排放；另一方面可能是因为较高的生物炭处理含有较高的铵态氮[47]，参与 CH₄ 氧化的关键酶是 CH₄ 单氧化酶，而较高浓度的氨与甲烷氧化菌对这种酶的竞争将导致甲烷氧化菌的生长受到抑制，使 CH₄ 的氧化量降低[48]，从而增加 CH₄ 的排放量。

5.4.3 不同生物炭处理水平下 N₂O 排放通量特征

2015 年土壤 N₂O 排放通量如图 5.17（a）所示，正值为土壤向大气排放 N₂O，负值为土壤吸收大气中的 N₂O，对照处理的土壤 N₂O 排放通量均为正值，生物炭处理的土壤 N₂O 排放通量有正有负，表明施用生物炭对土壤 N₂O 的排放产生一定的抑制作用。各生物炭处理土壤 N₂O 的排放前期抑制效果较弱，后期逐渐增强，这可能是因为生物炭对土壤的改善是一个缓慢的过程。B0、B15、B30 和 B45 处理下的土壤 N₂O 排放通量分别为：1.79～20.58 μg/（m²·h）、−7.16～15.61 μg/（m²·h）、−15.87～9.18 μg/（m²·h）、−27.57～6.94 μg/（m²·h）。随着生物炭施入量的增加，土壤 N₂O 季节平均总排放通量逐渐减小，抑制效应持续增强，B0、B15、B30 和 B45 处理下的土壤 N₂O 季节平均排放通量分别为 106.065 mg/（hm²·h）、30.549 mg/（hm²·h）、−8.857 mg/（hm²·h）、−10.981 mg/（hm²·h），与 BO 相比，处理 B15、B30 和 B45 的土壤 N₂O 季节平均向外界排放通量分别减少 71.20%、108.35%、110.35%。

如图 5.17（b）所示，2016 年各处理土壤 N₂O 的排放通量均为正值（除 9 月 24 日 B30 之外），表现为向外界环境排放，整体表现为先升高后降低，但各生物炭处理均低于对照 B0，表明，生物炭在施用的第二年依然可以抑制土壤 N₂O 的排放，与 2015 年试验结果一致。在 6 月 25 日之前，各处理土壤 N₂O 的排放通量变化剧烈，为 0.94～140.11 μg/（m²·h），可能是来自于播种时施入的底肥作用，之后变化平缓，为−1.33～43.48 μg/（m²·h），与 2015 年 6 月 20 日之后的变化 [−15.87～20.58 μg/（m²·h]跨度相差不大。B0、B15、B30 和 B45 处理

下的土壤 N_2O 排放通量分别为 1.79～20.58 μg/（m^2·h）、–7.16～15.61 μg/（m^2·h）、–15.87～9.18 μg/（m^2·h）、–27.57～6.94 μg/（m^2·h）。B0、B15、B30 和 B45 处理下的土壤 N_2O 季节总平均排放通量分别为 380.958 mg/（hm^2·h）、214.776 mg/（hm^2·h）、202.690 mg/（hm^2·h）、233.547 mg/（hm^2·h），与 B0 相比，B15、B30 和 B45 处理下的土壤 N_2O 季节平均排放通量分别降低 43.62%、46.79%、38.69%。

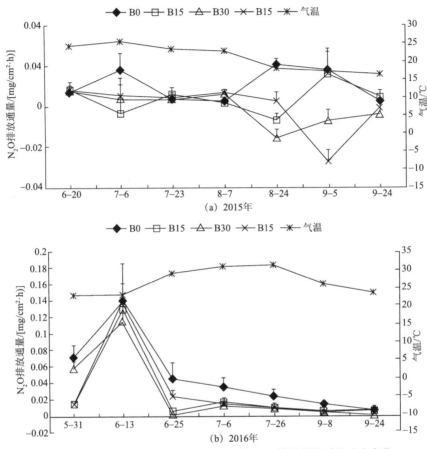

图 5.17　2015 年和 2016 年不同处理土壤 N_2O 排放通量季节动态变化

通过对土壤 N_2O 的排放通量与土壤表层温度的皮尔逊相关性分析得出，两者在 2015 年和 2016 年不具有相关性（表 5.10）。

土壤 N_2O 的形成主要是在土壤微生物的参与下，通过硝化与反硝化作用产生的。由相关性分析可知，N_2O 的排放通量与土壤表层温度（10 cm）不具有相关性，原因可能是试验区的地温变化范围不在硝化与反硝化作用敏感范围内，或者其他的因素对 N_2O 排放影响更大。Liu 等[49]通过研究指出随着生物炭施用量的增加，生物炭对土壤 N_2O 的减排效果逐渐增强，这与本节结果一致（B15、B30）。出现这种现象的原因为：生物炭施入土壤后，降低土壤的容重，改善土壤的通气性，且生物炭本身较高的 C/N，抑制氮素微生物的转化与反硝化作用[44]；生物炭增大土壤的阳离子交换量，加上生物炭本身巨大的比表面积，可以吸附更多容易导致 N_2O 增排的 NH_4^+-N、NO_3^--N 和磷酸盐[19,50]；生物炭含有的某些成分抑制 NO_3^--N 向 N_2O 转化关键酶的活性，或者是促进 N_2O 向 N_2 转化还原酶的活性[20-21]，最终减少土壤 N_2O 的排放。

5.4.4 生物炭对温室气体累积排放量、排放强度和全球增温潜势及温室气体排放强度的影响

如表 5.11 所示，对于 CO_2 和 N_2O，2015 年和 2016 年得到相同的结果，施用生物炭后它们的季节累计排放总量均减少，对照处理 B15、B30、B45 在 2015 年分别下降 24.7%、17.6%、22.1 和 71.1%、108.3%、110.4%，在 2016 年分别下降 19.26%、25.85%、40.60% 和 43.62%、46.79%、38.69%，差异性显著。表明适量生物炭不仅在第一年对土壤 CO_2 和 N_2O 的排放有一定的抑制作用，在第二年仍然有一定的抑制作用。对于 CH_4，2015 年和 2016 年 B0、B15 和 B30 处理的季节累计排放总量均为负值，土壤表现为对 CH_4 的吸收，且 B15 和 B30 处理的吸收量高于 B0，2015 年分别高出 260% 和 182.6%，2016 年高出 3.44% 和 64.34%，但是 2015 年和 2016 年处理 B45 的季节累计排放总量高于 B0，2015 年土壤表现为对 CH_4 的排放，2016 年表现为吸收，与 B0 相比，处理 B45 促进 CH_4 的排放，各处理差异性显著，因此，适量地施加生物炭有助于土壤对 CH_4 的吸收，2015 年和 2016 年得到一致的试验结果。

表 5.11　2015 年和 2016 年不同处理土壤温室气体排放总量、全球增温潜势、产量和温室气体排放强度

年份	处理	产量 / (t/hm²)	温室气体季节累计排放总量			100a 全球增温潜势 (N_2O+CH_4) / (kg/hm²)	温室气体排放强度/ (kg/t)
			CO_2 / (kg/hm²)	N_2O/ (kg/hm²)	CH_4/ (kg/hm²)		
2015	B0	14.166b	5 360.904a	0.336a	−0.195a	95.250a	6.724a
	B15	15.056a	4 038.770b	0.097b	−0.702b	11.283b	0.749b
	B30	15.204a	4 419.148c	−0.028b	−0.551c	−22.129c	−1.455c
	B45	14.413b	4 174.782d	−0.035c	0.039d	−9.394d	−0.002d
2016	B0	11.757c	19 696.27a	1.207a	−0.402b	349.595a	29.736a
	B15	11.930c	15 902.66ab	0.680c	−0.416bc	192.362c	16.124c
	B30	12.648a	14 604.408bc	0.642c	−0.661c	174.829c	13.823c
	B45	12.133c	11 699.65c	0.740b	−0.191a	215.711b	17.779b

注：表列数值后不同字母表示在 $P<0.05$ 上差异显著

根据各处理 N_2O 和 CH_4 的季节排放总量，计算出 100a 尺度下 CH_4 和 N_2O 的全球增温潜势（global warming potential，GWP）（表 5.11），2015 年和 2016 年处理 B15、B30 和 B45 的 GWP 均小于 B0，其中 2015 年处理 B30 和 B45 的 GWP 为负值，不具有增温效应，2016 年各处理均为正值。处理 B15、B30 和 B45 的 GWP 相比 B0，2015 年分别降低 88.2%、123.2%、109.9%，2016 年分别降低 44.98%、49.99%、38.30%，各处理间差异性显著，表明施用生物炭可以降低 GWP，其中，B30 降幅最大。GWP 的公式为

$$GWP = 298E_{c-N_2O} + 25E_{c-CH_4} \qquad (5.1)$$

式中：E_{c-N_2O} 为 N_2O 的季节累积排放量，kg/hm^2；E_{c-CH_4} 为 CH_4 的季节累积排放量，kg/hm^2。

适量的生物炭可以有效地降低玉米农田的温室气体排放强度（greenhouse gas intensity，GHGI）。根据玉米产量和 GWP 计算出 GHGI。GHGI 公式为

$$GHGI= GWP/Y \qquad (5.2)$$

式中：Y 为单位面积的产量，t/hm^2。

GHGI 越低，表明单位经济产出的温室气体排放量越少。如表 5.11 所示，2015 年和 2016 年各处理中温室气体排放强度最低的为 B30，3 个生物炭处理均低于 B0，且各处理间差异显著，处理 B15、B30 和 B45 的温室气体排放强度相比 B0，2015 年分别降低 88.86%、121.6%、100.03%，2016 年分别降低 45.78%、53.51%、40.21%。虽然 2016 年与 2015 年相比各处理均有所增加，但年内各处理间相比，施用生物炭的土壤会比不施用的土壤温室气体排放量要低很多。

CH_4 和 N_2O 是重要的温室气体，单位质量 CH_4 和 N_2O 的全球增温潜势在 100a 时间尺度上分别为 CO_2 的 25 倍和 298 倍，本节发现，添加生物炭后均显著降低了 CH_4 和 N_2O 的综合增温效应，张斌等[22]研究也得出，施用生物炭可显著降低 CH_4 和 N_2O 的全球增温效应排放强度，其中 B30 的 GHGI 最小，原因是 B30 的 CH_4 和 N_2O 的 GWP 最小，产量最大。因此，综合考虑环境效益和经济效益，$30t/hm^2$ 的初次生物炭施用量是比较合适的选择，次年是否再补充施用及补充施用量应为多少，目前还不能得出确切的结论。

5.5 玉米肥料利用效率分析及经济效益评价

5.5.1 玉米肥料利用效率分析

肥料是重要的农业生产资料，科学评价肥料施用效果，对于改进施肥技术，提高肥料资源利用效率，实现农业增产增效，保障农业可持续发展具有十分重要的意义。这里采用肥料偏生产力指标评价肥料利用效率。

肥料偏生产力（partial factor productivity，PFP）是指施用某一特定肥料下的作物产量与施肥量的比值。它是反映当地土壤基础养分水平和化肥施用量综合效应的重要指标。表达式为

$$PFP=Y/F \qquad (5.3)$$

式中：PFP 为肥料偏生产力，kg/kg；Y 为施用肥料下作物的产量，kg/hm^2；F 为肥料纯养分投入量，kg/hm^2。

从表 5.12 可知，在 2015 年和 2016 年，基于不同的灌水下限施用生物炭均不同程度地提高了氮、磷、钾肥的肥料利用率。在灌水下限为 $-35kPa$ 时，2015 年和 2016 年各处理的氮、磷、钾的肥料利用率从大到小均为 B15、B30、B45、B0，相比对照各处理氮肥利用率依次增加 9.62%、7.45%、5.73% 和 6.67%、4.09%、2.55%。当灌水下限为 $-25kpa$ 时，2015 年和 2016 年各处理的氮、磷、钾的肥料利用率从大到小均为 B30、B15、B45、B0，相比对照各处理氮肥利用率依次增加 7.33%、6.29%、1.75% 和 10.84%、1.48%、3.20%。当灌水下限为 $-15 kPa$ 时，2015 年和 2016 年各处理的氮、磷、钾的肥料利用率从大到小均为 B15、B30、B45、B0，相比对照各处理氮肥利用率依次增加 11.08%、2.40%、1.98% 和 8.93%、6.75%、3.45%。对于磷、钾肥的利用效率与对照相比的相差，均与同一处理的氮肥利用效率一样，因为所有处

理施肥量一致，肥料利用率的相差，实际就是产量的相差。对于不同的灌水下限，2015 年和 2016 年相同灌水处理经济效益最大的生物炭处理在不同的灌水下限处理中从大到小依次为 W2B30、W3B15、W1B15，原因是所有处理施肥量一致。因此，本节肥料利用率的大小取决于各处理产量的大小，2015 年和 2016 年试验结果均表明 30 t/hm² 生物炭处理产量最高，灌水下限–25 kpa，生物炭施用量 30 t/hm² 可以达到最大的肥料利用潜力。2016 年相比 2015 年氮、磷、钾肥料利用率低，原因是 2016 年产量低于 2015 年。

表 5.12　2015 年和 2016 年不同处理肥料利用率

处理		氮肥利用率		磷肥利用率		钾肥利用率	
		2015 年	2016 年	2015 年	2016 年	2015 年	2016 年
W1-35kPa	W1B0	35.41	35.02	62.45	61.76	711.98	704.05
	W1B15	42.94	37.35	75.73	65.88	863.32	751.00
	W1B30	42.09	36.45	74.22	64.29	846.16	732.86
	W1B45	41.42	35.91	73.04	63.33	832.66	722.01
W2-25kPa	W2B0	37.21	34.65	65.62	61.11	748.08	696.69
	W2B15	44.38	35.17	78.27	62.02	892.23	706.98
	W2B30	44.82	38.41	79.04	67.74	901.00	772.18
	W2B45	42.48	35.76	74.92	63.07	854.11	719.01
W3-15kPa	W3B0	37.73	35.08	66.54	61.87	758.61	705.34
	W3B15	44.01	38.22	77.62	67.40	884.84	768.36
	W3B30	42.84	37.45	75.55	66.05	861.24	752.98
	W3B45	42.66	36.29	75.24	64.00	857.72	729.65

5.5.2　经济效益评价

经济效益是衡量支出与收入、评价农业与经济的综合指标。在农业生产中如何运用最小的投入获得最大的产出是农民颇为关心的问题，关乎农民的切身利益，也是农业可持续发展的基础。

1. 成本投入分析

玉米从播种到收获，主要的投入包含农机费用、各种材料费用、田间管理费和水电费，不同处理的产量主要是玉米籽粒。

从表 5.13 中的统计数据可知，2015 年不同处理投入的差异主要表现在农机费用、生物炭材料和水电费上，对照组由于没有添加生物炭，所以在农机费用、生物炭材料上节省了投入，在相同的灌水下限，不同的生物炭施用水平，随着生物炭施用量的增加，投入也在增加；在不同的灌水下限，同一生物炭施用水平上，随着灌溉水量的增加，投入也在增加。因此，从投入的角度来看，施用生物炭及较高的生物炭施用量和相对高的灌溉水量会增加投入。

2016 年没有继续施入生物炭，而是继续在 2015 年基础上试验，因此，成本投入中节省了农机费和人工费，见表 5.14，2016 年成本投入差异的主要原因就是因灌水不同而导致的水电费用，其他成本费用均相同。

表 5.13　2015 年不同处理成本投入　　　　　　（单位：元/hm^2）

处理	农机和人工费		材料费					田间管理费	水电费	合计
	翻地+平地	施生物炭	地膜	化肥种子	滴灌带	农药	生物炭			
W1B0	1 200	0	450	3 600	1 950	375	0.0	1 350	240	9 165.0
W1B15	1 200	525	450	3 600	1 950	375	1 069.5	1 350	240	10 759.5
W1B30	1 200	525	450	3 600	1 950	375	2 137.5	1 350	240	11 827.5
W1B45	1 200	525	450	3 600	1 950	375	3 207.0	1 350	240	12 897.0
W2B0	1 200	0	450	3 600	1 950	375	0.0	1 350	270	9 195.0
W2B15	1 200	525	450	3 600	1 950	375	1 069.5	1 350	270	10 789.5
W2B30	1 200	525	450	3 600	1 950	375	2 137.5	1 350	270	11 857.5
W2B45	1 200	525	450	3 600	1 950	375	3 207.0	1 350	270	12 927.0
W3B0	1 200	0	450	3 600	1 950	375	0.0	1 350	315	9 240.0
W3B15	1 200	525	450	3 600	1 950	375	1 069.5	1 350	315	10 834.5
W3B30	1 200	525	450	3 600	1 950	375	2 137.5	1 350	315	11 902.5
W3B45	1 200	525	450	3 600	1 950	375	3 207.0	1 350	315	12 972.0

表 5.14　2016 年不同处理成本投入　　　　　　（单位：元/hm^2）

处理	材料费				田间管理费	水电费	合计
	地膜	化肥种子	滴灌带	农药			
W1B0	450	3 600	1 950	375	1 350	240	7 965
W1B15	450	3 600	1 950	375	1 350	240	7 965
W1B30	450	3 600	1 950	375	1 350	240	7 965
W1B45	450	3 600	1 950	375	1 350	240	7 965
W2B0	450	3 600	1 950	375	1 350	270	7 995
W2B15	450	3 600	1 950	375	1 350	270	7 995
W2B30	450	3 600	1 950	375	1 350	270	7 995
W2B45	450	3 600	1 950	375	1 350	270	7 995
W3B0	450	3 600	1 950	375	1 350	315	8 040
W3B15	450	3 600	1 950	375	1 350	315	8 040
W3B30	450	3 600	1 950	375	1 350	315	8 040
W3B45	450	3 600	1 950	375	1 350	315	8 040

2. 经济收益分析

从表 5.15 可知，2015 年对于不同的灌水下限，添加 15 t/hm^2 生物炭相比对照均较大幅度地提高了玉米的经济效益，从大到小依次为–25 kPa、–15 kPa、–35 kPa 处理。在 2016 年（表5.16），当灌水下限为–15 kPa 和–35 kPa 时，施用 15t/hm^2 生物炭经济效益最大，当灌水下限为–25 kPa 时，施用 30 t/hm^2 生物炭经济效益最大。相同灌水量经济效益最大处理，在不同的灌水下限处理中从大到小依次为 W2B30、W3B15、W1B15，通过两年试验结果得出，灌水下限–25 kPa，生物炭施用量 15 t/hm^2 和 30 t/hm^2 均可以较大限度地提高经济效益。当施用生物炭 45 t/hm^2 时，在 2015 年，添加高量生物炭后成本提高，产出收益又不足以补偿多出的成本投入，导致经济效益相比施少量生物炭处理有所降低。但是随着生物炭的逐步普及，生产生物炭技术的逐渐成熟，生物炭成本可能会逐渐降低，且添加生物炭可以减少农田温室气体排放，可以改善土壤理化性状，提高水肥利用效率，生物炭的效益会得到逐步的提升。然而并不是生物炭施用量越多越好，依据由实验结果得出的合理的灌水量、合理的生物炭施入量才能达到经济效益的最大化。

表 5.15   2015 年不同处理经济效益

处理	产量/（kg/hm^2）	单价/（元/kg）	产出/（元/hm^2）	投入成本/（元/hm^2）	经济效益/（元/hm^2）	生物炭效益/（元/hm^2）
W1B0	12 014.64	2.40	28 835.14	9 165.00	19 670.14	0.00
W1B15	14 568.48	2.40	34 964.34	10 759.50	24 204.84	4 534.70
W1B30	14 279.00	2.40	34 269.60	11 827.50	22 442.10	2 771.96
W1B45	14 051.16	2.40	33 722.78	12 897.00	20 825.78	1 155.64
W2B0	12 623.89	2.40	30 297.33	9 195.00	21 102.33	0.00
W2B15	15 056.43	2.40	36 135.43	10 789.50	25 345.93	4 243.59
W2B30	15 204.42	2.40	36 490.61	11 857.50	24 633.11	3 530.78
W2B45	14 413.19	2.40	34 591.65	12 927.00	21 664.65	562.32
W3B0	12 801.48	2.40	30 723.56	9240.00	21 483.56	0.00
W3B15	14 931.68	2.40	35 836.02	10 834.50	25 001.52	3 517.97
W3B30	14 533.38	2.40	34 880.11	11 902.50	22 977.61	1 494.05
W3B45	14 474.06	2.40	34 737.75	12 972.00	21 765.75	282.20

表 5.16   2016 年不同处理经济效益

处理	产量/（kg/hm^2）	单价/（元/kg）	产出/（元/hm^2）	投入成本/（元/hm^2）	经济效益/（元/hm^2）	生物炭效益/（元/hm^2）
W1B0	11 880.87	2.40	28 514.08	7 965.00	20 549.08	0.00
W1B15	12 673.10	2.40	30 415.44	7 965.00	22 450.44	1 901.36
W1B30	12 367.03	2.40	29 680.88	7 965.00	21 715.88	1 166.79
W1B45	12 183.96	2.40	29 241.50	7 965.00	21 276.50	727.42
W2B0	11 756.63	2.40	28 215.90	7 995.00	20 220.90	0.00
W2B15	11 930.33	2.40	28 632.79	7 995.00	20 637.79	416.89
W2B30	13 030.56	2.40	31 273.34	7 995.00	23 278.34	3 057.44
W2B45	12 133.23	2.40	29 119.75	7 995.00	21 124.75	903.85
W3B0	11 902.67	2.40	28 566.40	8 040.00	20 526.40	0.00
W3B15	12 966.04	2.40	31 118.49	8 040.00	23 078.49	2 552.10
W3B30	12 706.55	2.40	30 495.72	8 040.00	22 455.72	1 929.33
W3B45	12 312.82	2.40	29 550.78	8 040.00	21 510.78	984.38

在 2015 年，相比不施用生物炭，施用生物炭后每公顷净收益增加 282.2～4 534.7 元/hm^2，

2016 年净收益增加 727.42～3 057.44 元/hm², 虽然单从投入的角度看生物炭的施用增加了成本, 但是生物炭的施入增加了玉米的产量, 且增加的产量所带来的经济效益远远高于投入的增加, 因此, 合理的生物炭施用有利于农民的增产增收。

5.6 本章小结

本章以内蒙古河套灌区为试验地, 基于膜下滴灌, 进行不同生物炭施用量和不同灌水下限耦合作用下对土壤理化性质、玉米生长发育和产量、农田 CO_2、CH_4、N_2O 的排放及其排放强度的研究, 最后分析、评价玉米的水肥利用效率及经济效益, 主要得出以下结论。

（1）施用生物炭显著提高耕层土壤含水率、电导率、碱解氮、速效钾、有机质和速效磷含量。

（2）生物炭在生育前期有助于提高土壤表层温度, 生育后期增温效应不明显; 灌水量在三叶期显著影响土壤表层温度。

（3）不同灌水和施炭量可分别提高玉米株高、茎粗、叶面积指数, 影响显著, 水-炭耦合作用基本不显著。

（4）施用生物炭可提高玉米产量、干物质累积量和收获指数, 水-炭交互作用不显著。

（5）适量施炭量显著减少玉米农田 CO_2、N_2O 和 CH_4 的季节累计排放总量, 进而降低玉米农田土壤 CH_4 和 N_2O 的全球增温潜势, 最终降低温室气体排放强度, 降幅都达 40%以上。

（6）基于不同的灌水下限施用生物炭均不同程度地提高了氮、磷、钾肥的肥料利用率, 相差分别为 6.67%～11.08%、1.48%～7.45%、1.75%～5.73%。

（7）2015 年, 相比不施生物炭, 施用生物炭后每公顷净收益增加 282.2～4534.7 元, 2016 年每公顷净收益增加 727.42～3057.44 元 。

综上所述, 生物炭具有保水、保温、保肥、促进作物生长发育、提高产量、减排等特性, 这对生物炭的广泛利用和农业可持续发展具有重要意义, 灌水下限–25 kPa、施炭量 15 t/hm²、30 t/hm² 是较优的水-炭组合。

参 考 文 献

[1] 尚杰, 耿增超, 赵军, 等. 生物炭对垆土水热特性及团聚体稳定性的影响. 应用生态学报, 2015, 26(7): 1969-1976.

[2] EDWARD Y, OHENE A B, OBOSU E S, et al. Biochar for soil management: Effect on soil available N and soil water storage. Journal of Life Sciences, 2013, 7(2): 202-209.

[3] 王浩, 焦晓燕, 王劲松, 等. 生物炭对土壤水分特征及水胁迫条件下高粱生长的影响. 水土保持学报, 2015, 29(2): 253-257.

[4] 高海英, 何绪生, 耿增超, 等. 生物炭及炭基氮肥对土壤持水性能影响的研究. 中国农学通报, 2011, 27(24): 207-213.

[5] 武玉, 徐刚, 吕迎春, 等. 生物炭对土壤理化性质影响的研究进展. 地球科学进展, 2014, 29(1): 68-79.

[6] BRIGGS C M. Contributions of pinus ponderosa charcoal to soil chemical and physical properties. The ASACSSA- SSSA International Annual Meetings Salt Lake City, USA, 2005.

[7] POST D F, FIMBRES A, MATTHIAS A D, et al. Predicting soil albedo from soil color and spectral reflectance data. Soil Science Society of America Journal, 2000, 64: 1027-1034

[8] 慕平, 张恩和, 王汉宁, 等. 连续多年秸秆还田对玉米耕层土壤理化性状及微生物量的影响. 水土保持学报, 2011, 25(5): 81-85.

[9] 勾芒芒, 屈忠义. 生物炭对改善土壤理化性质及作物产量影响的研究进展. 中国土壤与肥料, 2013(5): 1-5.

[10] 袁金华, 徐仁扣. 生物质炭的性质及其对土壤环境功能影响的研究进展. 生态环境学报, 2011, 20(4): 779-785.

[11] ZHANG J, CHEN G, SUN H, et al. Straw biochar hastens organic matter degradation and produces nutrient-rich compost. Bioresource Technology, 2016, 200: 876-883.

[12] 陈红霞, 杜章留, 郭伟, 等. 施用生物炭对华北平原农田土壤容重、阳离子交换量和颗粒有机质含量的影响. 应用生态学报, 2011, 22(11): 2930-2934.

[13] 勾芒芒, 屈忠义, 杨晓, 等. 生物炭对砂壤土节水保肥及番茄产量的影响研究. 农业机械学报, 2014, 45(1): 137-142.

[14] 周桂玉, 窦森, 刘世杰. 生物质炭结构性质及其对土壤有效养分和腐殖质组成的影响. 农业环境科学学报, 2011, 30(10): 2075-2080.

[15] 何绪生, 耿增超, 佘雕, 等. 生物炭生产与农用的意义及国内外动态. 农业工程学报, 2011, 27(2): 1-7.

[16] GAUNT J L, LEHMANN J. Energy balance and emissions associated with biochar sequestration and pyrolysis bioenergy production. Environmental Science and Technology, 2008, 42(11): 4152-4158.

[17] 张文玲, 李桂花, 高卫东. 生物质炭对土壤性状和作物产量的影响. 中国农学通报, 2009, 25(17): 153-157.

[18] 申宇. 内蒙古玉米价格波动及其影响因素研究. 呼和浩特: 内蒙古农业大学, 2016.

[19] 邬刚. 不同施肥模式下施用生物黑炭对雨养旱地土壤性质、玉米生长和温室气体排放影响的研究. 南京, 南京农业大学, 2012.

[20] 刘艳. 模拟增温对农田土壤呼吸、硝化及反硝化作用的影响. 南京, 南京信息工程大学, 2013.

[21] 高德才, 张蕾, 刘强, 等. 生物黑炭对旱地土壤 CO_2、CH_4、N_2O 排放及其环境效益的影响. 生态学报, 2015, 35(11): 3615-3624.

[22] 张斌, 刘晓雨, 潘根兴, 等. 施用生物质炭后稻田土壤性质、水稻产量和痕量温室气体排放的变化. 中国农业科学, 2012, 45(23): 4844-4853.

[23] 艾先涛, 李雪源, 孙国清, 等. 新疆棉花膜下滴灌技术研究与存在问题. 新疆农业大学学报, 2004(S1), 69-71.

[24] 顾烈烽. 新疆生产建设兵团棉花膜下滴灌技术的形成与发展. 节水灌溉, 2003(1): 27-29.

[25] 刘洋, 栗岩峰, 李久生, 等. 东北半湿润区膜下滴灌对农田水热和玉米产量的影响. 农业机械学报, 2015, 46(10): 93-104+135.

[26] 刘艳慧. 内蒙古水资源供求状况分析及评价. 内蒙古统计, 2008(2): 21-22.

[27] BUSSCHER W J, NOVAK J M, EVANS D E, et al. Influence of pecan biochar on physical properties of a Norfolk loamy sand. Soil Science, 2010, 175(1): 10-14.

[28] OGUNTUNDE P G, ABIODUN B, AJAYI A E, et al. Effects of charcoal production on soil physical properties in Ghana. Journal of Plant Nutrition and Soil Science, 2008, 171(4): 591-596.

[29] 秦晓波, 李玉娥, WANG H, 等. 生物质炭添加对华南双季稻田碳排放强度的影响. 农业工程学报, 2015, 31(5): 226-234.

[30] ANGST T E, SIX J, REAY D S, et al. Impact of pine chip biochar on trace greenhouse gas emissions and soil nutrient dynamics in an annual ryegrass system in California. Agriculture Ecosystems and Environment, 2014, 191: 17-26.

[31] SITUMEANG Y P, ADNYANA M, SUBADIYASA N N, et al. Effect of dose biochar bam boo, compost, and phonska on growth of Maize(*Zea mays* L.)in dryland. International Journal on Advanced Science, Engineering and Information Technology, 2015, 5(6): 433-439.

[32] 李昌见. 生物炭对砂壤土理化性质及番茄生长性状的影响及其关键应用技术研究. 呼和浩特: 内蒙古农业大学, 2015.

[33] 陈温福, 张伟明, 孟军. 农用生物炭研究进展与前景. 中国农业科学, 2013, 46(16): 3324-3333.

[34] Goldberg E D. Black Carbon in the Environment: Properties and Distribution. New York: John Wiley, 1985.

[35] 简敏菲, 高凯芳, 余厚平. 不同裂解温度对水稻秸秆制备生物炭及其特性的影响. 环境科学学报, 2016, 36(5): 1757-1765.

[36] 孔露露, 周启星. 新制备生物炭的特性表征及其对石油烃污染土壤的吸附效果. 环境工程学报, 2015, 9(5): 2462-2468.

[37] 罗烨. 芦竹制备生物炭的特性表征及对土壤N₂O排放的抑制. 青岛: 中国海洋大学, 2012.

[38] MARRIS E. Putting the carbon back: black is the new green. Nature, 2006, 442: 624-626.

[39] Tenenbaum D J. Biochar: carbon mitigation from the ground up. Environmental Health Perspectives, 2009, 117(2): 70-73.

[40] 田丹. 生物炭对不同质地土壤结构及水力特征参数影响试验研究. 呼和浩特: 内蒙古农业大学, 2013.

[41] 马秀枝, 张秋良, 李长生, 等. 寒温带兴安落叶松林土壤温室气体通量的时间变异. 应用生态学报, 2012, 23(8): 2151-2153.

[42] TRYON E H. Effect of charcoal on certain physical, chemical, and biological properties of forest soils. Ecological Monographs, 1948, 18(1): 81-115.

[43] BOND T C, SUN H. Can reducing black carbon emissions counteract global warming. Environmental Science and Technology, 2005, 39(16): 5921-5926.

[44] BORNEMANN L C, KOOKANA R S, WELP G. Differential sorption behaviour of aromatic hydrocarbons on charcoals prepared at different temperatures from grass and wood. Chemosphere, 2007, 67 (5): 1033-1042.

[45] CHENG C H, LEHMANN J, THIES J E, et al. Oxidation of black carbon by biotic and abiotic processes. Organic Geochemistry, 2006, 37 (11): 1477-1488.

[46] 张祥. 花生壳生物炭改良酸性土壤的效应及其对脐橙苗生长的影响. 武汉: 华中农业大学, 2014.

[47] CHINTALA R, SCHUMACHER T E, MCDONALD L M, et al. Phosphorus sorption and availability from biochars and soil-biochar mixtures. Clean-Soil Air Water, 2014, 42(5): 626-634.

[48] 曾爱, 廖允成, 张俊丽, 等. 生物炭对塿土土壤含水量、有机碳及速效养分含量的影响. 农业环境科学学报, 2013, 32(5): 1009-1013.

[49] LIU X Y, QV J J, LIU Q, et al. Can biochar amendment be an ecological engineering technology to depress N₂O emission in rice paddies? —Across site field experiment from South China. Ecological Engineering, 2012, 42: 168-173.

[50] Intergovernmental Panel on Climate Change. Climate Change 2007—the Physical Science Basis: Working Group I Contribution to the Fourth Assessment Report of the IPCC. Cambridge: Cambridge University Press, 2007.

第6章 生物炭肥对土壤性质、玉米生长及水肥利用效率的影响

生物炭作为肥料载体,与肥料复合制备成为生物炭肥,不仅能弥补了生物炭养分不足的缺陷,而且可以赋予肥料缓释功能,提高肥效,在供给作物养分的同时,实现生物炭对土壤的改良功能和固碳作用。

6.1 试 验 设 计

试验共设置 5 个处理,以当地常规施肥作为 CK 对照样,见表 6.1;C1、C2、C3 三个生物炭肥处理,其中 C3 与 CK 等养分,C2、C1 分别为 CK 养分的 70%、40%;另设置一个不施肥的空白处理 C0。

表 6.1 各处理养分投入量 （单位：kg/hm²）

处理	基肥			追肥
	N	P₂O₅	K₂O	N
C0	0	0	0	0
C1	126	45	45	0
C2	210	75	75	0
C3	294	105	105	0
CK	87	105	105	207

6.2 生物炭肥对土壤水-热变化特征的影响

农田土壤水热条件,影响着作物的生长水平,为了研究施用生物炭肥是否能够改善土壤水-热状况,本节通过对土壤容重、土壤体积含水率和耕作层土壤温度的监测和对比,分析生物炭肥对土壤水-热特征的影响。

6.2.1 生物炭肥对 0~20 cm 土层土壤容重的影响

土壤容重是土壤重要的物理性质之一,不仅影响土壤孔隙度与孔隙大小的分配及土壤水-肥-气-热变化,而且影响植物生长及根系在土壤中的穿插和活力大小[1]。土壤容重也是评价土壤持水能力的指标。

在 2013 年试验结束后分别在不同处理的小区内,对农田耕层 0~20 cm 深度的土壤进行环刀取样,分析不同处理间容重的变化。如图 6.1 所示,各处理土壤容重大小顺序为 CK>C1>

C2＞C3，表明施用生物炭肥可在一定程度上降低土壤容重，并且随着生物炭肥施用量的增加，容重呈逐渐降低趋势。通过相关分析，生物炭肥施用量和土壤容重呈现显著的负相关性，相关系数为–0.913（$n = 15$，$P＜0.05$）。

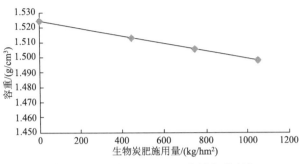

图 6.1　不同处理 0～20 cm 土壤容重变化

通常认为，生物炭降低土壤容重主要有两方面因素，一是依靠生物炭自身比表面积大、多孔隙和质量轻的特点，增加土壤孔隙从而降低容重；二是生物炭可以促进微生物的活动，进而有利于土壤团粒结构的形成，使得容重降低。虽然各处理间未表现出显著的差异性，但是生物炭肥对于土壤容重的改变可能是一个长期的过程。试验使用的是生物炭肥，不可能像单独施用生物炭一样大量施入，因此，根据试验结果预测，若长期使用生物炭肥，随着土壤中的生物炭含量不断积累增多，对降低土壤容重、改善土壤结构和土壤微生态环境有重要作用。

6.2.2　生物炭肥对土壤含水率的影响

为了更好地反映不同处理间土壤含水率的动态变化，采用烘干法和 TDR（时域反射计，time domain reflectometry）法相结合的方式，对土壤体积含水量进行监测。在使用 TDR 前对其进行校准，通过相关分析得到 $R^2=0.88$（$n=120$，$P＜0.05$），因此，使用 TDR 测量土壤含水率结果较为可靠。

1. 不同处理玉米全生育期土壤剖面水分变化规律

通过对 2012 年和 2013 年不同处理 0～100 cm 土层内水分的定期监测，发现不论是沟施还是撒施生物炭肥，0～60 cm 土层内的含水率波动变化幅度大于 60～100 cm。如图 6.2 所示，2012 年各处理间 0～60 cm 土壤体积含水率差异较大，最大值出现在 C3 中，而最小值出现在 C0。玉米生育期内含水率最大值与最小值的差为 15.31%，各处理间 60～100 cm 土层含水率差异较小，最大值与最小值的差值为 8.35%。2013 年各处理间变化趋势与 2012 年相似，0～60 cm 土壤体积含水率在玉米生育期内变化较为剧烈，最大值与最小值的差值为 19.48%，而 60～100 cm 土层含水率最大值与最小值的差值为 15.36%。可见，2012～2013 年 60 cm 以上土层含水率变化明显大于 60 cm 以下土壤含水率。从全生育期的变化规律上来看，不同处理间在 0～60 cm 土层和 60～100 cm 土层含水率变化规律基本一致，并没有因为施加生物炭肥而产生显著的变化。2012～2013 年 0～60 cm 土层平均体积含水率均主要在 20%～30%波动，为田间持水率的 65%～90%；而 60～100 cm 土层平均体积含水率均主要在 40%～50%波动，土壤深层含水率明显大于上层，甚至一度超过了田间持水率，由地下水位变化（图6.3）可以看到整个生育期内，地下水埋深几乎都在2m以内，在灌溉等特殊时期甚至上升到距地表仅1m的位置，可见60～100cm土壤体积含水率很大程度上受地下水补给的影响。另外，0～60cm内土层受外界蒸发影响较大，同时玉米根系大多集中于该深度内，因此，含水率变化程度剧烈，土壤储水量比深层要少；60～100cm土层长期受到地下水补给，土壤水分能维持在一个较高的水平上。

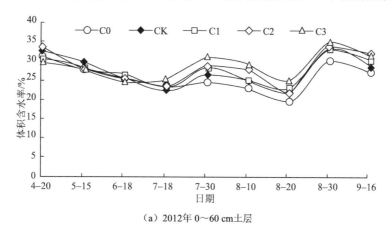

（a）2012年0～60cm土层

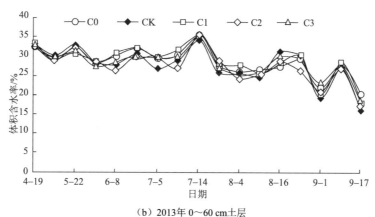

（b）2013年0～60cm土层

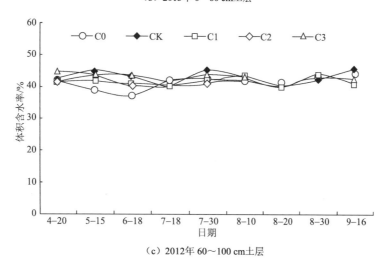

（c）2012年60～100cm土层

图6.2 不同处理0～100cm土壤体积含水率

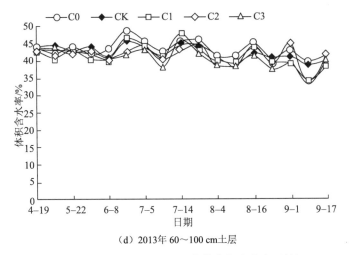

（d）2013年60～100 cm土层

图6.2　不同处理0～100 cm土壤体积含水率（续）

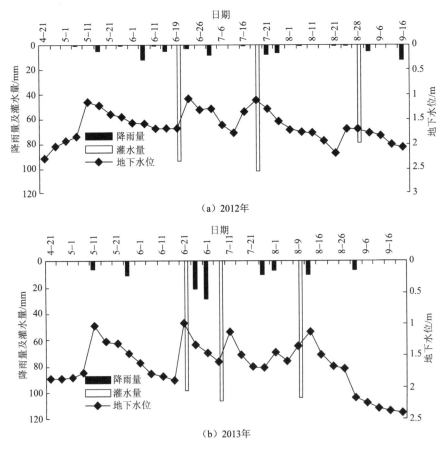

（a）2012年

（b）2013年

图6.3　灌水量、降雨量及地下水位变化

　　总体来看，0～60 cm土壤含水率受到灌溉、作物、气候等因素影响较大，图6.2中体积含水率几次大幅度上升均是伴随着灌水或降雨的发生，因此，该层对外界条件变化的反应速度较快。2012年试验结束时，0～60 cm土层内平均土壤含水率与试验前相比基本处于一个水平，这可能与2012年度最后一次灌水较晚有关，因此，最后测得的土壤含水率较大。2013年试验结束时0～60 cm土层内平均土壤含水率比试验前有所下降，这与玉米本身的需水量大及当地降雨少蒸发大有关，而且 2013 年最后一次灌水时间距玉米收获时间间隔较长，使得试验结束后土壤含水率较低。从两年的试验数据来看，60～100 cm 的深层土壤受灌溉、降雨等外界干扰较小，并长期接受地下水的补给，在试验前后土壤含水率变化不大。

2. 生物炭肥对 0～20 cm 土层土壤含水率的影响

由于生物炭肥施用深度为 0～20 cm，本试验针对 0～20 cm 耕层土壤进行分析，研究生物炭肥对耕层土壤含水率的影响。

由图 6.4 可知，在玉米出苗期—拔节期即 5 月至 6 月上旬，由于降雨稀少并且拔节期前没有灌溉，玉米生长所需的水分几乎完全来自于土体内储存的水分，而播前各处理土壤水分水平较为一致，因此，在出苗期—拔节期这个阶段，C0、CK、C1、C2、C3 各处理之间土壤含水率虽然略有差异，但并没有达到显著水平。可能的原因是本阶段玉米植株比较小，叶片对地面覆盖不足，土壤水分消耗主要途径为地面蒸发，而降雨稀少同时没有灌溉，导致土壤本身水分较少，因此肥料中的生物炭吸附水分的性能没有得到明显的体现。通过两年数据进行相关分析，此阶段 2012 年和 2013 年土壤含水率和生物炭肥相关系数分别为（$n = 20$）0.261 和 0.245，没有达到显著的相关性。

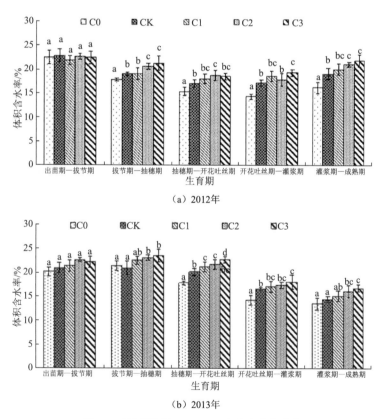

图 6.4　不同处理 0～20 cm 土壤含水率变化

玉米拔节期—抽穗期为 6 月下旬到 7 月中旬，期间开始有降水补充土壤水分，并且 2012 年和 2013 年分别于 6 月 19 日和 6 月 21 日进行灌溉。根据 2012 年和 2013 年观测数据，此生长阶段内不同处理间的土壤含水率均表现出较大差异，2012 年 C2 和 C3 较 CK 土壤含水率分别提高 8.78% 和 11.95%，差异到达显著性水平。而 C1 与 CK 虽有差异，但没表现出显著差异。2013 年各处理间差异性与 2012 年相似，仅 C2、C3 与 CK 有显著差异性，分别提高 10.14%、12.01%，而 C1 土壤含水率与 CK 没有显著性差异。试验表明，有降水和灌溉补充土壤水分的条件下，生物炭肥利用其特有的多孔隙结构，能够对土壤水分具有一定的吸附和保持作用。通过对两年数据的相关分析，此阶段土壤含水率和生物炭肥相关系数（$n = 20$）分别为 0.951 和 0.976，相关性均达到显著水平（$P < 0.05$）。

抽穗期—开花期，2012 年各处理间以 C2 含水率最高，较 CK 提高了 10%，达到显著性差异，而 C1 和 C3 并没有与 CK 产生显著差异。2013 年各处理间以 C3 含水率最高，比 CK 提高了 17.16%，C1、C2 分别比 CK 提高了 9.68% 和 12.10%，均达到显著性差异水平。通过两年数据的对比发现，不施肥处理的 C0 与 CK 相比，CK 的土壤含水率均显著高于 C0，较 C0 提高了 10.61%、12.95%。说明在经过了玉米的快速生长期后，无肥的 C0 逐渐产生了劣势，在没有肥料供应养分的情况下，C0 的玉米植株相比施肥处理的更加矮小，叶面对地面的覆盖度不足，加之此阶段当地气温较高，相对湿度较低，因此，C0 的土壤水分蒸散较快，含水率明显低于其他施肥处理。通过相关分析，此阶段土壤含水率和生物炭肥相关系数（$n = 20$）分别为 0.942 和 0.986，相关性达到显著水平（$P < 0.05$）。

玉米开花吐丝期—灌浆期，从 2012 年数据可以看出，生物炭肥各处理土壤含水率均高于 CK，但仅 C3 与 CK 存在显著性差异，含水率提高 12.20%，其余处理间没有显著差异。2013 年数据显示，此阶段各处理含水率均有所下降，不同生物炭肥处理中，仅 C3 较 CK 含水率提高 9.36%，其余处理均无显著差异。而不同年份数据均显示，C0 在所有处理中土壤含水率最低，较 CK 均减少了 15% 以上，降低显著。通过相关分析，此阶段土壤含水率和生物炭肥相关系数（$n = 20$）分别为 0.944 和 0.964，相关性达到显著水平（$P < 0.05$）。

在灌浆期—成熟期，从图 6.4 中可以看出，由于 2012 年最后一次灌水时间较晚，在此阶段土壤含水率出现升高的现象，生物炭肥各处理土壤含水率均大于 CK，其中 C2、C3 均有显著提高，分别较 CK 提高 9.94% 和 14.32%；而 C0 含水率显著低于 CK，降低了 15.04%。从 2013 年观测数据可以看出，C2、C3 的土壤含水率比 CK 提高 11.59% 和 16.13%，差异达到显著性水平。C1 比 CK 提高 4.70%，虽有所提高但差异不显著；C0 和 CK 两处理间，没有明显的差异。在玉米生育期的最后一个阶段，C0 和 CK 的玉米植株相比各生物炭肥处理较早的出现变黄现象，叶片逐渐干枯，其中 C0 更为严重。而 CK 可能是因为玉米后期肥料养分供应不足，导致原先被叶面遮挡的地面，逐渐开始裸露，土壤水分散失加快，从而降低了土壤含水率。通过对两年数据的相关分析，此阶段土壤含水率和生物炭肥相关系数（$n = 20$）分别为 0.965 和 0.978，相关性均达到显著水平（$P < 0.05$）。

试验表明，在玉米整个生育期，土壤含水率的基本变化趋势是随着生物炭肥施用量的增加含水率也在增加。一方面是因为生物炭肥中生物炭的作用，生物炭具有多孔结构和比表面积大等特点，施入土壤后可改变土壤孔隙结构，增大土壤比表面积，最终影响到土壤持水性能；另一方面是因为生物炭肥处理的玉米长势更好，玉米的生长对增加近地面相对湿度、减少蒸发损失，也有一定作用。而从相关分析来看，两年的数据均显示在有降雨或灌溉补充土壤水分的条件下，生物炭肥与土壤含水率的相关性更好。2012 年生物炭肥与含水率的相关性虽达到了显著水平，但与 2013 年相比较小，可能是因为沟施生物炭肥减小了肥料中生物炭与土壤的接触面积，没有充分发挥吸附水分的作用，而撒施的接触面积显然更大，但两种施用方式均起到了提高土壤含水率的作用。因此，施用生物炭肥能够提高土壤耕作层（0～

20 cm）的土壤含水率，其中 C2、C3 提高更为显著。这与相关研究成果类似，Laird 等[2]基于室内试验结果表明生物炭可以使土壤保持更多的水分，Chen 等[3]研究表明应用生物炭可有效提高砂壤土土壤含水率。

6.2.3 生物炭肥对土壤温度的影响

土壤温度是影响作物生长的重要因素。为了研究生物炭肥对土壤平均温度的影响，从 2013 年播种开始，分别对玉米各个生育期土壤 5 cm、10 cm、15 cm、20 cm 深度的温度进行观测。

1. 不同处理玉米全生育期土壤温度变化规律

玉米各生育期 0～20 cm 土层土壤平均温度随生育期变化过程见图 6.5。从图 6.5 中可以看出，各处理土壤平均温度变化规律与大气温度变化规律基本一致。在玉米拔节期前，土壤温度随着时间的推移有逐渐升高的趋势，此时各处理的土壤温度都要高于大气温度，土壤温度和大气温度最大差值出现在 C3，温差为 4.3℃。以拔节期为分界点，之后的土壤温度均低于大气温度，各处理间的变化规律表现一致。由于土壤的热源主要来自太阳辐射，拔节期前玉米植株矮小，叶面覆盖度较小，阳光直接照射地面，使土壤温度不断累积从而高于大气温度。而拔节期后玉米经过快速的生长，叶面积迅速增大，叶片对地面的遮盖程度增加，使得阳光在一定程度上不能直接照射到地面上，从而土壤温度比大气温度偏低。另外，拔节开始后，降雨、灌溉等因素增加了土壤中水分的含量，同时受到植物生长过程中蒸腾作用等生理活动的影响，增加了近地面的相对湿度，也是土壤平均温度降低的重要原因。而到玉米生长成熟期，玉米出现干枯萎缩的现象，地面重新受到太阳的直接照射，各处理中 C0、CK 的土壤温度重新高于大气温度，而生物炭肥各处理的土壤温度仍然低于大气温度。

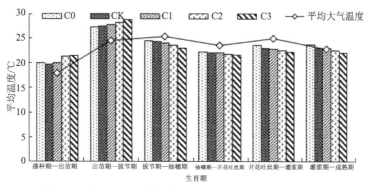

图 6.5　不同处理玉米生育期 0～20 cm 土壤平均温度变化

2013 年玉米于 4 月 21 日进行种植，在播种至出苗这个阶段，不同处理间土壤平均温度有所差异，主要表现为 C0 与 CK 的土壤温度差别不大，而 C1、C2、C3 均高于 CK。可见，化肥对玉米该时期的土壤温度影响不大，而生物炭肥中生物炭是引起土壤温度差异的主要原因。与 CK 相比，C1、C2、C3 分别增加了 0.4℃、1.6℃和 1.8℃，提高了 1.84%、8.30%和 9.32%。有相关研究表明，生物炭能够升高土壤温度，其原因是生物炭呈黑色，施入土壤后可增加土壤对太阳辐射的吸收，从而引起土壤温度的升高；另外，生物炭的多孔结构为微生物繁殖和生存提供了有利的场所，而在微生物的活动过程中会释放出大量热量，从而使土壤温度升高。

在出苗期—拔节期，各处理的土壤平均温度达到玉米生育期内的最大值，各处理土壤温度大小顺序为C3＞C2＞C1＞CK＞C0，平均土壤温度分别为29.0℃、28.5℃、28.1℃、27.7℃、27.6℃。不同处理的变化规律同上个阶段一致，生物炭肥处理的土壤温度随着生物炭肥施用量的增加而增加，生物炭肥增加土壤温度的作用在此阶段依然有所体现。

拔节期—抽穗期，随着玉米叶片的快速生长，阳光对地面的直接照射减弱，不同处理的土壤温度开始低于大气温度。此阶段各处理的土壤温度变化较之前有所不同，具体表现为生物炭肥处理土壤温度均比CK低，C1、C2、C3相比CK分别低了0.2℃、0.7℃、1.3℃。生物炭肥处理的土壤温度之所以降低，主要是土壤水分有降低地温的作用，而在降雨和灌水后，土壤含水率增加，同时生物炭对水分有吸附的作用，从而生物炭肥处理的含水率较高导致其土壤温度下降。

而之后三个生育阶段各处理的土壤温度变化和拔节期—抽穗期基本一致，基本趋势是土壤温度随着生物炭肥施用量的增加而降低。C0与CK处理相比，随着玉米生育期的推移，C0的土壤温度逐渐高于CK，原因是C0没有肥料提供养分，导致玉米植株发育较差，较早地开始枯黄，地面裸露面积较大，直接受到阳光照射，从而土壤温度升高。

2. 施加生物炭肥对土壤温度时空变化规律的影响

以C3和CK为例，在等养分投入的条件下，分析生物炭对土壤温度时空变化规律的影响。土壤温度在不同深度上随时间变化规律如图6.6所示（以6月7日为例）。C3与CK的变化趋势基本一致。主要表现为：从土壤深度上的变化来看，距地表5 cm处的土壤温度的日变化最为剧烈，随着土壤深度的增加，深层土壤的温度变化幅度逐渐趋于平缓。C3的5 cm、10 cm、15 cm、20 cm的日最大温度差为16.25℃、11.73℃、9.20℃、6.20℃；CK的5 cm、10 cm、15 cm、20 cm的日最大温度差为16.50℃、11.25℃、9.80℃、6.75℃。从不同深度土层温差值来看，C3均小于CK。从时间变化上来看，5 cm处土壤温度的最高值出现在14:00，此前处于升温阶段，之后属于降温阶段。10 cm处土壤温度最高值出现在14:00～16:00，温度峰值的出现时间较5 cm处滞后2 h左右。15 cm处土壤温度峰值出现在16:00～18:00，也较上层土壤滞后2 h左右。20 cm处的峰值在18:00出现。C3和CK在时间上的变化趋势基本一致，但各层温度极值与日均值略有差异。

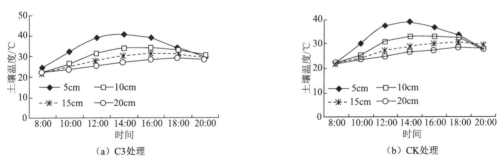

（a）C3处理　　　　　　　　　　　　（b）CK处理

图6.6　不同处理土壤温度时空变化

不同处理之间土壤温度极值和日均值对比见表 6.2。C3 的 5 cm 土壤温度极大值较 CK 增加 1.55℃，提高了 4.01%；极小值增加了 1.80℃，提高了 8.11%；日均温增加了 1.40℃，提高了 4.34%，可见 C3 的 5 cm 处各指标均高于 CK。C3 的 10 cm、15 cm、20 cm 土壤温度较 CK 都有所提高，极大值分别增加了 0.98℃、0.40℃、0.47℃，提高了 2.99%、1.32%、1.66%；极小值增加了 0.50℃、1.00℃、1.02℃，提高了 2.32%、4.87%、4.74%；日均值分别增加了 0.55℃、0.56℃、0.38℃，提高了 1.88%。2.05%、1.47%。可见，施加生物炭肥对土壤温度有一定影响，特别对提高土壤温度极小值效果明显，土壤温度极小值出现在 8:00，说明在没有太阳照射的夜晚，土壤处于热量散失的状态。而生物炭肥能够有效地保存热量，减少热量损失，提高土壤温度对玉米前期的生长有积极的作用。因此，和常规化肥相比，生物炭肥对提高土壤温度、促进玉米生长有重要作用。

表 6.2 不同处理土壤温度特征值对比

深度/cm	C3			CK		
	极大值	极小值	日均值	极大值	极小值	日均值
5	40.25	24.00	33.64	38.70	22.20	32.24
10	33.73	22.00	29.80	32.75	21.50	29.25
15	30.70	21.50	27.64	30.30	20.50	27.09
20	28.72	22.52	26.02	28.25	21.50	25.64

土壤中热量散失的主要因素是土壤水分的蒸发，若土壤含水率较高，则吸收的热量大部分用于水分蒸发；若土壤含水量较低，则吸收的热量大部分进入土壤。因此，土壤温度受水分的影响明显，而田间试验中影响土壤水分最大的因素就是灌溉。对不同处理的玉米拔节期灌水前后土壤温度变化见图 6.7。

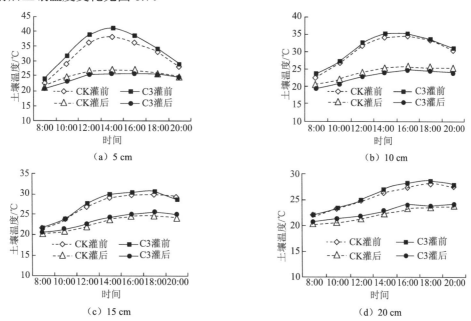

图 6.7 不同处理灌水前后土壤温度变化

从图 6.7 可以看出，不同处理灌水前后土壤温度变化趋势一致。灌溉能明显降低土壤温度，灌水后 C3 和 CK 不同深度土层的温度较灌水前均有所下降。灌水前后 C3 的 5 cm 的最大值温差为 15.2℃，20 cm 处最大值温差为 4.2℃。CK 灌水前后 5 cm 处最大值温差为 11.3℃，20 cm 处最大值温差为 4.3℃。可见，灌水前后不同处理间深层土壤温度变化不大，5 cm 处土壤温度受灌水影响较为明显。C3 较 CK 在 5 cm 处变化更大，主要是因为灌水前 C3 土壤温度高于 CK，而灌水之后由于 C3 更有利于水分的保持，含水率较高，土壤温度则低于 CK，故灌水前后 C3 温差要大于 CK。

6.3　生物炭肥对耕层土壤养分的影响

近年来，生物炭以其优良的环境效应和生态效益成为各学科研究的前沿热点。生物炭施用于农田后对土壤理化性质变化的影响的研究越来越受关注[4-5]。但生物炭作为肥料载体施入土壤对土壤养分状况的影响却鲜见报道。因此，本节对 2013 年不同处理情况下土壤耕层养分状况的变化进行探讨，以期为生物炭肥在农业中的应用提供理论基础和参考依据。

6.3.1　生物炭肥对玉米生育期前后耕层土壤有机质和碱解氮含量的影响

1. 生物炭肥对耕层土壤有机质含量的影响

土壤有机质是评价土壤肥力的重要指标，是陆地生态系统中重要的碳汇，同时也是植物生长所需营养的主要来源之一，可改善土壤团聚体结构、土壤通气性、透水性，促进土壤微生物活动等，从而提高土壤保肥性和缓冲性，促进植物生长发育[5]，对维系农业可持续发展等方面有着重要作用。

从图 6.8 可以看出，在玉米播种前各处理土壤有机质含量基本保持在一致的水平上。玉米收获后，各处理土壤有机质含量从大到小依次为 C3＞C2＞C1＞CK＞C0。从种植前与收获后的土壤有机质含量变化可以看出，C0 和 CK 较播种前有所降低，而施加了生物炭肥的 C1、C2、C3 均表现为提高的趋势。具体表现为，C0 降幅最大，减少了 4.99 g/kg，降低了 22.43%。CK 的土壤有机质含量较播种前减少了 1.06 g/kg，降低了 4.56%。可见，施用化学肥料可以在一定程度上减少土壤有机质的消耗。而施用生物炭肥的 C1、C2、C3 土壤有机质分别比种植前增加 0.95 g/kg、1.50 g/kg 和 3.67 g/kg，提高了 4.02%、6.25% 和 16.01%。可见，经过玉米一个生育季的生长，不施肥处理和常规施肥均出现了有机质含量减少的现象，虽然施用化肥在一定程度上可以减少土壤有机质的损耗，但不能避免土壤有机质的降低，说明若长期采用常规的施肥方法进行农业生产，势必会造成土壤肥力的下降，使农田逐渐退化。与 CK 相比，施用生物炭肥各处理对提高土壤有机质含量有显著作用。对比分析收获后土壤有机质含量可知，C1、C2、C3 分别较 CK 提高了 5.95%、15.46%、20.89%。试验表明施加生物炭肥，可以显著提高农田耕层土壤有机质含量，对修复退化农田、提高土壤肥力有积极作用。这与 Kurosaki 等[6]的研究成果相似，虽然生物炭的化学结构不同于有机质，但生物炭本身含碳量较高，通常为 40%～75%，施入土壤会提高土壤有机碳含量，从而有机质也会增加，起到改良和培肥土壤的作用。

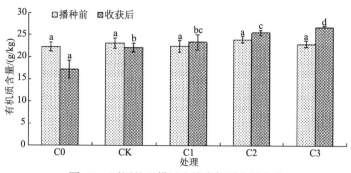

图 6.8 不同处理耕层土壤有机质含量变化

2. 生物炭肥对耕层土壤碱解氮含量的影响

氮素是作物体内有机化合物的重要组分，是一切有机体不可缺少的元素。而碱解氮是指能被植物直接吸收和利用的有效态氮，是铵态氮、硝态氮、氨基酸、酰胺及易分解的蛋白质氮的总和。

从图 6.9 可以看出，施用生物炭肥对土壤碱解氮没有显著的影响。玉米播种前土壤碱解氮水平较为一致，收获后各处理土壤碱解氮含量在 36.51～54.66 mg/kg，C0 处理试验前后土壤碱解氮含量变化最大，收获后较播种前减少了 17.37 mg/kg，降低了 32.24%，其原因是 C0 处理的土壤没有肥料供应养分，而玉米的生长需要大量氮素，土壤成为 C0 处理的玉米最主要的氮源，因此，收获后土壤中的碱解氮较播种前有明显的降低。CK 处理的玉米生长前后土壤碱解氮含量有所上

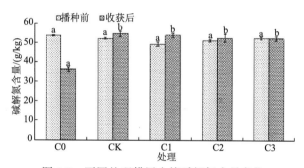

图 6.9 不同处理耕层土壤碱解氮含量变化

升，增加了 2.29 mg/kg，提高了 4.38%，说明施肥能够有效避免土壤碱解氮的消耗，对保持土壤有效氮素的含量有积极作用。

而 C1、C2、C3 处理的土壤表现出随着生物炭肥施用量的增加，收获后土壤碱解氮含量与播种前相比增加程度逐渐减小，C1、C2 处理的土壤碱解氮增加了 4.50 mg/kg、1.37 mg/kg，提高了 9.09%、2.67%；而 C3 处理的土壤碱解氮出现了负增长，与播种前相比减少了 0.11 mg/kg，降低了 0.22%。与 CK 相比，C1、C2、C3 处理的土壤收获后土壤碱解氮含量有所减少，但各处理间无显著差异。

Lehmann 等[7]研究认为，生物炭能通过阳离子交换达到对土壤中 NO_3^-、NH_4^+ 的吸附，从而提高土壤有效氮的含量。而本试验中，生物炭肥施入土壤，土壤碱解氮含量随着生物炭肥用量的增多反而有下降的趋势，可能的原因是，在生物炭与肥料配施的条件下，提高了土壤中的 C/N[8]，从而降低了土壤中微生物对土壤有机氮的矿化速率[9]；另外，生物炭肥施入土壤后，对耕层土壤扰动较大，使耕层土壤的孔隙结构发生了变化，增加了土壤的通气性能，从而也可能加速了肥料中 NH_3 的挥发，使土壤碱解氮含量下降[10]。或者生物炭肥的施入，有可能促进了玉米对碱解氮的吸收和利用，增强了自身的同化作用。

6.3.2 生物炭肥对玉米生育期前后耕层土壤速效磷和速效钾含量的影响

1. 生物炭肥对耕层土壤速效磷含量的影响

磷是作物体内大分子物质的结构组分，参与细胞内碳水化合物代谢、氮素代谢和脂肪代谢等生理过程。常见的速效磷包括水溶态磷、弱酸溶态磷、胶体吸附态磷。

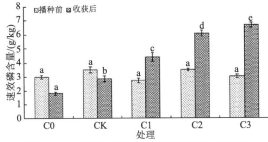

图 6.10　不同处理耕层土壤速效磷含量变化

从图 6.10 可以看出，生物炭肥对速效磷影响显著。在试验前各处理土壤速效磷初始含量较低，施用生物炭肥后，能够显著提高土壤中速效磷的含量。CK 处理的土壤收获后土壤速效磷含量减少了 0.64 mg/kg，降低了 18.26%；和 CK 相比，C0 处理的土壤速效磷含量减少得更为明显，减少了 1.16 mg/kg，降低了 38.67%。可见，施用化学肥料能减少土壤中速效磷的损耗，对保持土壤肥力有积极作用。施用生物炭肥的 C1、C2、C3 处理的土壤收获后土壤速效磷含量较播种前分别增加了 1.79 mg/kg、2.56 mg/kg 和 3.63 mg/kg，提高了 58.84%、72.97%和 119.02%。与 CK 相比，C1、C2、C3 处理的土壤收获后土壤速效磷含量分别提高 53.31%、111.49%和 132.75%。可见，生物炭是土壤速效磷提高的主要因素，试验表明，随着生物炭肥施用量的增多，耕层土壤速效磷含量增加。

2. 生物炭肥对耕层土壤速效钾含量的影响

钾的主要功能有促进植物光合作用、提高 CO_2 同化率，促进光合产物的运输，促进蛋白质合成，影响细胞的渗透调节作用，调节作物的气孔运动与渗透压，激活酶活性，促进有机酸代谢，增强作物的抗逆性等[11]。

玉米对钾的需求较氮和磷而言相对较少，从图 6.11 可以看出，不施肥的 C0 处理，在玉米收获后耕层土壤中速效钾含量虽然有所下降，但相比碱解氮和速效磷来说下降幅度较小，降幅为 19.69%。CK 处理的土壤速效钾含量在玉米收获后出现下降的现象，比播种前减少了 17.02 mg/kg，降低了 8.41%。而施用生物炭肥的各处理，能够显著提高耕层土壤中速效钾的含量。C1、C2、C3 处理的土壤收获后较播种前分别增加 30.01 mg/kg、41.78 mg/kg 和 74.82 mg/kg，提高了 15.80%、19.17%和 35.60%。而与 CK 相比，C1、C2、C3 处理的土壤收获后耕层土壤速效钾含量分别提高了 20.54%、37.84%和 52.97%，提高效果显著。

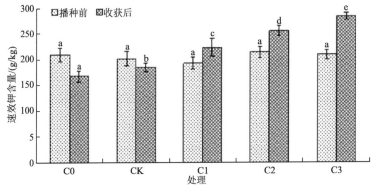

图 6.11　不同处理耕层土壤速效钾含量变化

本研究表明，通过施加生物炭肥可有效提高土壤中速效磷和速效钾含量，这与 Laird 等[12]的研究结果相吻合，原因是生物炭表面具有丰富的官能团和较大的比表面积，能提高土壤阳离子交换量，吸附更多养分离子，避免养分流失，有效提高土壤肥力。

6.3.3 生物炭肥施用量与耕层土壤养分的相关性

根据对耕层土壤养分的变化分析发现，耕层土壤养分含量与生物炭肥施用量有良好的相关关系。

如图 6.12 所示，耕层土壤有机质、碱解氮、速效磷、速效钾含量与生物炭肥施用量呈线性关系，相关性的拟合程度较好，按照拟合决定系数大小顺序为速效钾＞有机质＞速效磷＞碱解氮，决定系数大小分别为 0.9978、0.9811、0.9789、0.9212。可见，决定系数均在 0.92 以上，说明施用生物炭肥是引起耕层土壤养分变化的主要因素。耕层养分含量与生物炭肥施用量的关系可用 $Y=Ax+B$ 表示，关系曲线如图 6.12 所示。有机质、速效磷、速效钾含量与生物炭肥施用量呈正相关，其中 A 取值为 0.0038～0.0941；而碱解氮含量表现出与生物炭肥施用量的负相关性，A 取值为–0.0024。但生物炭肥为何降低碱解氮含量的原因尚不明确，根据本试验后续对玉米生长及产量的分析发现，随着生物炭肥施用量增加，产量呈现正相关性，因此，生物炭肥能够促进玉米吸收碱解氮，用以增加同化作用，提高产量，从而使碱解氮含量降低的可能性更大。

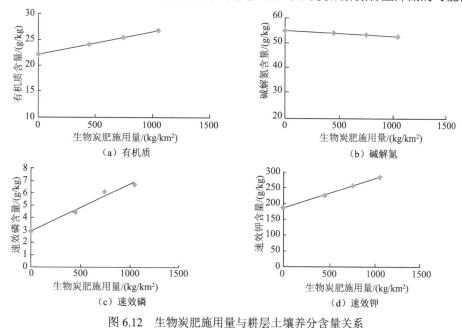

图 6.12 生物炭肥施用量与耕层土壤养分含量关系

6.4 生物炭肥对玉米生长效应和产量的影响

6.4.1 生物炭肥对玉米生长效应的影响

1. 施用生物炭肥对玉米出苗率的影响

玉米出苗率的大小对产量有着重要影响，而影响玉米出苗的因素有很多，主要是温度、水分、土壤肥力等。从播种到出苗的这段时期，当地没有降水，因此，出苗期所需的水分主要是土壤中储存的水分，在播种前对各处理进行水分测定，各处理播前土壤水分含量处于一致的水平。因此，土壤温度成为影响玉米出苗关键的因素。通常，当地农民为了增温保墒，采用铺设地膜的方式种植玉米，但长期使用地膜，不仅造成了白色污染，同时在作物生长季后地膜残留于土壤中，不断积累的地膜造成耕地质量的下降，制约着当地农业的可持续发展。前面章节对土壤温度的研究可知，在玉米生长前期生物炭肥有提高土壤温度的作用，本节进一步分析生物炭肥对玉米出苗率是否有所影响。

玉米出苗期的土壤温度见表 6.3。从 0～20 cm 平均土壤温度可以看出，生物炭肥各处理土壤温度均大于 CK，C1、C2、C3 处理分别比 CK 提高了 0.42℃、1.65℃和 1.80℃。而 C0 和 CK 处理的土壤平均土壤温度几乎一致，说明施用化肥对玉米出苗期土壤温度增加没有明显效果，土壤温度升高的主要原因是肥料中的生物炭起了作用。相关研究表明，生物炭增温可能是生物炭促进了微生物活性，微生物活动及分解土壤中有机质时产生了热量，释放的热量一部分被用来进行同化作用，而其中大部分被用于提高土壤温度。也有研究认为，生物炭可以使土壤颜色变深，更有利于土壤吸收太阳辐射，从而增加土壤温度。

表 6.3 出苗期各处理土壤温度

深度/cm	C0	CK	C1	C2	C3
5	21.56	21.86	22.34	23.31	23.40
10	21.44	21.49	21.60	22.93	23.00
15	19.17	19.36	19.73	20.26	20.71
20	18.81	18.39	19.10	21.17	21.17
平均	20.25	20.27	20.69	21.92	22.07

玉米于 2013 年 4 月 21 日播种，各处理开始出苗天数见表 6.4。生物炭肥的三个处理比 CK 和不施肥的 C0 更早出苗，至少提前 1 天。其中 C2、C3 处理的土壤出苗速度最快，比 CK 处理的土壤提前 1.5 天，C1 处理的土壤出苗速度次之，比 CK 处理的土壤提前 1 天，而 C0 较 CK 晚 0.5 天出苗，可见施用化肥对出苗速度有所影响。在出苗后的第 4 天（5 月 4 日）开始对各处理出苗率进行统计，之后间隔 3 天统计一次。共统计出苗率三次。为了使试验数据更加准确，本试验出苗率统计全部采取各小区逐个计数的方式进行。

表 6.4 不同处理出苗率对比

处理	开始出苗天数/天	第一次测定出苗率/%	第二次测定出苗率/%	第三次测定出苗率/%
C0	11.0	76.59±0.95a	85.42±1.16a	88.57±1.85a
CK	10.5	78.85±0.75a	90.45±1.45ab	92.68±1.42ab
C1	9.5	80.97±1.49b	90.83±1.41b	95.88±1.69b
C2	9.0	81.72±1.13b	91.08±1.12b	95.38±0.86b
C3	9.0	81.69±1.03b	92.61±1.37b	96.16±1.21b

通过表 6.4，可以看出，在对各处理出苗率进行第一次测定时，施用生物炭肥的 C1、C2、C3 处理的土壤的出苗率均已达到了 80%以上，分别为 80.97%，81.72%和 81.69%，以 C2 处理的土壤出苗率最高，C3 次之，C1 最低。此时 CK 处理的土壤出苗率为 78.85%，而 C0 仅

为76.59%。C1、C2、C3处理的土壤出苗率分别比CK提高了2.68%、3.63%和3.60%。在间隔3天后对各处理出苗率进行第二次测定，除C0仅为85.42%，其余各处理均达到90%以上，出苗率大小顺序依次为C3>C2>C1>CK>C0。最后一次出苗率测定在时距播种已经20天，玉米已经基本出苗完毕，因此，将此次统计记为各处理最终的出苗率，其中仍以C3最高，C0最低。施加生物炭肥的三个处理的最终出苗率均高于CK，C1、C2、C3处理的土壤出苗率分别比CK增加3.45%、2.91%和3.75%。因此，试验表明，施用生物炭肥可以有利于提高玉米出苗率。

2. 施用生物炭肥对玉米株高的影响

将2012年和2013年不同处理玉米各个生育期的株高观测数据绘制于图6.13。通过对2012~2013年的玉米株高数据分析对比发现，各处理株高在玉米生育期的变化过程趋势基本一致，主要表现为生物炭肥处理在玉米生长前期对株高有所抑制，随着生育期的推进这种抑制作用逐渐消失。玉米灌浆前以常规施肥处理的株高值最大，与其余处理均有显著差异。随着玉米生育期的推进，生物炭肥各处理株高差距逐渐与CK缩小，至玉米成熟期各处理株高没有明显差异。整个玉米生育期中，C0处理的土壤由于没有肥料供应养分，始终显著低于施肥处理。

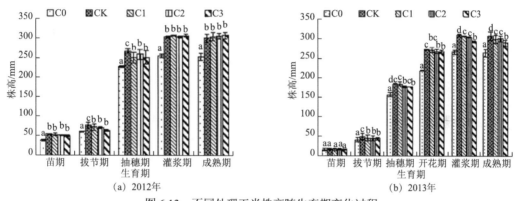

图6.13 不同处理玉米株高随生育期变化过程

由图6.14可知，不同处理之间玉米苗期株高除C0比其他处理显著降低外，其余各处理间没有产生显著差异。拔节期，CK处理玉米植株在所有处理中最高，2012年C0、C1、C2、C3处理的土壤玉米株高分别比CK降低19.74%、8.64%、9.58%、11.67%；2013年各处理分别较CK较低15.13%、8.16%、9.44%、9.44%，降低程度均达到显著水平。主要原因可能是CK处理的土壤施用的肥料养分释放比较迅速，能快速提供养分促进玉米生长，而生物炭肥由于其中生物炭的吸附作用，养分释放较慢，以保证后期玉米生长的需求。在抽穗期各处理和拔节期表现一致，在这个阶段C1、C2、C3处理与CK相比，均显著低于CK，2012年分别降低6.22%、3.47%、6.03%；2013年降低3.54%、5.47%、4.07%。可见，抽穗期生物炭肥处理株高虽仍低于CK，但与拔节期相比高差有所缩小。到玉米灌浆期时，玉米各处理株高达到全生育期的峰值，除C0外，其余各处理间株高没有显著的差异，可见虽然在玉米生长前期CK株高一直显著高于生物炭肥各处理，但随着生育期的推进各处理株高差距逐渐缩小，说明生物炭肥对玉米后期的株高生长的抑制作用逐渐消失，两年数据显示趋势一致。从玉米灌浆期至成熟期，玉米植株生长进入了相对平缓期，玉米株高变化不大。而到成熟期后随着玉米的干枯萎缩，株高略有下降。2012年全部处理中C0、CK、C1表现出株高下降的现象，分别比灌浆期降低了 2.00 cm、3.15 cm、2.58 cm；而 2013 年同样 C0、CK、C1 处理出现株高下降的现象，分别比前一个生育期降低了 1.24 cm、3.02 cm、1.16 cm。同时两年数据均显示 C2 和 C3 处理株高并没有下降的趋势，反而仍略有增加，2012 年 C2、C3 处理株高较前一个生育期增加了 0.89 cm 和 2.51 cm；2013 年 C2、C3 株高分别增加 0.82 cm 和 1.12 cm。根据两年的田间试验观测，此阶段 C2 和 C3 处理的玉米植株干枯程度要明显弱于 CK。因此，推测生物炭肥在延长肥效的同时，可能会延长玉米的生长时间。

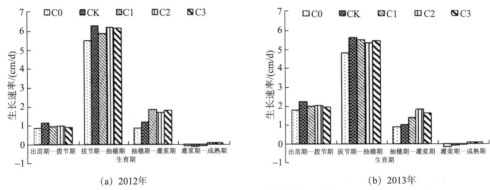

(a) 2012 年　　　　　　　　　　　　(b) 2013 年

图 6.14　不同处理玉米植株生长速率

2012～2013 年各处理玉米植株生长速率如图 6.14 所示。玉米植株生长速率在整个生育期上的变化为先增加后下降的趋势。从出苗到拔节期间，玉米株高增长较快，2012 年玉米平均增长率达到 0.86～1.15 cm/d；2013 年平均增长率达到 1.86～2.29 cm/d。其中两年数据均显示此阶段 CK 增长速率最快，C0 株高增长速率最慢。而 C1、C2、C3 处理间株高增长速率相差不大。

拔节期—抽穗期，玉米进入快速生长期，各处理株高增加速率达到最大值，2012 年各处理生长速度表现为 CK>C2>C3>C1>C0，平均增长率在 5.51～6.31 cm/d，以 CK 处理的玉米植株生长速度最快，比 C1、C2、C3 处理均快 1.01 倍以上；2013 年各处理生长速度表现为 CK>C1>C3>C2>C0，平均增长率在 4.97～5.83 cm/d，以 CK 生长速度最快，比 C1、C2、C3 均快 1.03 倍以上。原因是 CK 在此阶段进行了追肥，提供给作物快速生长的养分。而生物炭肥处理，由于肥料中生物炭的作用，养分释放速度相对较慢，植株生长速度略显缓慢。

玉米完成抽穗后株高生长进入稳定期，各处理株高达到整个生育期的峰值，此时玉米株高基本不再增加，各处理玉米株高增长速率明显降低。2012 年和 2013 年数据显示 CK 处理与之前的快速增长相比，此阶段两年的玉米植株生长速率分别仅为 1.20 cm/d、1.06 cm/d。而 C1、C2、C3 处理的玉米植株则均高于 CK，2012 年 C1、C2、C3 处理的玉米植株生长速率分别为 1.86 cm/d、1.71 cm/d、1.83 cm/d；2013 年 C1、C2、C3 处理的玉米植株生长速率分别为 1.41 cm/d、1.86 cm/d 和 1.68 cm/d。

玉米生长进入到成熟期后，玉米开始发黄枯萎，部分处理株高出现了负增长的现象，2012 年各处理株高生长速率率在 -0.11～0.09 cm/d，其中 C1、C2、C3 处理的玉米株高分别为 -0.08 cm/d、0.08 cm/d 和 0.09 cm/d，而 CK 生长速率为 -0.11 cm/d，C0 为 -0.07 cm/d；2013 年各处理株高增长速率在 -0.18～0.04 cm/d，其中 C1、C2、C3 处理的玉米株高分别为 -0.02 cm/d、0.03 cm/d 和 0.04 cm/d，而 CK 处理的玉米植株生长速率为 -0.12c m/d，C0 处理的玉米植株为 -0.18 cm/d。可见生物炭肥处理的株高没有明显降低现象，仅 C1 出现了负增长，而 C2、C3 至玉米收获前并没有出现株高减小的现象，而且还在持续生长。

1）不同处理玉米株高与生长时间的关系

通过对玉米株高和生长时间的分析可知（图6.15），玉米株高随时间变化满足逻辑斯谛方程，因此，株高和生长时间两者之间的相关性可用逻辑斯谛方程表示：

$$y = A / (1 + Be^{-kt})$$ （6.1）

式中：y 为玉米株高，cm；A、B 为回归系数；K 为相对生长率；t 为玉米生长时间，d。

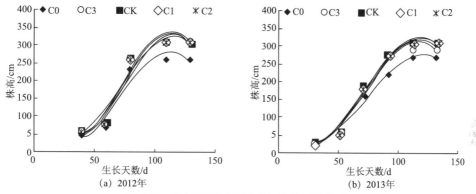

图 6.15　不同处理玉米株高与生长天数关系

通过对两年的玉米株高和生长天数的关系分析发现（表 6.5），各处理玉米株高与生长天数有良好的相关关系，两年不同处理回归方程的决定系数均大于 0.98，说明株高随时间变化的趋势可能与玉米本身的遗传性状有关，受生物炭肥的影响较小。

表 6.5　回归方程系数的参数估计

年份	处理	回归方程	决定系数
2012 年	C0	$y=268.12/（1+15.54e^{-0.061t}）$	0.9876
	CK	$y=318.57/（1+21.05e^{-0.069t}）$	0.9885
	C1	$y=317.84/（1+23.47e^{-0.072t}）$	0.9898
	C2	$y=315.21/（1+23.57e^{-0.073t}）$	0.9887
	C3	$y=316.65/（1+23.78e^{-0.075t}）$	0.9889
2013 年	C0	$y=276.21/（1+17.33e^{-0.063t}）$	0.9881
	CK	$y=319.46/（1+20.31e^{-0.068t}）$	0.9854
	C1	$y=312.25/（1+23.34e^{-0.072t}）$	0.9891
	C2	$y=313.25/（1+23.45e^{-0.070t}）$	0.9901
	C3	$y=311.09/（1+23.83e^{-0.073t}）$	0.9897

3. 施用生物炭肥对玉米茎粗的影响

为了研究施用生物炭肥对玉米茎粗的影响，于 2012 年和 2013 年在玉米主要生育期对茎粗进行测量，茎粗测量采用测量玉米茎周长的方式，以下茎粗值均为玉米茎的周长值。

2012 年和 2013 年不同处理的玉米各个生育期的茎粗变化如图 6.16 所示。不同处理之间玉米苗期茎粗除 C0 比其他处理显著降低外，其余各处理间没有产生显著差异，两年茎粗变化趋势一致。2012 年各处理茎粗在 0.62～0.85 cm，2013 年各处理茎粗在 0.63～0.86 cm。

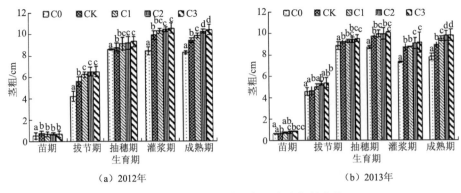

图 6.16　不同处理玉米茎粗随生育期的变化

在玉米拔节期，2012 年各处理间茎粗最大差值为 2.29 cm，其中 C3 最大，为 6.54 cm，C0 最小，为 4.25 cm。与 CK 相比生物炭肥各处理茎粗均有显著提高，分别比 CK 增加 0.61 cm、0.88 cm 和 0.90 cm，提高 10.81%、15.60% 和 15.96%。根据 2013 年观测数据，各处理间茎粗最大差值为 1.85 cm，其中 C3 最大，为 5.52 cm，C0 最小，为 3.67 cm。与 CK 相比 C2、C3 茎粗有显著提高，分别比 CK 增加 0.70 cm 和 0.79 cm，提高 14.80% 和 16.71%。而 C1 与 CK 没有显著差异。

在抽穗期，2012 年和 2013 年各处理玉米茎粗变化表现一致，主要表现为 C2、C3 处理的玉米茎粗显著大于 CK。2012 年数据显示 C2、C3 处理的玉米茎粗分别比 CK 增加 0.41 cm、0.55cm；2013 年 C2、C3 处理的玉米茎粗比 CK 增加 0.28 cm、0.42 cm。两年的 C1 处理的玉米茎粗比 CK 分别增加 0.35 cm 和 0.16 cm，均没有显著差异。而 C0 处理的玉米茎粗比 CK 茎粗分别减少 0.17 cm 和 0.78 cm。

在灌浆期，从 2012～2013 年各处理茎粗数据来看，此阶段玉米茎粗仍有所增加，但增长幅度不大。此阶段 2012 年和 2013 年 C0 处理的玉米茎粗均出现减小的现象，较前一个阶段分别减少了 0.14 cm 和 0.36 cm，可能是因为没有肥料供应养分，较早地出现了干枯萎缩的现象。2012 年数据显示，C2、C3 处理的玉米茎粗较 CK 增加 0.54 cm 和 0.61 cm，均达到显著性差异；而 C1 处理的玉米茎粗增加 0.36 cm，没有显著差异。2013 年 C3 处理的玉米茎粗较 CK 增加 0.39 cm，有显著的提高；C1 、C2 处理的玉米茎粗分别比 CK 增加 0.23 cm 和 0.25 cm，均没有显著差异。

在成熟期，通过对两年数据分析发现，施加生物炭肥的各处理玉米茎粗均显著大于 CK，2012 年 C1、C2、C3 处理的玉米茎粗分别比 CK 增加 0.46 cm、0.83 cm、0.96 cm；2013 年 C1、C2、C3 处理的玉米茎粗分别比 CK 增加 0.63 cm、0.88 cm、0.94 cm，说明生物炭肥能够显著增加玉米成熟期茎粗。在此阶段 2012～2013 年各处理玉米茎秆均出现干枯萎缩现象，茎粗减小和上个阶段相比，C0 处理的玉米茎粗分别减少了 0.17 cm 和 0.19 cm；CK 处理的玉米茎粗减少了 0.50 cm 和 0.84 cm；2012 年施加生物炭肥的各处理 C1、C2、C3 处理的玉米茎粗分别减少了 0.40 cm；0.20 cm 和 0.15 cm；2013 年 C1、C2、C3 各处理减少了 0.44 cm、0.21 cm 和 0.29 cm。可见，根据两年测试数据，施加生物炭肥的玉米茎粗减少程度均小于 CK，说明生物炭肥能够在一定程度上减缓玉米茎秆的枯萎。

不同处理玉米茎粗与生长时间的关系见图 6.17。

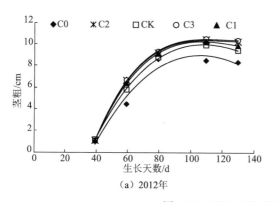
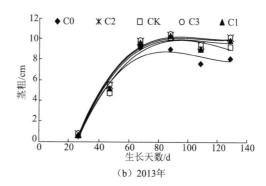

（a）2012年 　　　　　　　（b）2013年

图 6.17　不同处理玉米茎粗与生长天数关系

通过对玉米茎粗随生育期的变化分析可知，玉米茎粗随时间变化满足三次多项式，因此，茎粗和生长时间可用下式表示：

$$y = ax^3 - bx^2 + cx - d \qquad (6.2)$$

式中：y 为玉米茎粗，cm；x 为玉米生长天数，d；d、b、c、d 均为回归系数。

通过式（6.2）得到各处理的回归方程见表 6.6。

表 6.6　回归方程系数的参数估计

年份	处理	回归方程	决定系数
2012 年	C0	$y=5\times10^{-6}\times x^3-0.0031x^2+0.5505x-15.074$	0.9580
	CK	$y=8\times10^{-6}\times x^3-0.0039x^2+0.5768x-16.512$	0.9710
	C1	$y=1\times10^{-6}\times x^3-0.0059x^2+0.7482x-20.707$	0.9782
	C2	$y=2\times10^{-6}\times x^3-0.0068x^2+0.8211x-22.330$	0.9828
	C3	$y=2\times10^{-6}\times x^3-0.0070x^2+0.6951x-22.756$	0.9872
2013 年	C0	$y=0.1596\times x^3-2.3927x^2+11.348x-8.727$	0.9520
	CK	$y=1\times10^{-5}\times x^3-0.0048x^2+0.5886x-13.194$	0.9661
	C1	$y=2\times10^{-5}\times x^3-0.0061x^2+0.6736x-14.691$	0.9701
	C2	$y=2\times10^{-5}\times x^3-0.0064x^2+0.6935x-14.963$	0.9788
	C3	$y=2\times10^{-5}\times x^3-0.0064x^2+0.6951x-14.942$	0.9778

由表 6.6 中各式可看出，不同处理回归方程决定系数均大于 0.95，说明玉米茎粗随生长时间的变化关系受到肥料影响较小。但施用生物炭肥各处理决定系数均大于 CK，说明生物炭肥较常规施肥更加符合玉米茎粗生长规律。

4. 施用生物炭肥对玉米叶面积的影响

叶片是作物进行光合作用的主要器官，作物叶面积的大小决定了作物光合生产能力的大小，从而与作物产量密切相关。

本试验在 2013 年对玉米全生育期的叶面积进行测量，将观测数据绘制于图 6.18。由图 6.18 可以看出，各处理玉米叶面积随生育期变化趋势基本一致，可将叶面积变化分 4 个阶段：缓慢增加阶段（苗期—拔节期）、快速增加阶段（拔节期—开花吐丝期）、相对平稳阶段（开花吐丝期—灌浆期）和衰退阶段（灌浆期—成熟期）。在缓慢增加阶段，除 C0 叶面积较低外，其余各处理均无显著差异。快速增加阶段各处理叶面积增加速度大小顺序为 CK＞C2＞C3＞C1＞C0，其中 CK 处理的叶面积生长速率达到 205 cm²/d；与 CK 相比，C1、C2、C3 处理的叶面积生长速率较小，分别降低 9.96%、4.79%和6.95%。这是由于 CK 处理施用的是速效化肥，能够迅速补充玉米叶片在快速生长阶段所需的养分，而生物炭肥养分释放速度相对较缓，从而叶面积增长速度较慢。

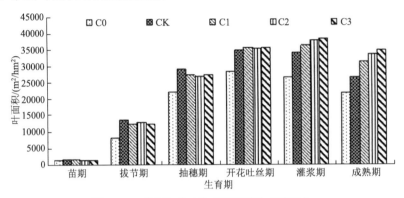

图 6.18　不同处理玉米叶面积随生育期变化

　　进入相对平稳阶段后，叶面积增加缓慢，各处理的叶面积都达到了全生育期的峰值，C0 处理和 CK 处理的叶面积峰值出现在开花吐丝期，分别为 32 556.56 m²/hm²、34 891.55 m²/hm²，到灌浆期提前开始出现下降的现象。而 C1、C2、C3 处理的玉米叶面积峰值出现在灌浆期，分别为 36 434.87 m²/hm²、38 034.43 m²/hm²、38 395.74 m²/hm²。可见施用生物炭肥对玉米叶面积峰值的出现有一定的滞后性。对各处理叶面积峰值相比较，C1、C2、C3 处理较 CK 提高了 4.42%、9.01%、10.04%，其中 C2、C3 与 CK 处理差异显著。C0 处理的土壤由于没有施用肥料，叶面积较 CK 处理的土壤降低了 18.16%。

　　玉米进入衰退阶段时，正值玉米灌浆到成熟的关键时期，各处理叶面积衰退的速度依次为 C0＞CK＞C1＞C2＞C3。C0 处理的叶面积衰退速度达到 69.96 cm²/d，显著快于其他处理。其余处理叶面积衰退速度分别如下：CK 为 54.16 cm²/d、C1 为 35.42 cm²/d、C2 为 30.76 cm²/d、C3 为 25.20 cm²/d，C1、C2、C3 处理的叶面积衰退速度较 CK 降低了 36.60%、43.21%、53.47%。

　　可见生物炭肥能显著降低叶片衰退速度。试验表明，玉米绿色叶片的衰退随着生物炭肥施用量的增加而减小。施用生物炭肥，能有效降低叶片枯萎的速度，避免了由于叶片过快干枯而使灌浆质量差，从而影响最终产量。

　　通过对玉米叶面积随生育期的变化分析可知（图 6.19），玉米叶面积随时间变化满足三次多项式，因此，茎粗和生长时间可用下式表示：

$$y = -ax^3 + bx^2 - cx + d \tag{6.3}$$

式中：y 为玉米叶面积，m²/hm²；x 为玉米生长天数，d；d、b、c、d 均为回归系数。

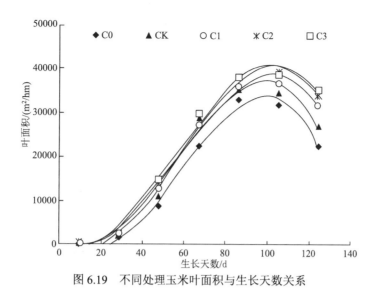

图6.19 不同处理玉米叶面积与生长天数关系

通过式（6.3）得到各处理的回归方程，见表6.7。

表6.7 回归方程系数的参数估计

年份	处理	回归方程	决定系数
	C0	$y=-0.1172x^3-20.487x^2-646.28x+4995.2$	0.9818
	CK	$y=-0.1052x^3+18.705x^2-476.12x+2828.6$	0.9824
2013年	C1	$y=-0.0895x^3+16.009x^2-347.46x+1973.5$	0.9933
	C2	$y=-0.0951x^3+17.215x^2-391.87x+2187.0$	0.9963
	C3	$y=-0.0864x^3+15.178x^2-256.93x+521.1$	0.9927

由表6.7中各式可看出，不同处理回归方程决定系数均大于0.98，说明玉米叶面积随生长时间的变化趋势受肥料影响较小。但施用生物炭肥各处理决定系数均大于CK，说明生物炭肥较常规施肥更加符合玉米叶面积的生长规律。

5. 施用生物炭肥对玉米叶绿素的影响

叶绿素是植物进行光合作用的主要物质，在光合作用的过程中叶绿素对光能的吸收、传递及转化起到至关重要的作用。

本试验在2013年对玉米拔节期—抽穗期、抽穗期—开花吐丝期、灌浆期—成熟期（简称前期、中期、后期）三个生育期测定了经各处理之后土壤玉米的叶绿素指标，以相对叶绿素含量表示。由图6.20表明，叶绿素随着生育期的推进，先增大后减小。在玉米生长前期，除C0处理的土壤相对叶绿素含量较低外，其余处理相差不大，此时CK为46.5，C2、C3较CK提高1.98%和2.52%。在玉米生长中期，各处理相对叶绿素含量到达峰值，表现为C0最低，为51.8，显著低于其他处理。CK相对叶绿素含量为74.9，C1为70.3，较CK降低6.14%，而C2、C3处理的土壤相对叶绿素含量分别比CK提高了6.64%和3.74%。在玉米生长后期，随着叶片的枯黄，玉米叶片中叶绿素含量相比中期有所下降，此时生物炭肥各处理相对叶绿素含量均大于CK，C1、C2、C3处理的土壤相对叶绿素含量分别比CK提高了2.02%、6.21%、8.09%。可见，在玉米生长后期生物炭肥能提高玉米叶片中叶绿素含量，为后期光合作用的进行提供保障。

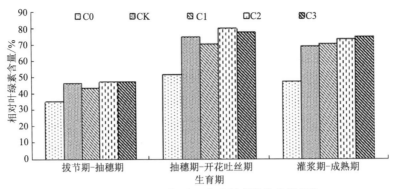

图 6.20　不同处理相对玉米叶绿素随生育期变化

6.4.2　生物炭肥对玉米产量的影响

1. 施用生物炭肥对玉米干物质的影响

玉米的生长是干物质积累的一个过程，玉米同化产物的积累可用干物质质量来表示。总干物质的积累的多少在一定程度上决定着产量的高低。

为了研究生物炭肥对玉米地上部分干物质质量的影响，本试验在 2013 年对玉米主要生育期进行了地上部分各器官的干物质质量的测定，测试数据见表 6.8。

表 6.8　不同处理地上部分干物质质量

生育期	处理	叶干重/（kg/hm²）	茎干重/（kg/hm²）	穗干重/（kg/hm²）
苗期—拔节期	C0	260.93		
	CK	357.53		
	C1	365.93		
	C2	321.83		
	C3	347.28		
拔节期—抽穗期	C0	1 478.93	1 053.68	
	CK	2 020.46	1 825.95	
	C1	1 831.46	1 420.91	
	C2	1 955.85	1 906.83	
	C3	2 017.98	1 978.99	
抽穗期—灌浆期	C0	1 984.50	6 279.53	2 359.64
	CK	2 736.30	7 491.23	3 180.50
	C1	2 654.93	7 578.11	2 840.51
	C2	3 039.23	8 593.73	3 019.80
	C3	2 949.27	9 018.71	3 259.41
灌浆期—成熟期	C0	2 416.05	6 782.48	7 223.48
	CK	3 039.23	8 593.73	15 967.88
	C1	3 156.30	8 373.75	15 811.43
	C2	3 295.43	10 539.90	16 073.40
	C3	3 307.50	10 807.81	17 653.73

在玉米苗期—拔节期，由于玉米植株矮小，器官没有分化，此时所测数据为幼苗整体的干物质质量，其中各处理除 C0 较 CK 降低 27.01%，生物炭肥处理与 CK 差异不大。可见，肥料是影响此阶段玉米幼苗干物质质量的主要因素，而生物炭肥对玉米幼苗干物质的形成和积累与常规肥料相比并未体现出促进作用。

在拔节期—抽穗期，玉米开始分化出茎节，植株个体迅速生长。此阶段 CK 处理的叶的干物质质量在各处理中最大，为 2020.46 kg/hm²，分别比 C0、C1、C2、C3 提高 36.61%、10.32%、3.30%、0.12%。可见 CK 处理的玉米叶片干物质质量与 C2、C3 差异不大。在玉米茎秆方面，最大值出现在 C3 处理中，而 C2、C3 处理的茎秆干物质质量均大于 CK，分别较 CK 提高 4.43%、8.38%。可见 C2、C3 处理在此阶段较常规施肥更能促进茎秆干物质的积累。

在抽穗期—灌浆期，此阶段玉米分化出了穗，由营养生长转变为生殖生长。各处理中 CK 穗的干物质质量最大，比 C0 提高了 39.88%，较 C1、C2、C3 提高了 26.05%、18.57%、9.85%。说明常规施肥对此阶段穗的干物质增加较生物炭肥更有效，可能与此阶段追施尿素有关。

在灌浆期—成熟期，玉米地上部分各器官干物质积累达到最大值，受到灌浆的影响与上阶段相比穗的干物质质量的增加最为明显。各处理的穗干物质质量大小顺序为 C3＞C2＞CK＞C1＞C0，可见生物炭肥处理的 C2、C3 对玉米穗干物质质量的积累更有效，C2、C3 比 CK 提高了 0.66%、11.65%。

由图 6.21 可以看出，各处理地上部分干物质积累是一个逐渐增加的过程。苗期各处理干物质质量较小，差异不明显。至拔节开始玉米分化出茎节，此阶段玉米叶片和茎秆开始快速生长，茎秆干物质质量与叶片的干物质质量几乎各占总的干物质质量的 50%，生物炭肥各处理此时没有表现出对玉米干物质质量积累的促进作用，而常规施肥的 CK 此时干物质质量最大，达到了 3 846.41 kg/hm²。玉米生长进入抽穗期后，开始分化出雌穗，此时总的干物质质量由叶片、茎秆和穗三部分组成，其中以茎秆占比最大，各处理茎秆干物质质量均达到总干物质质量的 54.25%～59.22%。生物炭肥各处理中 C2、C3 干物质质量较 CK 有所增加，提高了 6.11% 和 10.28%，主要原因是 C2、C3 处理提高了此阶段玉米的叶片和茎秆的干物质质量，但穗的干物质质量要低于 CK。随着玉米灌浆完成逐渐成熟，此时穗的干物质质量占总干物质质量的比重更大。各处理干物质质量的积累达到了峰值，C0、CK、C1、C2、C3 处理的土壤干物质质量依次为 1 6422.00 kg/hm²、27 600.83 kg/hm²、27 341.48 kg/hm²、29 908.73 kg/hm²、31 769.04 kg/hm²。可见，随着玉米生育期的推进，生物炭肥处理特别是 C2、C3 对玉米地上部分最终的干物量质量有促进作用。

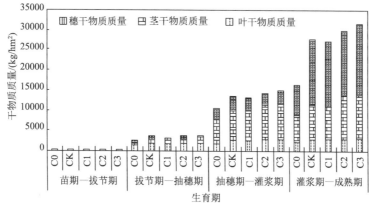

图 6.21　不同处理地上部分干物质量积累过程

2. 施用生物炭肥对玉米产量及产量构成因素的影响

为了研究生物炭肥对玉米产量构成因素的影响，本试验在 2012～2013 年玉米成熟时，对各处理玉米进行了室内考种。

从表 6.9 和表 6.10 可以看出，2012 年和 2013 年各处理产量构成因素的差异变化基本相似。具体表现为，除不施肥的 C0 处理的土壤各项指标均显著降低外，其余各处理在玉米穗长、穗粗、穗行数及单穗重方面差异不大，可见无论沟施还是撒施生物炭肥对以上 4 个指标影响均较小。而与 CK 相比，C3 处理对提高穗粒数有显著效果，两年显示结果相似，C3 处理的土壤穗粒数分别提高了 5.33% 和 7.10%。各处理在百粒重方面，与 CK 相比，C3 处理的土壤百粒重显著增加，分别提高了 5.71%、3.32%，而 C1、C2 与 CK 没有明显差异。

表 6.9　2012 年产量构成因素方差分析

处理	穗长/cm	穗粗/cm	穗行数	穗粒数/(粒/穗)	单穗重/g	百粒重/g
C0	18.40±0.53a	14.53±1.13a	12.13±1.15a	457.33±72.59a	280.09±30.04a	31.24±0.51a
CK	22.63±2.31b	17.38±0.55b	17.50±1.54b	713.03±82.65b	395.54±64.74b	35.90±0.77bc
C1	22.38±1.25b	17.24±0.56b	17.08±1.43b	706.50±52.52b	391.72±25.28b	35.29±0.41b
C2	22.60±0.46b	17.80±0.28b	17.00±1.05b	731.60±57.68b	399.79±69.99b	36.75±1.17c
C3	23.63±1.80b	18.25±0.61b	17.50±1.25b	751.06±27.49c	410.31±32.01b	37.95±0.51d

表 6.10　2013 年产量构成因素方差分析

处理	穗长/cm	穗粗/cm	穗行数	穗粒数/(粒/穗)	单穗重/g	百粒重/g
C0	17.50±3.81a	13.64±1.56a	12.00±1.55a	406.72±79.26a	223.85±56.54a	31.58±0.79a
CK	21.96±1.88b	17.34±0.75b	16.36±1.50b	683.63±45.72b	354.2±50.92bc	35.99±0.18bc
C1	21.82±2.02b	17.24±1.26b	16.18±1.40b	682.66±53.73b	326.6±73.60b	35.35±1.07b
C2	21.67±1.67b	17.00±0.91b	16.00±1.71b	691.45±53.16b	349.0±85.13bc	36.65±0.05cd
C3	23.11±1.54b	17.58±0.69b	16.16±1.34b	732.16±90.24c	394.98±49.89c	37.19±0.49d

综上所述，通过对两年数据的对比分析发现，与常规施肥等养分施用生物炭肥，可以显著提高玉米穗粒数和百粒重，而在减少养分投入的条件下，施用生物炭肥对玉米产量构成因素的各项指标并没有表现出与 CK 的显著差异。

通过上述分析可知，玉米产量构成因素在各处理间存在差异，而这些指标是构成产量的关键指标，因此，各处理产量间必定也存在着差异。本节对 2012～2013 年的不同处理间的玉米产量进行了方差分析，并进行了多重比较（表 6.11～表 6.13）。

表 6.11　产量方差分析

年份	差异源	平方和	自由度	均方	F	P	F_{crit}
	处理间	1.47×10^8	4	36 671 738.0	37.659 27	5.23×10^{-6}	3.478 05
2012 年	处理内	9 737 772	10	973 777.2			
	总变异	1.56×10^8	14				

年份	差异源	平方和	自由度	均方	F	P	F_{crit}
	处理间	57 057 826	4	14 264 457.0	59.587 35	$6.14×10^{-7}$	3.478 05
2013 年	处理内	2 393 873	10	239 387.3			
	总变异	59 451 700	14				

表 6.12　2012 年不同处理产量多重比较

处理	均值/（kg/hm²）	标准差	5%显著水平	均值的95%置信区间	
				下限	上限
C0	4641.58	571.31	a	3 222.34	6 060.81
CK	11 494.18	699.96	b	8 772.06	14 236.98
C1	11 054.64	430.84	b	6 500.19	13 609.05
C2	12 311.60	390.66	b	11 657.46	13 041.98
C3	14 076.10	501.39	c	12 412.10	15 896.84

表 6.13　2013 年不同处理产量多重比较

处理	均值/（kg/hm²）	标准差	5%显著水平	均值的95%置信区间	
				下限	上限
C0	4939.35	471.68	a	4 140.15	5 729.70
CK	9294.31	675.49	b	8 566.95	10 002.90
C1	9027.24	450.01	b	8 050.20	10 189.65
C2	9427.35	360.39	b	8 358.00	10 481.85
C3	10671.75	556.55	c	8 673.30	12 656.55

从表 6.13 中可以看到，2012~2013 年不同处理之间玉米最终产量差异达到了显著水平。通过对 2012 年和 2013 年不同处理产量的多重比较发现，施肥的各个处理均显著大于 C0，与 CK 相比，C0 处理的土壤在 2012 年和 2013 年分别减产了 59.61%和 46.86%。而施用生物炭肥的各处理中，C2、C3 与 CK 相比，有增产效果，2012 年提高 7.11%和 22.46%，2013 年增产 1.51%和 14.82%。2012~2013 年各处理间变化趋势基本一致，以 C3 显著提高，而 C2 与 CK 没有显著差异。C1 处理的土壤产量较 CK 有所减产，两年产量分别降低了 3.82%、2.87%，但没有显著差异。试验表明，在减少养分投入的情况下，施用生物炭肥能够保证与 CK 同等的产量水平，或者在投入同等养分的情况下，施用生物炭肥能显著增产。

6.5　水、肥利用率和经济效益分析

6.5.1　不同处理水分利用率分析

1. 水分利用率评价指标

水分利用率是指消耗单位水量所产出的单位面积的产量，是评价水分能否得到有效利用的重要指标。本节采用作物水分利用率和灌溉水分生产率两种指标评价农田水分的利用状况。

作物水分利用率是作物消耗单位水量的产出，其值等于产量和作物生育期内耗水量的比值。表达式为

$$WUE_c=Y/ET_c \qquad (6.4)$$

式中：WUE_c 为作物水分利用率，$kg/(hm^2 \cdot mm)$；Y 为作物产量，kg/hm^2；ET_c 为作物生育期内耗水量，mm。

灌溉水分生产率是单位灌溉水量所能生产的农产品的产量，其值等于作物产量和作物生育期内灌水量的比值。表达式为

$$WUE_i=Y/W_I \qquad (6.5)$$

式中：WUE_i 为灌溉水分生产率，$kg/(hm^2 \cdot mm)$；Y 为作物产量，kg/hm^2；W_I 为作物生育期内灌水量，mm。

2. 作物耗水量计算

计算作物耗水量有多种方法，本节采用水量平衡法来计算作物生育期内的耗水量。表达式为

$$ET_c=I+P_e+K-D-\Delta W \qquad (6.6)$$

式中：I 为阶段内灌水量，mm；P_e 为阶段内有效降雨量，mm；K 为阶段内地下水补给量，mm；D 为阶段内土壤水渗漏量，mm；ΔW 为阶段始末土壤储水量变化量，mm。

1）灌水量的确定

玉米生育期内共进行灌水三次，灌水水量利用梯形量水堰测量，测量公式为

$$I=1.86BH^{1.5} \qquad (6.7)$$

式中：I 为流量，m^3/s；B 为梯形量水堰的堰宽，m；H 为堰口深，m。

2）有效降雨量的计算

有效降雨指降雨通过入渗后保存于土壤中能被作物利用的那部分降雨量：

$$P_e=\alpha P \qquad (6.8)$$

式中：P_e 为有效降雨量，mm；P 为总降雨量，mm；α 为降雨有效系数，一般认为一次降雨量小于 5 mm 时，α 为 0，当一次降雨量在 5～50 mm 时，α 为 1.0～0.8，当一次降雨量大于 50 mm 时，α 为 0.7～0.8。

3）地下水补给量

由于试验区地下水埋深较浅，玉米生育期内存在地下水补给的现象，本试验通过参考郝芳华等[13]的相关研究成果得到地下水补给量。

4）土壤水渗漏量

土壤深层渗漏量由于无法直接测得数据，本试验根据灌溉后地下水位上升值来推求灌水对地下水的补给量。根据试验田土壤类型，确定土壤给水度[14]，土壤水渗漏量计算公式如下：

$$D=\mu\Delta h \tag{6.9}$$

式中：D 为土壤水渗漏量，mm；μ 为土壤给水度，取 0.07；Δh 为灌水后地下水位上升值，mm。

5）土壤储水量变化量

通过对玉米生育期始末土壤含水率的测定，利用以下公式换算为土壤储水量：

$$W = 10 \times \sum_{i=1}^{5} \gamma_i h_i \theta_i \tag{6.10}$$

式中：W 为土壤储水量，mm；γ_i 为第 i 层土壤容重，g/cm³；h_i 为第 i 层土层厚度，cm；θ_i 为第 i 层土壤质量含水率，%。

3. 不同处理对水分利用率的影响

从表 6.14 中的作物水分利用率来看，两年数据均显示施肥有助于提高水分利用率，2012 年和 2013 年的 C0 比 CK 的作物水分利用率降低了 60.20% 和 42.59%。而施用生物炭肥对提高作物水分利用率有一定作用，其中 C2 相比 CK 有所增加，两年分别提高了 9.57% 和 5.32%；而 C3 能够明显提高水分利用率，相比 CK 而言，两年分别提高 29.91% 和 20.39%。

表 6.14 不同处理水分利用率分析

年份	处理	灌水量 /mm	有效降雨量 /mm	总耗水量 /mm	产量/（kg/hm²）	作物水分利用率/[kg/hm²/mm]	灌溉水分生产率/[kg（hm²·mm）]
2012 年	C0	276.02	75.6	421.47	4 641.58	11.01	16.82
	CK	276.02	75.6	415.19	11 494.18	27.68	41.64
	C1	276.02	75.6	413.05	10 054.64	24.34	36.43
	C2	276.02	75.6	405.96	12 311.60	30.33	44.60
	C3	276.02	75.6	391.47	14 076.10	35.96	51.00
2013 年	C0	310.14	82.6	551.37	4 939.35	8.95	15.92
	CK	310.14	82.6	595.99	9 294.30	15.59	29.96
	C1	310.14	82.6	588.32	9 127.20	15.51	29.42
	C2	310.14	82.6	573.83	9 427.35	16.42	30.39
	C3	310.14	82.6	568.55	10 671.75	18.77	34.40

灌溉水分生产率能够综合反映灌区农业水平、灌溉工程状况及灌溉管理水平，能够显示灌区投入单位灌水量下农作物的产出效果。对比 2012～2013 年不同处理可以看出，施肥仍

是提高灌溉水分生产率的主要因素，与 CK 相比，C0 处理灌溉水分生产率两年分别下降了 59.60%和46.86%。根据两年数据显示，生物炭肥处理中 C2 较 CK 分别提高 7.10%和1.43%，较 C3 明显提高 22.47%和14.82%。

作物水分利用率和灌溉水分生产率主要受耗水量、灌水量和产量的影响。一方面施用生物炭肥减少了耗水量，而在灌水、降雨等条件较为一致的情况下，耗水量的减少主要反映在增加了土壤水分的储存量上，由于生物炭肥在一定程度上提高了土壤的持水性，因此，在玉米收获后的土壤水分储存量较高，从而减少了耗水量。另一方面，在灌水水平一致的条件下，施用生物炭肥能有效提高玉米产量，从而施用生物炭肥能提高作物水分利用率和灌溉水分生产率。

6.5.2 不同处理肥料利用率分析

肥料是重要的农业生产资料，科学评价肥料施用效果，对于改进施肥技术，提高肥料资源利用效率，实现农业增产增效，保障农业可持续发展具有十分重要的意义。

1. 肥料利用率评价指标

评价肥料施用效果的方法和指标有多种，本节采用肥料农学效率、肥料偏生产力两种指标评价肥料利用效率。

肥料农学利用效率是指特定施肥条件下，单位施肥量所增加的作物经济产量。它是施肥增产效应的综合体现，施肥量、作物种类和管理措施都会影响肥料农学效率。表达式为

$$AE = (Y_f - Y_o) / F \tag{6.11}$$

式中：AE 为肥料农学效率，kg/kg；Y_f 为施用肥料下作物的产量，kg/hm^2；Y_o 为不施肥条件下作物的产量，kg/hm^2；F 为肥料纯养分投入量，kg/hm^2。

肥料偏生产力是指施用某一特定肥料下的作物产量与施肥量的比值。它是反映当地土壤基础养分水平和化肥施用量综合效应的重要指标。表达式为

$$PFP = Y/F \tag{6.12}$$

式中：PFP 为肥料偏生产力，kg/kg；Y 为施用肥料下作物的产量，kg/hm^2；F 为肥料纯养分投入量，kg/hm^2。

2. 不同处理对肥料效率的影响

影响肥料农学效率主要有两个因素：一是玉米产量，另一个是施肥量。通过表 6.15 可以看出，两年数据均显示施用不同量生物炭肥能够提高肥料效率，并随着肥料投入的减少，肥料利用率呈现提高的趋势，可见提高肥料效率主要原因是减少肥料投入。2012～2013 年 C1 较 CK 分别提高 84.26%和124.31%。而相同养分投入情况下，施用生物炭肥较常规施肥两年肥料效率分别提高 37.64%和31.60%。

表 6.15 不同处理肥料农学效率分析

年份	处理	养分投入量/（kg/hm²）			产量/（kg/hm²）	肥料农学效率/（kg/kg）	肥料偏生产力/（kg/kg）
		N	P_2O_5	K_2O			
2012年	C0	0	0	0	4 641.58	—	—
	CK	294	105	105	11 494.18	13.60	22.81
	C1	126	45	45	10 054.64	25.06	46.55
	C2	210	75	75	12 311.60	21.31	34.19
	C3	294	105	105	14 076.10	18.72	27.93
2013年	C0	0	0	0	4 939.35	—	—
	CK	294	105	105	9 294.30	8.64	18.44
	C1	126	45	45	9 127.20	19.38	42.25
	C2	210	75	75	9 427.35	12.46	26.18
	C3	294	105	105	10 671.75	11.37	21.17

两年数据显示，肥料偏生产力均以 C1 最高，分别达到 46.55 kg/kg 和 42.25 kg/kg。2012 年各生物炭肥处理相比 CK 肥料偏生产力分别增加 23.74 kg/kg、11.38 kg/kg、5.12 kg/kg，相应提高了 104.07%、49.89%、22.45%。而 2013 年生物炭肥处理较 CK 增加了 23.81 kg/kg、7.74 kg/kg、2.73 kg/kg，分别提高了 129.12%、41.97%、14.80%。

可见，当地常规施肥存在着一定的弊端，大量的肥料投入不仅没有达到显著增产的效果，反而造成了肥料的浪费，极大地降低了肥料的利用率。因此，减少肥料投入，合理施肥才是解决当地农业问题的主要途径。

6.5.3 经济效益分析

经济效益是衡量一切经济活动的最终的综合指标，如何在尽量减少成本投入的情况下，达到最大的产出，是农民较为关心的问题，关乎农民的切身利益。提高农业的经济效益对于经济社会发展有重要意义。

通过对表 6.16 和表 6.17 分析可知，各处理间投入成本差异在于肥料成本的差异。以常规施肥来看，肥料投入占到整个成本比例的 30%以上，因此，如何减少肥料成本、提高产量，是增加收益的关键。常规施肥（CK）采用普通化肥，化肥肥效较短，因此在玉米生长过程中需要进行追肥，从而增加了劳动力的投入，使生产成本上升。而生物炭肥施用量少，生物炭肥本身价格较低，并且无须后期追肥，因此，和 CK 相比，施用生物炭肥能够减少投入成本。通过两年资料的分析可知，2012 年由于采用沟施生物炭肥，成本投入略大于 2013 年，2012 年降低成本投入 32.41%～39.35%；2013 年降低成本投入 36.67%～44.67%。

表 6.16 2012 年不同处理投入分析 （单位：元/亩）

处理	农机费用			种子	肥料	人工费				水费	合计
	靶地	耢地	收割			播种	沟施肥	追肥	打药		
C0	50	50	70	50	0	50	100	0	50	50	470
CK	50	50	70	50	230	50	100	150	50	50	850

处理	农机费用			种子	肥料	人工费				水费	合计
	靶地	糖地	收割			播种	沟施肥	追肥	打药		
C1	50	50	70	50	45	50	100	0	50	50	515
C2	50	50	70	50	75	50	00	0	50	50	545
C3	50	50	70	50	105	50	00	0	50	50	575

表 6.17　2013 年不同处理投入分析　　　　　　（单位：元/亩）

处理	农机费用			种子	肥料	人工费			水费	合计
	靶地	糖地	收割			播种	追肥	打药		
C0	50	50	70	50	0	50	0	50	50	370
CK	50	50	70	50	230	50	150	50	50	750
C1	50	50	70	50	45	50	0	50	50	415
C2	50	50	70	50	75	50	0	50	50	445
C3	50	50	70	50	105	50	0	50	50	475

由表 6.18 可以看出，施肥能够提高经济效益，两年数据显示常规施肥较不施肥处理收益分别增加了 762.11 元/亩和 374.85 元/亩，但是不合理的施肥并不能使收益最大化。

表 6.18　不同处理经济效益分析

年份	处理	产量 /（kg/亩）	单价 /（元/kg）	产出 /（元/亩）	成本 /（元/亩）	经济效益 /（元/亩）	肥料效益 /（元/亩）
2012 年	C0	309.44		773.59	470	303.59	—
	CK	766.28		1 915.69	850	1 065.69	762.11
	C1	670.31	2.5	1 675.77	515	1 160.77	857.18
	C2	820.77		2 051.93	545	1 506.93	1 203.34
	C3	938.41		2 346.01	575	1 771.01	1 467.43
2013 年	C0	329.29		856.15	370	486.15	—
	CK	619.62		1 611.01	750	861.01	374.85
	C1	608.48	2.5	1 582.05	415	1 167.05	680.89
	C2	628.49		1 634.07	445	1 189.07	702.92
	C3	711.45		1 849.77	475	1 374.77	888.61

和常规施肥相比施用生物炭肥各处理均能有效提高收益，2012 年每亩收益分别增加值为 95.07～705.32 元，相应提高 8.92%～66.18%；2013 年每亩收益分别增加 306.03～513.76 元，相应提高 35.53%～59.67%。各施肥处理中，由施加肥料带来的效益以常规施肥最低，而施用生物炭肥带来的效益更大，2012～2013 年不同生物炭肥施用量的肥料效益分别比常规施肥提高 12.47%～92.54% 和 81.64%～137.05%。可见，施用生物炭肥能够有效提高肥料效益，说明生物炭肥在降低成本、增加产出方面比当地常规施肥更有优势，对增加当地农民收益，减少肥料投入，促进当地农业经济发展有重要意义。

6.6 本章小结

本章在田间试验和室内试验结合的条件下，以当地常规施肥为对照处理，分别设置了减少养分60%和30%，以及常规养分的三种生物炭肥处理，开展了不同生物炭肥施用水平下对河套灌区耕层土壤性状及玉米生长适应性影响的研究，并对水肥利用效率和经济效益进行了分析，主要得到以下结论。

（1）施用生物炭肥对耕层土壤容重有一定影响，表现出随着生物炭肥施用量的增大，容重呈减小的趋势，最大降低程度为1.71%，但未达到显著差异水平。根据试验结果预测，若长期使用生物炭肥，随着土壤中的生物炭含量不断积累增多，对降低土壤容重、改善土壤结构和土壤微生态环境有重要作用。

（2）农田耕层土壤含水率受到生物炭肥影响较大。2012～2013年试验数据显示，不同处理对玉米各生育期含水率影响基本一致，主要表现为前期各处理没有显著差异。随着生育期的推进，特别是开始有降雨和灌溉之后，生物炭肥处理表现出了提高含水率的作用，含水率随着生物炭肥施用量增加而增加，其中C2、C3对耕层土壤含水率有显著提高。

（3）施用生物炭肥对土壤温度影响规律为：灌水之前，生物炭肥处理主要表现为增加地温，增加程度随生物炭肥施用量增加而增加。灌水以后，生物炭肥处理主要表现为降低土壤温度，其降低幅度随生物炭肥施用量增加而增加。生物炭肥处理对土壤不同深度极小值的提高较为明显，5～20cm深度极小值分别提高8.11%、2.32%、4.87%、4.74%。可见，生物炭肥对土壤温度的影响规律更加符合玉米的生长规律。

（4）生物炭肥对耕层土壤肥力的提高也有显著作用。与播种前土壤养分含量相比，玉米收获后生物炭肥处理能有效提高耕层有机质含量，其中C2、C3提高15.46%、20.89%，达到显著水平。对碱解氮的影响表现为随着生物炭肥施用量的增加出现了下降的趋势，其中C3甚至出现了负增长，但未达到显著水平。可能的原因是生物炭肥能够有效促进玉米对氮的吸收，具体原因还需进一步研究。施用生物炭肥对提高速效磷、速效钾有显著作用，随着生物炭肥施用量增加速效磷、速效钾随之增加，速效速效磷、速效钾的含量最大提高幅度分别为132.75%和52.97%，提高效果显著。生物炭肥的施用量与各养分含量之间有良好的线性关系。

（5）生物炭肥对玉米生长适应性的研究，主要通过对玉米各生长指标和产量的影响来说明。各生物炭肥处理在玉米苗期能够提高出苗率2.70%以上；但对玉米前期株高生长有所抑制，但随着生育期的推进抑制作用逐渐消失；生物炭肥能够有效增加茎粗；对叶面积的增加也有显著作用，能够提高玉米叶面积4.42%～10.04%，并有效降低叶片衰退速度36.60%～53.47%；同时有提高相对叶绿素含量的作用，提高幅度为2.02%～8.09%。生物炭肥对玉米产量的影响主要表现在地上部分干物质质量和经济产量两个方面，施用生物炭肥能够提高玉米干物质积累，最大提高幅度达到15%。对玉米经济产量的影响表现为，在减少60%养分投入的条件下（C1）并没有造成玉米的显著减产，而在减少30%养分投入的条件下玉米产量有略微提高（C2），而在等养分条件下（C3），施用生物炭肥能显著提高玉米产量，两年分别提高了22.46%和14.82%。可见，生物炭肥对玉米生长及生产有积极的促进作用。

（6）通过两年数据分析，生物炭肥处理中C2、C3均能有效提高作物水分利用率和灌溉水分生产率，其中2012年C2、C3较CK，提高作物水分利用率分别为9.57%和29.91%，提高灌溉水分生产率分别为7.10%和22.47%；2013年C2、C3较CK相比，提高作物水分利用率分别为5.32%和20.39%，对灌溉水分生产率分别提高1.43%和14.82%。

（7）肥料利用率的提高主要是通过减少肥料投入。随着生物炭肥施用量的减少，在一定程度上提高了肥料利用率。2012年提高了37.64%～84.26%；2013年提高了14.80%～129.13%，对于肥料偏生产力，2012年提高肥料偏生产力22.45%～104.07%；2013年提高了14.80%～129.12%。通过对两年数据的分析可知，生物炭肥较常规肥料更有助于玉米的吸收和利用。

（8）对于经济效益而言，两年数据显示施用生物炭肥均能够有效减少成本投入，2012年减少成本投入32.41%～39.35%；2013年减少成本36.67%～44.67%。其中与常规施肥的主要差别就在于肥料的成本。在减少成本投入的基础上，生物炭肥处理较常规施肥处理收益有所增加，2012年收益提高8.92%～66.18%；2013年提高了35.53%～59.67%。可见，生物炭肥能有效降低玉米种植的成本投入。

综上所述，施用生物炭肥，对改善土壤结构、增加土壤含水率及调节地温有很好的效果，同时对玉米生长和生产有积极的促进作用。与当地常规施肥相比，施用生物炭肥特别是在减少30%养分投入和等养分投入的条件下，均能提高水分利用率和肥料利用率，对经济效益也有一定程度的提高。总而言之，试验表明，施用生物炭肥对实现节水、保肥、增产及农业的可持续发展有重要意义。

参 考 文 献

[1] 高海英, 何绪生, 耿增超, 等. 生物炭及炭基氮肥对土壤持水性能影响的研究. 中国农学通报, 2011, 27(24): 207-213.

[2] LAIRD D A, BROWN R C, AMONETTE J E, et al. Preview of the pyrolysis platform for coproducing bio-oil and biochar. Biofuels, Bioproducts and Biorefining, 2009, 3(5): 547-562.

[3] CHEN B, CHEN Z. Sorption of Naphthalene and 1-Naphthol by biochars of orange peels with different pyrolytic temperatures. Chemosphere, 2009, 76(1): 127-133.

[4] 唐光木, 葛春辉, 徐万里, 等. 施用生物黑炭对新疆灰漠土肥力与玉米生长的影响. 农业环境科学学报, 2011, 30(9): 1797-1802.

[5] 高海英, 何绪生, 陈心想, 等. 生物炭及炭基硝酸铵肥料对土壤化学性质及作物产量的影响. 农业环境科学学报, 2012, 31(10): 1948-1955.

[6] KUROSAKI F, KOYANAKA H, HATA T, et al. Macroporous carbon prepared by flash heating of sawdust. Carbon. 2007, 45(3): 671-673.

[7] LEHMANN J, DASILVA J P, STEINE R C, et al. Nutrient availability and leaching in an archaeological anthrosol and a ferralsol of the Central Amazon Basin: Fertiliser manure and charcoal amendments. Plant and Soils, 2003, 249: 343-357.

[8] JONES B E H, HAYNES R J, PHILLIPS I R. Effect of amendment of bauxite processing sand with organic materials on its chemical, physical and microbial properties. Journal of Environmental Management, 2010, 91(11): 2281-2288.

[9] 王常慧, 邢雪荣, 韩兴国. 草地生态系统中土壤氮素矿化影响因素的研究进展. 应用生态学报, 2004, 15(11): 2184-2188.

[10] STEINER C, ARRUDA M R D, TEIXEIRA W G, et al. Soil respiration curves as soil fertility indicators in perennial central amazonian plantations treated with charcoal, and mineral or organic fertilisers. Tropical Science, 2008, 47(4): 218-230.

[11] 曾爱. 生物炭对塿土土壤理化性质及小麦生长的影响. 咸阳: 西北农林科技大学, 2013.

[12] LAIRD D A, FLEMING P, DAVIS D D, et al. Impact of biochar amendments on the quality of a typical midwestern agricultural soil. Geoderma, 2010, 158(3/4): 443-449.

[13] 郝芳华, 欧阳威, 岳勇, 等. 内蒙古农业灌区水循环特征及对土壤水运移影响的分析. 环境科学学报, 2008, 28(5): 825-831.

[14] 张蔚榛, 张瑜芳. 土壤的给水度和自由空隙率. 灌溉排水学报, 1983(2): 1-16.

第7章　不同改良剂对河套灌区典型土壤理化特性及作物生长的影响

7.1　不同土壤改良剂对土壤垂直入渗过程的模拟试验

土壤水分入渗是重要的陆地表面水分交换过程之一[1]；是降水和灌溉水再分配的重要过程，提高表层土壤入渗量是植被涵养水源、调蓄径流，防止土壤发生侵蚀的关键[2]；运动中受到分子力、毛管力和重力的影响，其运动过程也就是在综合作用力下寻求平衡的过程[3]。研究区土壤以黏壤土为主，主要灌溉形式为漫灌，水肥利用率低，大部分水分短时间内蒸发，导致土壤团粒结构遭到严重破坏，形成严重的土壤板结[4]，在整个入渗过程中，入渗速率及土壤蓄水量成为决定土壤质地优良与否的关键因素。本章针对施入不同类型的改良剂，即生物炭和保水剂，通过室内土柱模拟试验与实际田间试验相结合的方法研究土壤改良剂对土壤入渗能力的影响，探讨适合研究区土壤质地的土壤改良剂施用种类及合理施用量。

本章主要选用两种试验材料对研究区土壤进行改良试验。其中，BJ2101XM 型保水剂（聚丙烯酰胺）由北京汉力淼新技术有限公司提供，呈白色粉末状，粒径 0.01～2 mm，在去离子水中吸水倍数为 233.9 g/g，在自来水中吸水倍数为 124.3 g/g；生物炭由辽宁金和福农业开发有限公司提供，烧制原料为玉米秸秆，生物炭粒径为 0.001～2.0 mm，pH 值为 7.84，偏微碱性，营养元素质量百分数分别为氮 1.68%、磷 0.82%、钾 1.55%。

试验分为土柱入渗试验和田间入渗试验两部分进行。

7.1.1　试验方法

1. 试验装置

土柱入渗试验于 2014 年 4～10 月进行，试验装置如图 7.1 所示，土柱桶为高 90 cm、内

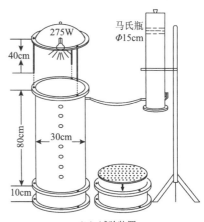

（a）实际蒸发效果　　　　　　　　　　　　　　（b）试验装置

图 7.1　土柱装置示意图

径 30 cm 的圆柱形容器，距离土柱桶顶部 40 cm 设有照明装置为 TCL 275 W 灯泡，距桶顶 5 cm 设灌水层，沿柱壁垂直方向每隔 10 cm 设 3 个平行取样孔，夹角 120°，柱底设 10 cm 反滤层。

2. 室内试验设计

分别设置对照组（CK，0/hm²）与试验组。保水剂试验组分别为 3 种保水剂施用量，即 45 kg/hm²、90 kg/hm² 和 135 kg/hm²；生物炭试验组为 3 种生物炭施用量，即 Bo-10（10 t/hm²）、Bo-30（30 t/hm²）、Bo-50（50 t/hm²）。各计量采用混施方法处理（混施多用于种植成片作物，如小麦、玉米等），共 7 个试验组。具体试验处理为：将相应的施用量均匀拌入表层 0～20 cm 的土壤中。本章的缩写注释均采用如下方式简化：处理名称-施用量代号-施用量；处理名称：CK-对照，保水剂试验组分别为 S-3（45 kg/ hm²）、S-6（90 kg/hm²）、S-9（135 kg/ hm²）；生物炭试验组分别为 Bo-10（10 t/hm²）、Bo-30（30 t/hm²）、Bo-50（50 t/hm²）。

3. 土柱入渗试验方法

试验土样按照设计土壤容重（1.50 g/cm³）和设计保水剂施用量及施用方式将保水剂混入土壤中，分层装入土柱，每层 5 cm，共 15 层。利用土壤夯土器将土壤夯实，并在层与层之间打毛。灌水之前，为保证数据可靠，将装好的土柱随机排列摆放，将控制水位的马氏瓶连接在顶部进水口。在放水的同时打开反滤层的排气口，将反滤层的空气排出。灌水量由田间持水量按比例换算得来，通过环刀法试验测定田间持水量。当灌水量满足设计田间持水量即终止灌水，在入渗过程中记录马氏瓶的水位变化和土柱的下渗湿润锋变化。灌水后定期进行入渗参数及蒸发量的分层观测。试验采用称重法测定土柱的日蒸发量（称的量程为 180 kg，精度为 0.005 kg），铝盒取土烘干法测定土壤含水率。

试验注水过程中，设计灌水水头为 5 cm，记录土壤湿润锋下渗情况及马氏瓶耗水量，最后计算出对应的入渗速率及累积入渗量，测定频率：0～10 min 每 2 min 记录一次，10～60 min 每 5 min 记录一次，60 min 以上每 10 min 记录一次，注水结束静置 48 h，待土壤气体排放稳定后，打开红外线灯模拟蒸发，试验温度为（33±0.5）℃，同时设置蒸发皿进行实时蒸发量测定。

蒸发观测周期为 24 d，取土频率为 6 d/次，土样取自每个深度（2 cm、5 cm、15 cm、25 cm、35 cm、45 cm、65 cm）的 3 个平行取样孔，采用烘干法测定土壤含水率。

图 7.2　双环入渗仪试验装置示意图

4. 田间入渗试验方法

田间入渗试验采用双环入渗仪对掺入不同施用量的土壤改良剂的土壤入渗速率进行测定。试验装置如图 7.2 所示，双环的内外环均由精钢焊制，环顶焊接 4 个垫片，作为敲入地表的锤击点。

设置对照和试验组共 9 组处理，CK 及 4 个保水剂施用水平（45 kg/hm²、90 kg/hm²、135 kg/hm²、180 kg/hm²）、4 个生物炭施用水平（10 t/hm²、20 t/hm²、30 t/hm²、50 t/hm²），每组 3 个重复，进行双环入渗试验。经过激光土地平整后，按照设置施用量采用旋耕机分别均匀混入各试验田表层 0～40 cm 中，每个重复小区面积为 60 m²，以玉米为供试作物。各处理标记为：CK（对照）、S-3（45 kg/hm²）、S-6（90 kg/hm²）、S-9（135 kg/hm²）、S-12（180 kg/hm²）、Bo-10（10 t/hm²）、Bo-20（20 t/hm²）、Bo-30（30 t/hm²）、Bo-50（50 t/hm²）。将双环入渗仪外环打入试验田距地表 15 cm 处，地面以上留 15 cm 作为水头护臂；内环打入至侧壁入水口处，以保证水流的畅通；参照当农民浇地时地面灌溉水头高度，马氏瓶水头设定为 10 cm。双环入渗仪仪器高 30 cm，外环直径 30 cm，内环直径 10 cm，供水计量装置为马氏瓶（图 7.2）。

试验采用秒表计时，记录马氏瓶水位变化，计算得到入渗速率。以马氏瓶出水作为试验起始，记录初始读数，记录频率为：0～10 min，30 s/次；10～30 min，1 min/次；30～60 min，5 min/次；60～120 min，10 min/次；120～300 min，20 min/次。

5. 计算公式

田间持水率（%）=（置沙 8d 重–环刀干土重）/（环刀干土重–环刀重）×100

饱和含水率（%）=（浸水 24h 重–环刀干土重）/（环刀干土重–环刀重）×100

土壤含水率（%）=（湿土重–干土重）/（干土重–铝盒重）×100

入渗量计算：

$$I_S = \frac{h_M \cdot \left(\dfrac{D_M}{2}\right)^2 \cdot \pi}{\left(\dfrac{D_i}{2}\right)^2 \cdot \pi} \tag{7.1}$$

式中：I_S 为各处理入渗水量，cm；h_M 为马氏瓶水分消耗量，cm；D_M 为马氏瓶直径，cm；D_i 为双环入渗仪内环直径，cm。

入渗速率计算：

$$i_S = \frac{I_S}{t_S} \tag{7.2}$$

式中：i_S 为各处理入渗速率，cm/min；t_S 为记录时间，min。

7.1.2 保水剂对土壤入渗过程的影响

1. 保水剂土柱入渗试验结果与分析

总体上，保水剂试验组和 CK 的入渗速率随着时间变化趋势基本一致，呈现由大到小的趋势。起始入渗的 10 min 内，入渗速率快速减小，此后随时间延长，入渗速率缓慢减小，直至稳定状态。

从图 7.3 可以看出，各试验组的入渗速率均高于 CK，不同程度上体现抑制水分深层渗漏的效应。0～10 min 时段的区分最明显，特别在 6 min 时 S-3、S-6、S-9 较 CK 分别增加了 9.11%、38.60%、41.62%。在整个入渗过程中，处理 S-3、S-6 和 S-9 的稳定入渗速率比 CK 分别增加6.79%、18.63%、23.45%；S-6 和 S-9 处理的土壤入渗速率在 60 min 达到稳定，而 CK 在 90 min 时开始趋于稳定。这主要是由于保水剂遇水开始吸湿膨胀，在土柱试验测定保水剂颗粒平均粒径膨胀约为 2.5 mm，为吸水前的 5～20 倍，为供试土壤平均粒径的 3～5 倍。因此，吸水后的保水剂颗粒有助于增加土壤孔隙，提高土壤的表面张力，进而抑制水分下渗能力，同时孔隙增加也增大了毛管水量，在同等入渗条件下土壤含水率有所提高，处理 S-6（90 kg/hm²）的入渗强度最大。

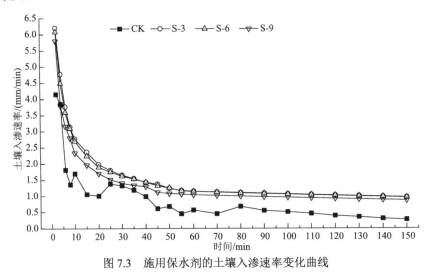

图 7.3　施用保水剂的土壤入渗速率变化曲线

通过分析各组累积入渗量，可以对比入渗强度近似条件下各组的入渗量差异，图 7.4 为不同保水剂施用量的土壤累积入渗量，S-3、S-6、S-9 分别较 CK 增加 46.2%、44.8%、21.5%，可见施用保水可以对增加土壤蓄水量，特别是在初始入渗阶段保水剂对土壤入渗能力影响较明显。

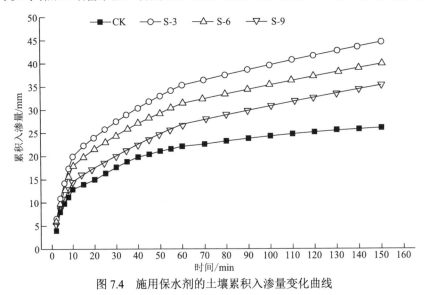

图 7.4　施用保水剂的土壤累积入渗量变化曲线

2. 保水剂田间入渗试验结果与分析

保水剂田间入渗速率趋势如图 7.5 所示，总体趋势和土柱垂直入渗的结果相同，都表现出施入保水剂后可以提高土壤入渗速率的效果，进一步验证了施加保水剂可以提高土壤的入渗速率的结论，且入渗速率随着施用量的增加而增大，但增速较土柱入渗试验缓慢。为了方便显示入渗速率的差异，分别记录不同典型时刻的土壤入渗速率变化值见表 7.1。在开始入渗时，施入保水剂的处理入渗速率就明显高于 CK，且与施用量成正比，5 min 时进入入渗调整阶段，入渗速率急剧变缓，随着入渗的持续，相继在 23 min 时入渗速率有较为明显的变化，在 60 min 时入渗速率与 23 min 时变化不大，最后为稳定入渗速率，施加保水剂的处理 S-3、S-6、S-9、S-12 较 CK 分别增加 30.91%、36.06%、34.82%、30.22%，与 CK 差异较大，但各组施用量之间的差异不大，以处理 S-6 效果最为显著。

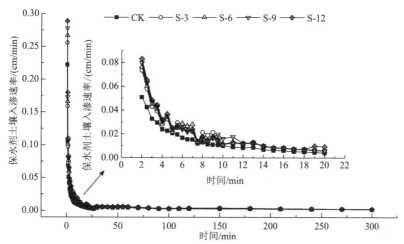

图 7.5　施入保水剂的田间土壤入渗速率变化曲线

表 7.1　不同施用量土壤入渗速率特征值　　　　（单位：cm/min）

入渗速率典型时刻	CK	S-3	S-6	S-9	S-12
1 min	1.049 6	1.590 1	1.659 3	1.728 4	1.797 5
5 min	0.206 4	0.221 6	0.231 2	0.240 8	0.250 5
10 min	0.100 6	0.110 4	0.110 4	0.159 6	0.114 8
30 min	0.037 4	0.059 3	0.059 3	0.061 6	0.058 8
60 min	0.036 2	0.054 2	0.058 4	0.061 0	0.053 8
土壤稳定入渗速率	0.004 4	0.005 9	0.006 9	0.006 4	0.006 2

在田间试验中，灌水后期为饱和入渗阶段，田间累积入渗量随着施用量的增加而增大，图 7.6 为添加不同用量的保水剂对土壤累积入渗量的影响，S-3、S-6、S-9、S-12 分别较 CK 增加累积入渗量 33.49%、37.02%、41.51%、45.95%，结论与土柱入渗试验相同。与土柱入

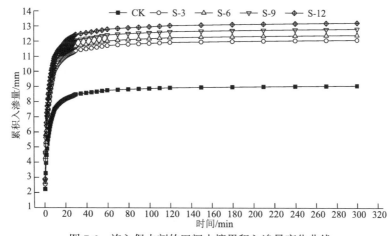

图 7.6　施入保水剂的田间土壤累积入渗量变化曲线

渗不同的是土柱入渗是设定灌水量为田间持水量，当入渗量达到田间持水量设定值时，就关闭了灌水源，而田间试验则继续自然入渗直至达到饱和入渗。

7.1.3　生物炭对土壤入渗过程的影响

1. 生物炭土柱入渗结果分析

从图 7.7 中可知，施用生物炭的试验组和对照组随时间的变化呈现出由大到小的趋势，初始入渗土壤吸附水分子剧烈，下渗迅速，差异初步显现，且土壤表层水头逐步稳定；当入渗持续到第 10 min 时，入渗速率相继迅速减小，开始进入渗漏阶段，各处理入渗速率大小依次为 Bo-30＞Bo-10＞Bo-50＞CK；当入渗持续到第 100 min 时，除 CK 外各处理相继开始达到饱和，进入渗透阶段，此时入渗速率有略微的停滞，各处理相继趋于稳定，大小顺序为 Bo-30＞Bo-10＞Bo-50，随后开始饱和水流运动，连续测定 30 min 的单位通量，Bo-10、Bo-30、Bo-50 理分别较 CK 增加 3.7%、67.1%、23.5%；

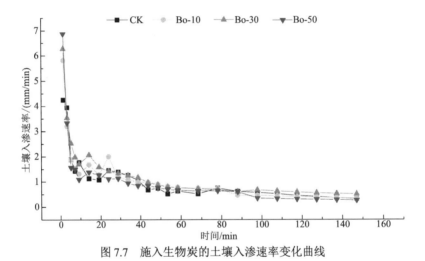

图 7.7　施入生物炭的土壤入渗速率变化曲线

图 7.8 为不同生物炭配比的土壤累积入渗量随时间的变化关系，累积入渗量大小为 Bo-30＞Bo-10＞Bo-50＞CK，Bo-10、Bo-30、Bo-50 的累积入渗量分别较 CK 增加 17.5%、28.8%、15.2%，

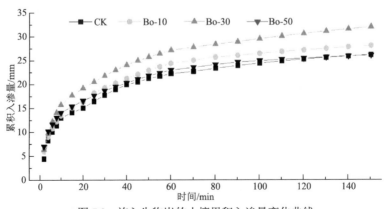

图 7.8　施入生物炭的土壤累积入渗量变化曲线

结合入渗速率的数据，说明生物炭的施入通过增加土壤毛管水的通量，达到增加土壤入渗速率的效果，该结论与王艳阳[5]的研究结论"生物炭能够增加土壤水分的渗透性"和"生物炭可以提高土壤上层的蓄水能力和下层土壤的持水能力"相符。

2. 生物炭田间入渗试验结果与分析

土壤入渗速率是判断土壤入渗能力的指标之一，随着入渗过程的进行土壤入渗速率是逐渐减小的。在不同生物炭用量的影响下，土壤入渗速率也相应产生差异。为分析生物炭施用量对研究区土壤入渗速率的影响，分别点绘各施用水平下土壤入渗速率随时间变化的曲线（图7.9）。

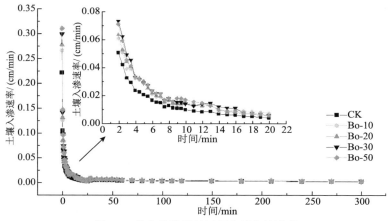

图7.9　施入生物炭的田间土壤入渗速率

试验组和CK的入渗速率随时间变化趋势基本相同，整个入渗过程分为两个阶段，即非稳定入渗阶段（0~60 min）和稳定入渗阶段（>60 min）。取典型时刻（1 min、5 min、10 min、30 min、60 min）的入渗速率对试验组和CK的入渗过程进行比较（表7.2）。在非稳定入渗阶段，随生物炭输入量增加各组入渗速率均呈现递增趋势。其中Bo-30变化最显著，2 min时开始高于其他处理（图7.9），在各典型时段较CK依次高出35.0%、40.3%、39.6%、44.4%、45.9%、41.7%，且在整个入渗过程中与Bo-50差值较接近。入渗速率在30~60 min内开始趋于平缓，在60 min后各组都相继进入稳定入渗阶段，此时各组入渗速率相较于CK分别增加34.09%（Bo-10）、56.82%（Bo-20）、45.45%（Bo-30）、50%（Bo-50）。

表7.2　不同施用量土壤入渗速率特征值　　　　　　　　　　　（单位：cm/min）

入渗速率典型时刻	CK	Bo-10	Bo-20	Bo-30	Bo-50
1 min	1.050	1.260	1.312	1.417	1.469
5 min	0.206	0.291	0.305	0.289	0.289
10 min	0.101	0.153	0.146	0.141	0.170
30 min	0.045	0.060	0.077	0.065	0.066
60 min	0.037	0.050	0.052	0.054	0.056
土壤稳定入渗速率	0.044	0.059	0.069	0.064	0.062

水分入渗达到稳定后可用稳定入渗率表征入渗能力，但在达到稳定入渗之前[5]，常用累积入渗量表征入渗能力[6]，本试验在30 min时各组（Bo-10、Bo-20、Bo-30、Bo-50）累积入渗量出现明显差异（图7.10），分别较CK增加37.6%、38.83%、44.6%、44.2%。各处理在60 min左右陆续达到稳定入渗，各处理累积入渗量均随生物炭施用量增加而增大。

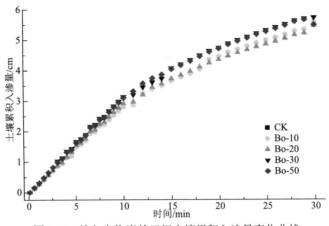

图 7.10　施入生物炭的田间土壤累积入渗量变化曲线

7.1.4　生物炭对黏壤土入渗规律的模拟试验

1. 考斯加柯夫（Kostiakov）模型

$\ln i = b + a \cdot \ln t$，即 $i(t) = 10^b t^a$，简化为

$$i(t) = kt^a \tag{7.3}$$

式中：t 为时刻，min；$i(t)$ 为入渗率，cm/min；k 为经验入渗系数，表示非饱和土壤入渗速度达到相对稳定时的入渗速度；a 为经验入渗指数，反映土壤水分入渗能力的衰减速度[7]。

2. 菲利普（Philip）模型

在假定初始含水率均匀分布的前提下，利用级数形式描述一维垂直入渗问题，菲利普两项入渗公式是常用形式：

$$i_o = 0.5St^{-0.5} + B \tag{7.4}$$

式中：i_o 为入渗速率，cm/min；S 为土壤吸湿率，cm/min；t 为入渗时间，min。在入渗初期，参数 S 起主要作用[8]，相当于水平渗吸的情况；随着入渗时间的增长[9]，参数 B 稳渗率则为影响入渗的主要因素[10]。

3. 格林–安姆普特（Green-Ampt）模型

$$i(t) = K_S \left[\frac{h_o + S_f + z_f}{z_f} \right] \tag{7.5}$$

式中：$i(t)$ 为土壤入渗速率，cm/s；t 为入渗历时，s；K_S 为饱和导水率，cm/min；h_o 为土表面的积水深度，cm；S_f 为湿润锋面吸力势，cm；z_f 为概化湿润锋深度，cm。则 t 时刻的累计入渗量为

$$I = (\theta_s - \theta_i)z_f$$

式中：θ_s 为饱和含水率，g/g；θ_i 为初始含水率，g/g；I 为累积入渗量，cm。对于入渗时间较短的情况公式最后可简化为

$$i(t) = K_S(1 + S_f \cdot z_f^{-1}) \tag{7.6}$$

在格林-安姆普特入渗模型中，I、θ_s、θ_i 均为试验获取数据，欲求土壤的入渗特性，获得 K_s 和 S_f 就可以计算，而双环入渗仪饱和导水率通过式（7.1）求得，故 S_f 为变量，对各组采用格林-安姆普特模型进行拟合。

4. 经典模型拟合结果及对比分析

根据3种经典模型的模拟结果（图 7.11）对生物炭改良方案进行分析。CK 为对照组实测值，K-CK，P-CK，G-CK 分别为相应的考斯加柯夫模型、菲利普模型、格林-安姆普特模型的对照组模拟值。

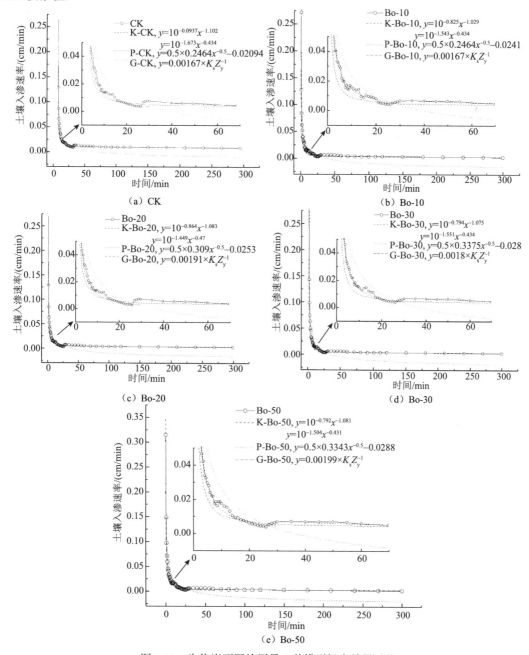

图 7.11　生物炭不同施用量3种模型拟合结果对比

在考斯加柯夫模型中，砂质土壤 a 值较小，黏质土壤 a 值较大[7]。不同施用水平下的考斯加柯夫模拟结果中，加入生物炭的土样 a 值的绝对值均小于等于 CK（表 7.3），说明该粒径的生物炭可以改善黏壤土的性状，增加土壤的孔隙率及导水能力，从而降低黏性土壤易结皮的可能性。在模拟中，对土壤入渗采用分段模拟，结果较实测值更为接近，各施用量水平的模拟值较其他模型而言与实测值最为接近。故认为考斯加柯夫模型可以较准确地描述河套灌区黏壤土及改良土壤的入渗过程。

表 7.3 3 种入渗方程拟合参数表

| 处理 | 考斯加柯夫模型 | | | | | | 菲利普模型 | | | 格林-安姆普特模型 | |
| | $t \leqslant 30\ min$ | | | $t > 30\ min$ | | | | | | | |
	k	a	R^2	k	a	R^2	S	B	R^2	S_f	R^2
CK	0.112	−1.075	1.00	0.009	−0.249	0.71	0.246	−0.0209	0.919	152.059	0.997
Bo-10	0.130	−0.988	0.99	0.012	−0.249	0.71	0.296	−0.0241	0.917	136.518	0.994
Bo-20	0.144	−1.052	0.99	0.015	−0.299	0.69	0.309	−0.0253	0.923	128.315	0.993
Bo-30	0.154	−1.043	0.99	0.012	−0.249	0.71	0.338	−0.0279	0.922	143.752	0.992
Bo-50	0.155	−1.050	0.99	0.012	−0.236	0.68	0.344	−0.0288	0.919	143.086	0.994

在菲利普模型的拟合参数中，不同时间 t 下的吸渗率 S 和稳渗率 B 的拟合参数值见表 7.3，吸湿率 S 随生物炭施用量的增大逐渐增大，说明生物炭的添加对入渗初期影响较大；随着时间的增加，稳渗率 B 的绝对值也逐渐增加，但各组差异不明显，说明稳渗阶段受生物炭输入量的影响不显著；与其他模型的模拟结果对比可以看出，菲利普模型与实测值偏差较大，在稳定入渗后偏差明显，各组结果图中均有体现。

格林-安姆普特模型中，饱和导水率 K_S 随着施炭量的增加基本呈增大趋势，湿润锋面吸力势 S_f 也随着施炭量的增加而增大，说明生物炭的输入改变了原状土的土壤水势；同时，如前所述，也会对土壤含水率产生影响，而非饱和入渗过程中初始含水率对土壤水势的影响较显著。格林-安姆普特模型中假定湿润区土壤水参数保持不变，而拟合中 K_S 和 S_f 相互影响、共同作用，因此，在非稳定入渗时期与实测值有一定的偏差（图 7.12），没能全面地描述不同土质变化下的入渗规律；在图 7.11（a）、图 7.11（b）中格林-安姆普特的拟合与实测值较相近，但在图 7.11（b）、图 7.11（d）、图 7.11（e）中偏差较大，区分效果优于菲利普模型，且后期稳定入渗后的模拟值均与实测值接近，但略差于考斯加柯夫经验模型的模拟精度。

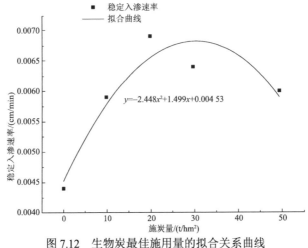

图 7.12 生物炭最佳施用量的拟合关系曲线

自然条件下，土壤质地是影响土壤持水性的重要因素之一[8]。黏壤土本身具有土体密实、透气性差等特点[9]，吸水后容易造成土壤板结，影响作物的生长。质地较粗土壤的释水速率明显高于黏土含量较多的土壤。生物炭具有较大的比表面积及孔隙度，含氧官能团的存在，赋予了生物炭一定的极性，使其具有良好的亲水性[10]，从而增强了其对土壤水分的持留能力，添加到土壤中一定程度上能够改善土壤持水能力[11]，增强土壤阳离子交换量[12]及增加土壤肥料吸附量[13]。在 Piccolo 等[14]的生物炭对土壤持水力影响的研究中显示，添加 0.05 g/kg 的木炭腐殖酸可以显著提高土壤的持水能力，增加土壤含水量。

然而，Tryon[15]的研究结果表明，在粗颗粒土质中生物炭的添加可以显著提高土壤的含水率；但在细颗粒土质中添加过多生物炭反而会显著降低土壤含水率。针对本研究区的黏壤土，生物炭的施用量与入渗速率呈抛物线关系（图 7.12），当用量为 30.62 t/hm² 时稳定入渗速率达到最大（0.006 83 cm/min），与实测的最佳施用水平值吻合。

采用考斯加柯夫模型模拟中，根据经验公式的原理，土壤的渗吸速率 i 是时间 t 的函数，且入渗率与时间的对数关系为线性关系[7]。将入渗速率与对应的时间进行对数运算，发现在 23 min 时入渗速率随时间变化的曲线斜率 a 有明显变化，所以将整个入渗过程以 23 min 为界进行分段拟合，即分为非稳定入渗阶段和稳定入渗阶段，分别对其进行线性回归分析，得到拟合方程如图 7.13 所示。采取分段模拟的方式[16]，获得了较好的模拟效果，也体现了经验模型对描述统计规律时的灵活性，在部分基于物理意义的基础上，实现了与实际监测数据较好的吻合效果，被认为是最适于描述该研究区入渗规律的模型。

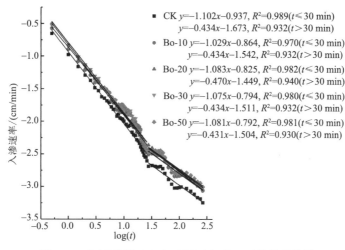

图 7.13　入渗速率（i）与时间（t）的双对数关系曲线

根据以上试验结果，保水剂和生物炭均能改善研究区耕作层土壤入渗能力，但两者在作用机理、入渗速率及累积入渗量方面具有显著不同。

（1）在作用机理方面，保水剂是通过黏壤土吸水后的颗粒膨胀，从而有助于增加研究区黏壤土孔隙率，提高土壤的表面张力，进而增加施用层水分的下渗能力，同时土壤孔隙增加也增大了毛管水量。田丹等[17]在分析比较秸秆生物炭、花生壳生物炭等材料对砂壤土水力特征参数的研究中发现，随着生物炭施用量的增加，土壤总孔隙度增大。而生物炭由于其本身具有比表面积大、容重小和吸附性强等特点，施入土壤后，对土壤黏粒具有一定的吸附性，改变了土壤结构，增加土壤中团聚体比率（在第7章中详细阐述），从而为毛细管的形成奠定基础。通过施用生物炭，研究区土壤容重减少，土壤孔隙率增加，从而达到增加施用层水分下渗能力及土壤蓄水能力、并抑制深层渗漏损失的效果。

（2）入渗速率改善程度上，对比两种改良剂在土柱入渗试验中的表现发现，保水剂各组（S-3、S-6、S-9）的稳定入渗速率比 CK 分别增加：6.79%、18.63%、23.45%；生物炭各组（Bo-10、Bo-30、Bo-50）的稳定入渗速率比 CK 分别增加：3.7%、67.1%、23.5%。

在田间入渗试验中保水剂和生物炭分别表现为：S-3、S-6、S-9、S-12 处理的土壤的稳定入渗速率比 CK 分别增加 30.91%、36.06%、34.82%、30.22%；Bo-10、Bo-20、Bo-30、Bo-50 处理的土壤的稳定入渗速率比 CK 分别增加 34.09%、56.82%、45.45%、50%；从试验结果可以看出，两种土壤改良剂对研究区土壤施用层都具有增加入渗速率的效果；从土柱入渗试验和田间入渗试验验证来看，生物炭对研究区土壤的入渗速率提高效果较好，其中处理 Bo-20 和 Bo-30 都表现出了较理想的试验结果，结合渗透模型拟合结果，可将研究区耕作土壤生物炭适宜的参考剂量设为 30 t/hm^2。

（3）在土柱入渗试验中保水剂和生物炭的累积入渗量分别表现为：较 CK 增加 46.2%（S-3）、44.8%（S-6）、21.5%（S-9），17.5%（Bo-10）、28.8%（Bo-30）、15.2%（Bo-50）；在田间验证试验中保水剂和生物炭的累积入渗量分别表现为：较 CK 增加累积入渗量 33.49%（S-3）、37.02%（S-6）、41.51%（S-9）、45.95%（S-12）、37.6%（Bo-10）、38.83%（Bo-20）、44.6%（Bo-30）、44.2%（Bo-50）。

对比土柱入渗和田间入渗的研究结果可看出，生物炭实际田间验证试验效果优于土柱入渗试验，保水剂则正好相反。保水剂是高分子聚合的产物，施用量为 0~135 kg/hm^2，而生物炭则是玉米秸秆未充分燃烧后的产物，参考其他的研究施用量为 0~50 t/hm^2；保水剂只是改善土壤的单相入渗机理，在温度恒定的室内，表现效果优于生物炭，而在自然条件下生物炭不仅可以改善土壤的入渗速率，还能对土壤容重、孔隙率、地温等产生一定的影响，对土壤的改良更加全面，也更为合理。

7.2　不同土壤改良剂对土壤蒸发过程的影响

土壤水蒸发是指土壤水分以气态形式向土面之上的大气扩散的过程，该过程不仅与土壤结构、质地、色泽、含水量及潜水埋深、地表特性、土壤毛管输送力等内在因素有关，还与外界气象条件，如气温、湿度、风速等因素有关。

在整个土壤水蒸发过程中，土壤孔隙中的毛管水量对蒸发过程的演变起到重要作用。当土壤孔隙丰富，能增加毛管水的储蓄含量并提高土壤的抗蒸发能力，同时保持一定蓄水量也对保持土壤温度恒定起到重要的作用。本节针对施入不同类型的改良剂，通过室内外试验相结合的方法研究土壤改良剂对土壤蒸发能力的影响，探讨适合研究区土壤质地的土壤改良剂施用种类及合理施用量。

试验分室内土柱蒸发试验和田间蒸发试验两部分进行。

7.2.1 试验设计

1. 土柱蒸发模拟试验设计

试验设备介绍及土柱填装方法参见 2.1.3 小节，土柱上部的红外线灯泡为模拟日光蒸发的光源。

通过环刀法试验测定试验土样的田间持水量，设定试验土柱灌水量为田间持水量。灌水结束后，经过 48 h 的静置，待土壤气体排放稳定后，打开红外线灯进行蒸发模拟试验，同时设置蒸发皿进行实时蒸发量测定。蒸发观测周期为 24 d，每日通过对土柱进行逐一称重，计算日蒸发量。称重仪由上海华德衡器有限公司提供，量程为 0～150 kg，精度为 0.005 kg。

通过蒸发模拟试验监测施入不同用量的土壤保水剂后土壤蒸发的变化规律，从而揭示保水剂对土壤蒸发效应的影响。

2. 田间蒸发试验设计

在作物生长初期将蒸渗仪放于膜间和行间，如图 7.14 所示。通过称重法测定其土壤的日蒸发量。按照小区试验设计在 9 块试验田中分别随机放入蒸渗仪，设置 3 个重复，安置在膜间测定田间蒸发。分别称取相同重量的田间原状土壤（2.5 kg±5 g），按照各改良剂施用量均匀的混施于蒸渗仪中（处理同入渗），并称取初始重，每次灌水前称取蒸渗仪重量，灌水后静置 2 d（因黏壤土质地，无法进入）称重，下雨时做法相同。

（a）田间放置图　　　　　　　　　　　（b）大样图

图 7.14　微型蒸渗仪田间布置图

采样时间设定为每日上午 10:00，称取每日的蒸渗仪蒸发量并做记录。

图 7.15 为试验装置示意图，考虑铁质材料具有热传导快、易锈蚀、易腐烂和不宜加工等特点，为减少仪器自身的误差影响，故采用 PVC 材质，在金属网片上放置直径 10 cm 的定性滤纸作为反滤层。

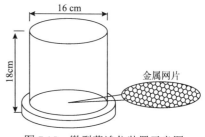

图 7.15　微型蒸渗仪装置示意图

3. 计算公式

$$土柱蒸发量（mm）=（土柱前日质量-土柱次日质量）×水容重/（\pi r^2/2） \tag{7.7}$$

7.2.2 保水剂对土壤蒸发的影响

1. 保水剂土柱模拟试验逐日蒸发量结果与分析

施入保水剂后，试验前期 CK 处理的土壤的日蒸发量大于其他处理，且与保水剂施用量成正比。图 7.16 为模拟蒸发试验施用不同用量保水剂土壤每日蒸发量变化图。从图中可以看出，总体趋势为 CK＞S-3＞S-9＞S-6，CK 处理的土壤随着土壤含水率的降低，蒸发速率逐渐下降，在 3 月 12 日蒸发速率与 S-3、S-6 持平，之后的规律为 S-6＞S-9＞S-3＞CK，因为保水剂本身具有吸水基团，能有效吸持水分，待作物缺水时缓慢释放自身水分供给作物生长，具有较好的持水性。其中保水效果最为突出的是处理 S-6，在试验初期，蒸发效果均低于其他处理，3 月 12 日之后释放水分明显，由此可看出，保水剂具有减少土壤蒸发的效应。

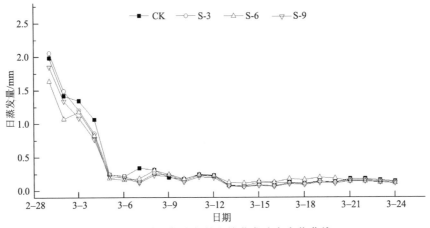

图 7.16　施用保水剂的土壤蒸发速率变化曲线

随着保水剂施用量的增加，累积蒸发量呈降低趋势（图 7.17），其中 S-6、S-9 蒸发量较为接近，保水剂各处理分别较 CK 累积蒸发量减少：6.83%（S-3）、12%（S-6）、16.15%（S-9）。

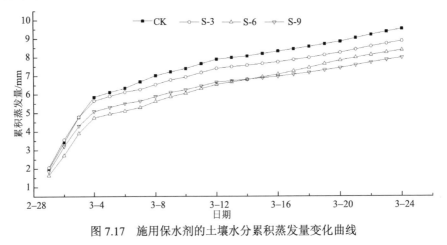

图 7.17　施用保水剂的土壤水分累积蒸发量变化曲线

2. 蒸发条件下不同保水剂施用水平对土壤水分的影响

为了了解在连续蒸发条件下添加保水剂后土壤含水率的变化情况，进行室内保水剂土柱蒸发试验，并分期（每次观测间隔 6 d）测定不同深度内各试验组土壤水分。图 7.18 为连续蒸发条件下分期土壤含水率变化曲线。图7.18（a）为灌水2d后，不同保水剂施用量的土壤含水率在深度方向上的变化图，可以看出，在土壤表层（0～25 cm）添加保水剂各处理的土壤含水率均略高于CK，经过6 d的室内蒸发，土壤表层（5～35 cm）差异开始显现，各处理的土壤含水率都高于CK[图7.8（b）]；在第三次含水率测试中，可以看出施用层（0～20 cm）的抑制效应，使得土柱（0～65 cm）整体含水率与CK差异明显，各处理施用量土柱含水率都高于CK[图7.18（c）]；从最后一次监测结果可以看出，施加保水剂处理的含水率在经过18 d的连续蒸发后明显高于CK。从整个过程看，随着蒸发的持续进行，含水率整体都在下降，但保水剂抑制蒸发的效果也逐步显现，从表层的施用层到深层各保水剂不同施用量之间的含水率差异值较为相近。

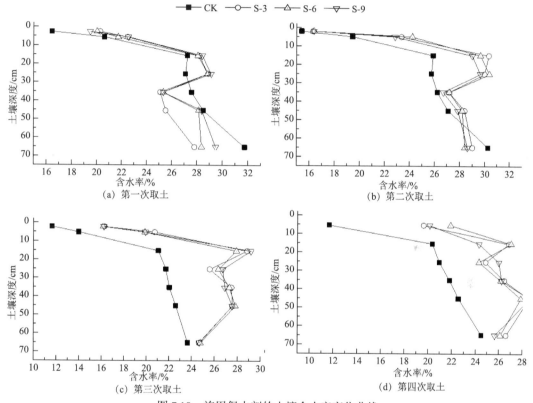

图7.18　施用保水剂的土壤含水率变化曲线

设定的土壤灌水量为田间持水量，因此，同一深度相同生物炭施用量在不同观测时期的土壤含水量减少可归结为仅由蒸发引起。图7.18（a）为重力水下渗完成的蒸发初期，整体含水率处于较高水平；蒸发6 d后[图7.18（b）]，各处理的含水率有所下降，第二次测定土壤含水率较初期在深度5 cm处各组减少率分别为5.00%（CK）、4.33%（S-3）、10.77%（S-6）、1.82%（S-9）；第三次含水率变化如图7.18（c）所示，随着蒸发的持续，以深度15 cm为观察点，第三次较第二次中各处理减少率为22.93%（CK）、4.73%（S-3）、5.70%（S-6）、0.74%（S-9）；第四次[图7.18（d）]蒸发深度继续下降，以深度25 cm为观察点第四期较第三次中各处理减少率为：5.19%（CK）、3.55%（S-3）、8.68%（S-6）、3.25%（S-9）。

通过以上结论可以得出，施用保水剂后可以抑制土壤中水分的蒸发，保水剂受到干燥土壤的压力胁迫，从而释放水分，而未施加保水剂的处理只能通过深层毛管水进行补充，由此可见，保水剂具有延缓土壤水分损失的效果。

3. 保水剂田间逐日蒸发量结果与分析

在大田试验中，如图 7.19 所示，其显示出的效果与土柱蒸发效果一致，试验从 5 月 22 日开始监测，5 月 29 日进行第二次灌水，CK 处理的土壤的蒸发速率从 6 月 11 日开始显著低于其他处理，大小趋势为 S-12＞S-3＞S-6＞S-9＞CK，随着灌水次数的增加，各处理的组间差异趋于平缓，水分蒸发逐渐减小，只在灌水后的 10 d 内有较明显的差异（其中灌水后前 3 d 因土壤潮湿无法进入），这也可能是因为后期玉米株高增加，减少了太阳辐射与地面的直接照射。

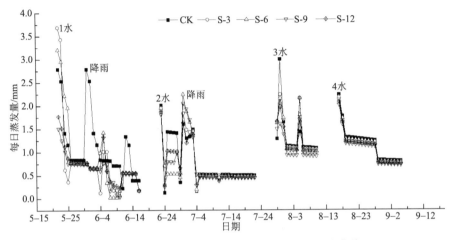

图 7.19　施用保水剂的土壤水分逐日蒸发量变化曲线

图 7.20 为保水剂累积蒸发量，各处理分别较 CK 减少蒸发 4.27%（S-3）、3.13%（S-6）、14.15%（S-9）、9.46%（S-12）。

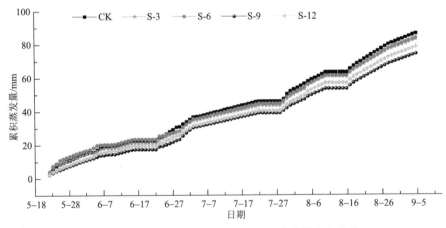

图 7.20　施用保水剂的土壤田间累积蒸发量变化曲线

4. 保水剂对不同作物生育期内单日土壤蒸发量的影响

为研究单日内不同时段土壤水分蒸发强度，分别设定在玉米苗期、拔节期、抽雄期、成熟期选定连续三日测定 6:00～20:00 的蒸发量变化，测定时间间隔 2h。图 7.21 为施用保水剂后各生育期蒸发日变化量，保水剂同样有抑制蒸发的效果，该结论与赵霞[18]通过保水剂对夏玉米蒸发效应的研究结论相同。不同生育期测定当日 20:00 至次日 6:00 蒸渗仪水分变化量见表 7.4，将两天的补给量差值做平均处理，得出连续测定 3 d 蒸发日变化量夜间水分补给量的平均值，结果显示苗期补给量相差为 53.22%～277.77%；拔节期补给量相差为 23.25%～334.88%；抽雄期补给量相差为 25.0%～262.5%；成熟期补给量相差为 38.33%～240.00%。补给量随着施用量的增大而增加，处理 S-9 增加幅度最大。产生夜间水分补给现象的原因是白天日照使土壤升温，蒸发强度增加，而夜间空气温度降低，与土体中的温度形成差值，土体在散发热量的同时将水分升华到上层土壤中，从而达到对水分的补给，也可以看成是土壤下层水分向上运移的结果。

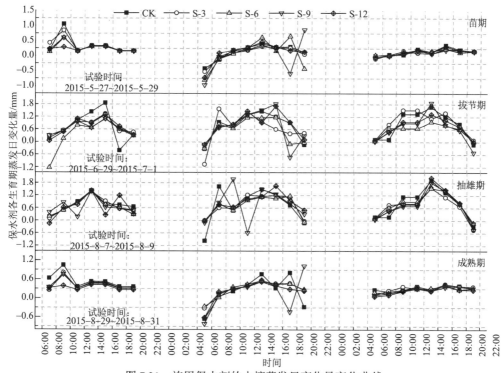

图 7.21 施用保水剂的土壤蒸发日变化量变化曲线

表 7.4 保水剂不同生育期当日 20:00 至次日 6:00 蒸渗仪水分变化量

生育期	测定时间/d	补给量/mm				
		CK	S-3	S-6	S-9	S-12
苗期	1～2	0.59	0.68	0.96	1.12	0.88
	2~3	−0.05	0.15	−0.45	0.92	0.18
拔节期	1～2	0.67	1.53	0.61	0.46	0.47
	2~3	−0.24	0.34	−0.07	0.27	0.06
抽雄期	1～2	0.51	0.45	0.29	0.61	0.33
	2~3	−0.27	−0.15	−0.17	0.26	0.41
成熟期	1～2	0.59	0.68	0.96	1.12	0.88
	2～3	0.01	0.15	−0.45	0.92	0.18

5. 蒸发条件下保水剂对田间土壤含水率的影响

为进一步研究保水剂实际应用效果，将保水剂按室内研究的施用比例应用到玉米田间试验中，研究玉米生育期内保水剂对田间土壤水分蒸发的影响。图 7.22 为添加保水剂后玉米全生

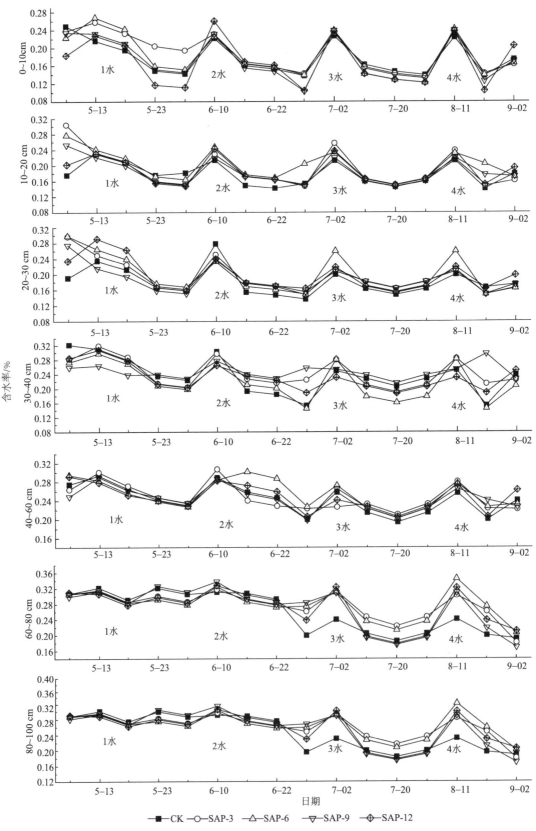

图 7.22　施用保水剂的不同深度土壤含水率变化曲线

育期各层土壤含水率的变化情况，为便于分析，将垂向 1 m 范围分为三个区间来对水分变化情况进行讨论。第一区间为表层蒸发高强度区（0～20 cm），第二区间为缓冲区（20～40 cm，保水剂施用于 0～40 cm），第三区间为补给区，即犁底层及以下土壤（40～100 cm）。

在第一次灌水之后，表层土壤中处理 S-3 和 S-6 的含水率较高，其余处理含水率略高于 CK，CK 处理的水分损失速率高于其他处理，表现为 CK＞S-6＞S-3＞S-9＞S-12；第二次灌水之后，玉米进入拔节期，株高明显增加，作物茎秆迅速增长，叶密度增加，土壤水分损失主要源于植物吸收及蒸腾，在植被茎叶遮挡下，阳光对土地的直接照射减弱，土面蒸发减弱，因此各处理的水分损失及其各处理间的水分减少差异都较小，但仍表现为 CK 处理的土壤水分吸湿强度低于其他处理，与室内土柱模拟试验的结果一致，第一区间含水率的大小排序为 S-12＞S-9＞S-6＞S-3＞CK。

相反，在犁底层（40～60 cm），该层土壤长期受机械耕作影响土体受到挤压，受降雨或灌水时黏粒的沉降积累影响，土壤密实，对于水分的传递非常不利，且由于保水剂施用层对灌水的拦截，使得该层土壤的含水率均与 CK 处理的土壤含水率相差不大。在犁底层以下 60～100 cm 是未施用的深层土壤，受到施用层的间接影响及作物根系的作用，深层土壤的含水率也具有与上层土壤含水率在作物生育期内相同的变化规律，尤其是在第三次灌水之后，在作物遮挡下，到达土面的太阳辐射减弱，土面蒸发量随之降低，同时玉米生长正处于由拔节到抽雄的过渡时期，每日作物耗水量加剧，犁底层以下 60～80 cm 水分变化规律与上层土壤基本一致。

随着时间的推移，表层 0～40 cm 土壤每次灌水后含水率恢复到田间持水率水平的时间都有所缩短。第一次灌水后，土壤含水率达到田持水平是在灌后的第 10 d，第二次灌水后在第 7 d 达到田持水平，第三次灌水和第四次灌水后的第 5 d 含水率就已经下降到田持水平。

相比于土柱蒸发试验，实际田间存在不受人为控制的复杂条件，但根据实时监测整个玉米生育期内不同深度的土壤含水率变化情况发现，保水剂对抑制土面蒸发具有较好的效果，与土柱蒸发的研究结论一致。这一结果对日后的土壤改良剂的应用推广具有一定的借鉴意义。

7.2.3 生物炭对土壤蒸发的影响

1. 生物炭土柱模拟试验逐日蒸发量结果与分析

施用生物炭后对土壤施用层土壤蒸发起到了抑制效应，图 7.23 是土柱蒸发试验施用不同用量生物炭土壤逐日蒸发量变化曲线，可以看出在开始蒸发后由于室内恒定的高温蒸发，土壤水分蒸发强度大，平均蒸发量为 2.34 mm，且随着各处理间蒸发持续差异逐渐明显，总体

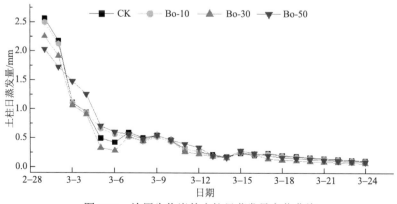

图 7.23 施用生物炭的土柱日蒸发量变化曲线

趋势为 CK＞Bo-10＞Bo-30＞Bo-50，该现象说明施入生物炭后可以抑制耕作层的水分蒸发，提高土壤田间持水能力，这与王丹丹[19]研究锯木和槐树皮制备的生物炭可以提高半干旱地区土壤田间持水量的结论相同，同样 Glaser 等[20]的研究也得出了，在生物炭丰富的亚马孙河流域的耕作土比周围未含生物质炭土壤的持水率高 18%左右。

图 7.24 为生物炭土柱累积蒸发量，土壤蒸发量与生物炭施用量呈负相关。全试验期，处理 Bo-10、Bo-30、Bo-50 较 CK 累积蒸发量分别减少 0.01%、1.08%、13.67%。

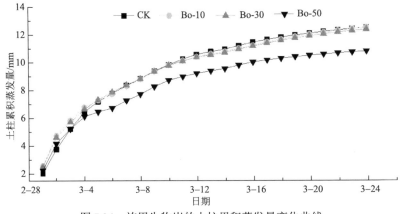

图 7.24　施用生物炭的土柱累积蒸发量变化曲线

对于施用生物炭后减少土壤蒸发的机理性原因大致可归结为以下几点。

（1）施用生物炭后改变了土壤的结构，由于生物炭本身的低密度性，掺入土壤后使其密度降低，从而增加了土壤的孔隙度。毛管水是存在于土壤孔隙之间的水分，也是土壤中最有效的水分之一，增加孔隙度的同时也就增加了土壤毛管水的含量，从而增加土壤的蓄水能力。

（2）毛管水的增加延长了土壤水分从蒸发第一阶段过渡到第二阶段所持续的时间，从而降低了水分蒸发总量。

（3）在蒸发的过程中，毛管起到下层向上层传输水分的作用，在后面的大田蒸发试验日变化规律研究中会有论证。

2. 蒸发条件下不同生物炭施用水平对土壤水分的影响

为了解添加生物炭后在土壤连续蒸发情况下土壤含水率的变化情况，进行室内生物炭土柱蒸发试验。图 7.25 为连续蒸发条件下分期土壤含水率变化曲线，每次观测间隔 6 d，图 7.25（a）为灌水 2 d 后，不同生物炭施用量的土壤含水率在深度方向上的变化图，可以看出，在土壤表层（0～15 cm）各生物炭处理的含水率均高于 CK，其中 Bo-30 最为突出；经过 6 d 的室内蒸发，土壤表层（0～15 cm）处理 Bo-30 和 Bo-50 的含水率都高于 CK[图 7.25（b）]；在第三期含水率测试中，可以看出在施用层（0~20 cm）以上，各施用量土柱含水率都明显高于 CK[图 7.25（c）]；从最后一期的监测结果可以看出，施加生物炭处理的土壤含水率在经过 18 d 的连续蒸发后明显高于 CK。从整个过程看，随着蒸发的持续进行，含水率整体都在下降，但生物炭抑制蒸发的效果也逐步显现，从施用层到深层（0～65 cm）Bo-30 处理的土壤的含水率均高于其他处理，是较理想的施用水平。

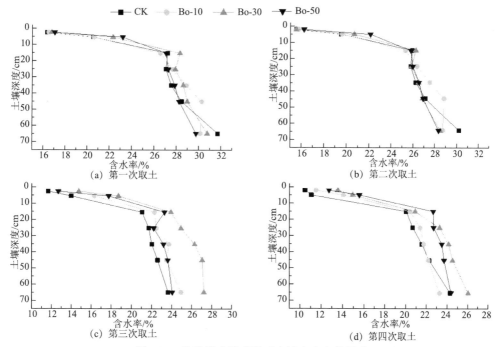

图 7.25 生物炭土柱蒸发对土壤含水率的影响

由于设定的土壤灌水量为田间持水量，同一深度相同生物炭施用量在不同观测时期的土壤含水量减少可归结为仅由蒸发引起。图 7.25（a）为重力水下渗完成的蒸发初期，整体含水率处于较高水平，蒸发 6 d 后[图 7.25（b）]，各处理的含水率有所下降；第二次测定土壤含水率较初期各组减少率分别为 4.76%（CK）、4.76%（Bo-10）、7.41%（Bo-30）、4.78%（Bo-50）；第三次含水率变化如图 7.25（c）所示，随着蒸发的持续，以深度 15 cm 为观察点，第三次较第二期中各处理减少率分别为 18.65%（CK）、11.82%（Bo-10）、8.69%（Bo-30）、9.57%（Bo-50）；第四次[图 7.25（d）]蒸发深度继续下降，以深度 25 cm 为观察点第四次较第三次中各处理减少率为 4.93%（CK）、5.00%（Bo-10）、6.66%（Bo-30）、2.02%（Bo-50）。

由以上结论可以得出，施用生物炭后可以减少土壤中水分的蒸发，延长水分通过干化表层水汽扩散作用逸入大气的时间，从而减缓由蒸发迅速而带来的土壤板结和硬化现象。

3. 生物炭田间蒸发试验结果与分析

图 7.26 为施用生物炭后田间逐日蒸发量，通过四种生物炭施用量测定生物炭对研究区土壤蒸发的影响，从前期的数据来看，蒸发试验从第一次（5 月 20 日）灌水后开始，整体日蒸发量处于较低水平，施入生物炭处理的日蒸发量少于 CK，在灌水后第 10 d 蒸发量开始急剧下降，进入稳定蒸发阶段，日蒸发量逐步下降，各处理间蒸发量从大到小依次为 CK＞Bo-10＞Bo-20＞Bo-50＞Bo-30；第二次灌水时玉米进入拔节期，各处理间的水分蒸发差异增加，但整体蒸发量与第一次灌水后相近；第三次灌水后，玉米开始进入抽雄期，气温也逐渐升高，每日蒸发量也逐渐增加，在 8 月 24 日～9 月 2 日进入蒸发高峰期，随后开始逐日衰减，CK 处理的土壤持水性和抵抗蒸发的能力低于施用生物炭的各处理，总体趋势为 CK＞Bo-10＞Bo-20＞Bo-50＞Bo-30，与室内试验结论一致，区别是大田试验种植玉米，玉米后期植株遮挡了大部分阳光，蒸发量降低，而不像土柱蒸发试验一直是恒定值。图 7.27 为施用生物炭后田间累积蒸发量，各处理 Bo-10、Bo-20、Bo-30、Bo-50 的累积蒸发量分别较 CK 减少 9.58%、6.28%、

10.95%、4.2%，趋势和土柱试验一致。

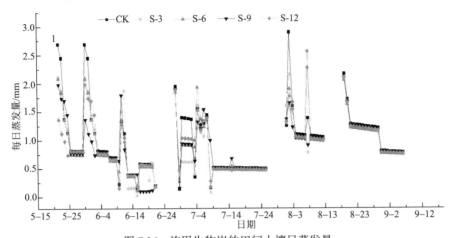

图 7.26　施用生物炭的田间土壤日蒸发量

中间空白区为灌水期，地面有水无法进入检测数据如 6-17~6-22

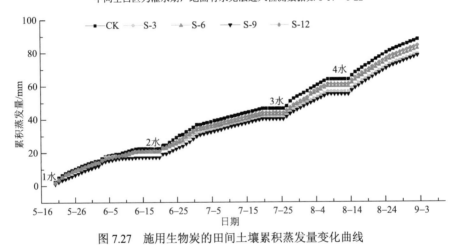

图 7.27　施用生物炭的田间土壤累积蒸发量变化曲线

4. 生物炭对不同作物生育期内单日土壤蒸发量的影响

图 7.28 为施用生物炭后各生育期蒸发日变化量，从图中可以看出，蒸发强度随时间的变化呈先升高后降低的趋势，蒸发规律为从 8:00 开始地表开始升温，蒸发量逐渐升高，在 14:00 达到顶峰，随后呈降低趋势，到 18:00 趋于平缓，直至次日 6:00 监测，水分有回升的趋势。

根据土壤水的能量原理，在不考虑温度及溶质的影响下，非饱和土壤水分的运动主要取决于重力势和基质势，当表层土壤含水量逐渐变小时，基质势则可由零变化至负十几个大气压，由于白天地表蒸发而土壤中水分损失，负压吸力增大，深层水通过毛管系统逐渐上升到表层，从而达到水分的补给[21]。表 7.5 为生物炭不同生育期当日 20:00 至次日 6:00 蒸渗仪水分变化量，将 2 d 的补给量差值做平均处理，得出连续测定 3 d 蒸发日变化量夜间水分补给量的平均值，数据显示施入生物炭后不同程度增加了每日夜间土壤下层向上层水分输送的通量，不同生育期的增加值分别为：苗期 18.52%~79.62%；拔节期 55.81%~202.38%；抽雄期 270.83%~587.5%；成熟期 6.66%~61.64%。并且随着施用量的增大而增加，处理 B-30 增加幅度最大；施入生物炭后增加夜间水分补给量的现象是因为白天日照使土壤升温，蒸发强度增加，而到了夜间，由于空气中温度降低，与土体中的温度形成差值，土体在散发热量的同

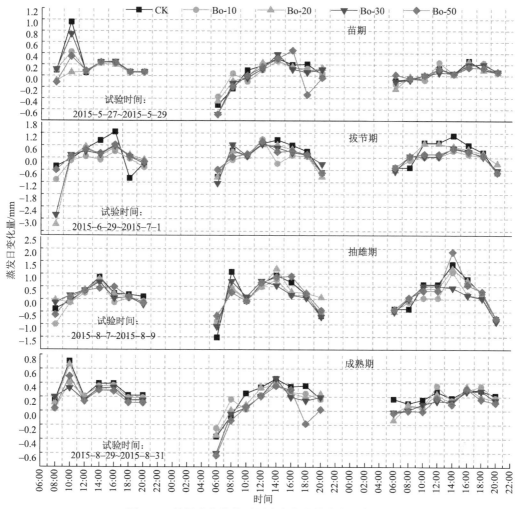

图 7.28　施用生物炭的不同生育期土壤蒸发日变化量

时将水分以蒸发的形式带到上层土壤中，从而达到对水分的补给，也可以看成是土壤下层水分向上运移的结果。以上结论进一步证明了施用生物炭后可以增加土壤毛管的导水率和导水量，同时与 7.1 节结论生物炭可以增加土壤入渗速率和入渗量的结论相吻合。

表 7.5　生物炭不同生育期当日 20:00 至次日 6:00 蒸渗仪水分变化量

生育期	测定时间	补给量/mm				
		CK	Bo-10	Bo-20	Bo-30	Bo-50
苗期	1～2 天	0.59	0.44	0.51	0.76	0.75
	2～3 天	−0.05	0.20	0.38	0.21	0.11
拔节期	1～2 天	0.67	0.11	0.87	0.95	0.40
	2～3 天	−0.24	0.17	0.31	0.35	0.27
抽雄期	1～2 天	0.51	0.78	0.79	0.88	1.62
	2～3 天	−0.27	0.11	0.57	0.20	0.03
成熟期	1～2 天	0.59	0.44	0.51	0.76	0.75
	2～3 天	0.01	0.20	0.38	0.21	0.05

5. 蒸发条件下生物炭对田间土壤含水率的影响

为研究生物炭在实际中的应用效果，将生物炭按土柱试验的施用比例应用到玉米试验田中，研究玉米生育期内生物炭对田间土壤水分蒸发的影响。图 7.29 为添加生物炭后玉米全生育期各层土壤含水率的变化情况，为便于分析，将垂向 1 m 范围分为三个区间来对水分变化进行讨论。第一区间为土壤表层高强度蒸发区（0～20 cm），第二区间为缓冲区（20～40 cm，生物炭施用于 0～40 cm），第三区间为补给区（40～100 cm），即犁底层及以下土壤。

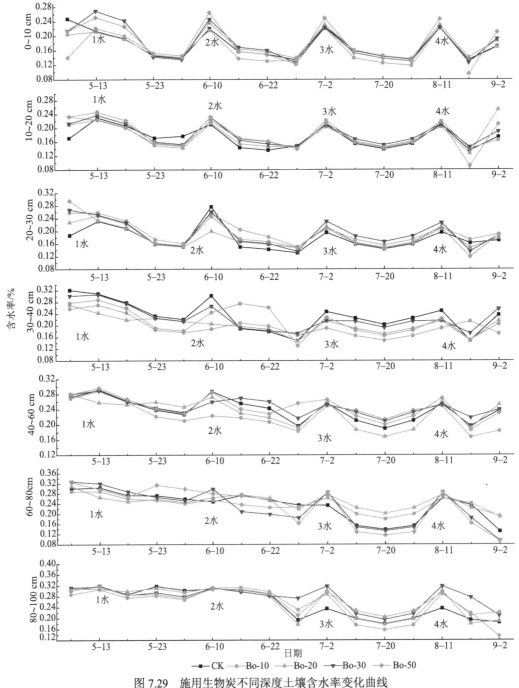

图 7.29 施用生物炭不同深度土壤含水率变化曲线

在第一次灌水之后，表层土壤中处理 Bo-30 和 Bo-50 的含水率较高，其余处理含水率与 CK 接近。第二次灌水之后，玉米进入拔节期，株高增加明显，作物茎秆迅速增长，叶密度增加，土壤水分损失主要源自于植物吸收及蒸腾，在植被茎叶遮挡下，阳光对土地的直接照射减弱，土面蒸发减弱。因此，玉米在此阶段各处理的水分损失及其处理间的水分减少差异都较小，但仍表现为 CK 处理的水分吸湿强度低于其他处理，与土柱蒸发试验的结果一致，第一区含水率的大小排序为 Bo-30＞Bo-50＞Bo-20＞CK＞Bo-10。

在犁底层（40～60 cm），施用生物炭也对灌水形成拦截作用，该土层的含水率与 CK 相差不大。在犁底层 60～100 cm 是未施用生物炭的深层土壤，其含水率变化规律没有太大改变，但在第三次灌水之后，只有 Bo-50 出现了水分急剧下滑的现象。

本节研究的改良土壤试验作物为玉米，是深根系作物，根系可延伸到地下 80～100 cm，为了让玉米的根系充分的发育，在苗期和拔节期应将土壤水分控制在能够支撑玉米生长所需水分的范围内，即土壤含水率接近田间持水率，过多的灌水会使玉米根系集中在浅层，不能够充分地吸收深层水分，并导致在之后的生长发育出现水分供应不足、玉米产量减少、甚至是倒苗的理象。因此，保证第三区的水分补给区对于玉米后期生长具有重要作用。

随着时间的推移，表层（0～40 cm）土壤每次灌水后含水率恢复到田间持水率水平的时间都有所缩短，在第 1 次灌水后，土壤含水率达到田持水平是在落后的第 10 d，第 2 次灌水后在第 12 d 达到田持水平，第 3 次灌水后在第 7 d 达到田持水平，第四次灌水后的第 7 d 含水率下降到田持水平。

相比于土柱蒸发试验，实际田间存在不受人为控制的复杂条件，但根据实时监测整个玉米生育期内不同深度土壤含水率的变化情况发现，与保水剂对比，生物炭对抑制土面蒸发具有更好的效果，效果最好的处理为 Bo-30，即施用量为 30 t/hm²，与土柱蒸发试验结果一致。

以上试验结果表明，保水剂和生物炭都具有抑制土壤蒸发的功效，主要从以下三个方面讨论两种改良剂对研究区土壤的影响。

（1）由于材质不同，两种改良剂与土壤结合后对土壤蒸发的抑制作用过程不同。保水剂通过吸湿灌溉水或者雨水扩大自身的体积，土壤水在低于田间持水量时会产生土壤负压吸力，保水剂受压力胁迫逐步释放水分，从而达到延长蒸发周期，减缓蒸发的效果。而生物炭则是通过自身具有的强吸附性将灌溉水或者雨水吸附于土壤颗粒之间。施入生物炭可以降低土壤容重[22]，研究表明生物炭在制备过程中极易形成微孔结构，微孔结构受热会形成许多孔径大小不同的孔隙，而孔隙表面被烧蚀，结构出现不完整，加之灰分的存在，容易形成丰富的含氧官能团（羟基、内酯基等），这些微孔结构可对土壤的毛管系统起到促进的作用，从而达到增加土壤含水率的效果。

（2）对比各组蒸发量可以得出，保水剂土柱试验各处理累积蒸发量分别较 CK 减少 6.83%（S-3）、12%（S-6）、16.15%（S-9）；保水剂田间试验各处理累积蒸发量分别较 CK 减少 4.27%（S-3）、3.13%（S-6）、14.15%（S-9）、9.46%（S-12）。生物炭土柱试验各处理累积蒸发量分别较 CK 减少 0.01%（Bo-10）、1.08%（Bo-30）、13.67%（Bo-50）；生物炭土柱试验各处理累积蒸发量分别较 CK 减少 9.58%（Bo-10）、6.28%（Bo-20）、10.95%（Bo-30）、4.2%（Bo-50）。可见，在供试作物生长过程中，生物炭对实际田间蒸发量具有较好的抑制作用。

（3）以每次灌水后土壤改良剂施用层（0～40 cm）内的土壤平均含水率作为比较不同土

壤改良剂的评判标准，以灌水后平均含水率最先达到土壤田间持水量的时间为基准，从而判定哪种改良剂能够更加有效地减少土壤中水分的损失，对比蒸发条件下各试验组土壤含水率变化情况，可以得出：施入保水剂的处理以 S-6 效果最佳，施用量为 90 kg/hm²，土壤每次灌水后含水率恢复到田间持水率水平的时间都有所缩短，在第一次灌水后，土壤含水率达到田持水平是在灌水后的第 10 d，第二次灌水后在第 7 d 达到田持水平，第三次灌水后和第四次灌水后的第 5 d 含水率就已经下降到田持水平。施入生物炭以 Bo-30 效果最佳，施用量为 30 t/hm²。综上所述，生物炭可以更为持久地延缓土壤水分的损失，对抑制土壤蒸发起到更好的效果。

7.3　不同改良剂对土壤盐化的影响

内蒙古河套灌区地处干旱、半干旱地区，是我国重要的商品粮基地。由于该区域轻度盐化土壤（含盐量 2～4 g/kg）面积占耕地面积的 24%，中度及重度盐碱化土壤面积占耕地面积的 31%[23]，加之地下水埋深浅、矿化度高及引黄灌溉水量减少的现状，虽然主要经济作物以玉米、葵花、高粱、甜菜等耐盐碱植物为主，但土壤盐渍化问题已经成为制约该地区农业可持续发展的重要因素。因此，在采用土壤改良措施时有必要考虑各种改良剂及实施方法对土壤盐化程度的影响。

本节通过土柱盐分模拟试验和作物生育期田间盐分连续监测研究保水剂和生物炭对土壤盐分变化的影响，并通过测定生物炭在不同施用水平下的土壤垂向不同土层深度内八大离子含量来了解生物炭对研究区土壤离子变化的影响。

7.3.1　保水剂对土壤盐分的影响

1. 保水剂对土柱盐分测定结果与分析

试验通过对土柱施加不同用量的保水剂，观测土柱垂向不同深度的盐分变化值，测定初始盐分含量测定结果如图 7.30 所示，结果显示灌水后随着土壤蒸发，表层水分不断减少，在土壤表层积累了一层薄薄的盐膜（0～2 cm）；从 2～5 cm 深度土壤可以看出，在未灌水前，土层盐分在 550～580 μm/cm，而灌水后，随着水分的淋洗，土壤盐分逐渐下降，且施用保水剂处理的持留盐分的能力弱于 CK。水分持续通过毛管蒸发到大气中，盐分也随之上升，从第三次取土和第四次取土的分析结果分别可以看出，施用保水剂后土壤的返盐值有所下降，以第四次取土为例，除 0～2 cm 土层表现出积盐外，保水剂施用层（0～20 cm）各处理分别较 CK 降低盐分含量：26.28%（S-3）、9.71%（S-6）、16.78%（S-9）。

在 15～25 cm 土层中，除了未灌水前土壤有一定的差异，灌水后土壤盐分含量的变化不大，分析可能是因为水分蒸发的通量不足，致使盐分停留在该层中，同样效果的还有 25～35 cm、35～45 cm、45～65 cm 等土层。

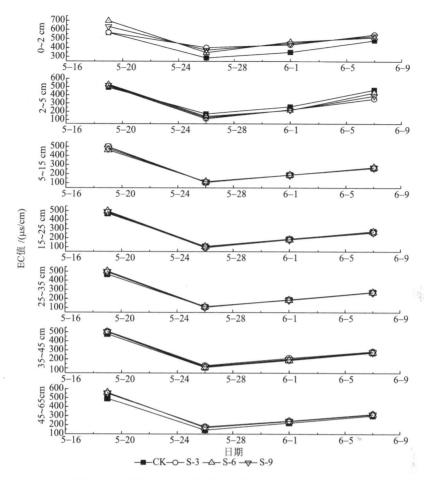

图 7.30　保水剂室内土柱模拟土壤 EC 值（0～65 cm）

2. 保水剂田间盐分监测结果与分析

图 7.31 为土壤全生育期 0～100 cm 的 EC 变化值，根据土柱试验条件下土壤盐分的运移规律，以相同的比例施用于研究区实际耕作土壤中，以期在复杂气象条件及真实田间水利条件下验证保水剂对盐分运移的影响。所选用的试验田以当地主要经济作物玉米为供试作物，为了增大保水剂使用量梯度，增加处理 S-12，即施用量为 180 kg/hm²，整个生育期内共进行了四次灌水，通过测定灌水前后土壤不同深度的盐分含量，观测每次灌水对土壤盐分淋洗的效果及施入保水剂后对土壤抑制返盐效果的影响。

从图 7.31 可以看出，在 0～10 cm 土壤范围内，第一次灌水后，与 CK 相比，施用保水剂的各处理持留的盐分均低于 CK，并且经过一段时间的蒸发作用，施用保水剂的各处理的盐分回升速率高于 CK；第二次灌水后，各组盐分含量都有所降低，一段时间后，仅有处理 S-3 和 CK 具有较快的返盐速率，其余各组都表现出了抑制盐分上升的特征；第三次灌水后，各组盐分含量进一步下降，此时植被被裸土遮挡，一定程度上减弱了土面蒸发，因此，各组盐分没有快速回升的趋势，仍然表现为 CK＞S-6＞S-3＞S-12＞S-9；第四次灌水后，各组土壤 EC 值低于第三次灌水末期的含盐量，但随后处理 S-3 和 CK 仍然出现了明显的返盐趋势，并且 S-3 处理的土壤盐分高于 CK，当玉米收获成熟时，土壤表层 0～10 cm 的土壤 EC 值大小顺序为 S-3＞CK＞S-6＞S-9＞S-12。

在 10～20 cm 土壤范围内，整体盐分部分规律为 CK 大于保水剂各处理，只在成熟期保水剂处理开始高于 CK；在 20～30 cm 土壤范围内，从第二次灌水后开始，各处理盐分的含量开始逐渐高于 CK，其中处理 S-3 和 S-9 差异较为明显，S-6 和 S-12 一直接近于 CK，但始终低于 CK。

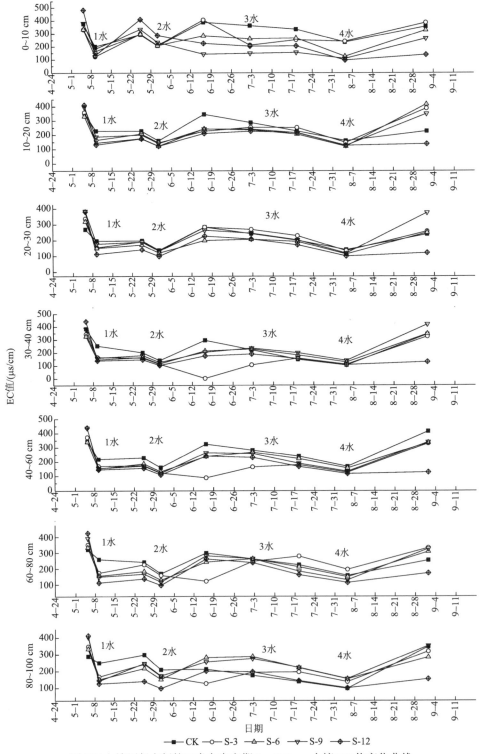

图 7.31　施用保水剂的玉米全生育期 0～100 cm 土壤 EC 值变化曲线

在 30～40 cm 土壤范围内，第二次灌水后，同样表现出在施用保水剂的土壤中 EC 值开始逐渐地高于 CK，分析认为，出现该现象可能是因为第二次灌水后为 5 月 29 日，正值玉米进入拔节中期，对水分需求增加，加之气温逐渐升高，日蒸发量增加，导致玉米 20～60 cm 深度土壤开始出现积盐现象。在 60～80 cm 土壤范围内，积盐现象较上层土壤有滞后现象；在 80～100 cm 土壤范围内，返盐开始时间为 6 月 1 日附近，与 20～30 cm 土层的返盐时间相吻合。

结合以上结论可以得出，施用保水剂对玉米苗期和拔节初期起到了抑制盐分的效果，但从拔节中期开始，玉米的长势不断加快，蓄水量不断增加，且根系不断向下延伸，使得由玉米根部吸水、土壤水分蒸发所致的土壤压力势不断增加，最后形成了积盐。但考虑玉米从抽雄期过渡到灌浆期时，试验选择性的在此时灌水，第一是考虑对盐分的淋洗，第二是因为玉米即将进入灌浆期，对水分和肥力的需求逐步增加，在此时灌水既降低了土壤的盐分，又使玉米灌浆期的需水量得到了补充。

7.3.3　生物炭对土壤盐分的影响

1. 生物炭土柱盐分测定结果与分析

试验通过对土柱施加不同用量的生物炭，观测土柱垂向不同深度的盐分变化值，测定结果如图 7.32 所示，结果显示灌水后受蒸发影响，表层水分不断减少，在土壤表层积累了一层薄薄的盐膜（0～2 cm）；在 2～5 cm，该土层初始盐分在 490～560 μm/cm，且无明显规律，而灌水后，随着水分的淋洗，在 5 月 26 日时各处理土壤盐分显示规律为 CK＞Bo-50＞Bo-30＞Bo-10；随着土柱蒸发的持续，分别在 6 月 1 日和 6 月 7 日取土测定盐分结果中显示，施入生物炭的各处理均能够抑制盐分的上升。同样，Thomas[24]在通过施用生物炭对苘麻和夏枯草的影响中得出结论，当生物炭施用量达到 50 t/hm^2 时，可以抑制土壤盐分胁迫。随着水分持续通过毛管蒸发到大气中，盐分也随之上升，在 5～15 cm 土层深度中，从第三次取土和第四次取土可以看出，施用生物炭后，能够降低土壤的盐分的上升速率，以第四次取土为例，分别较 CK 降低盐分含量 29.89%（Bo-10）、37.23%（Bo-30）、13.48%（Bo-50），从结果中可以看出，随着生物炭施用量的增加，对土壤盐分的抑制效应也相应地增加。在 15～25 cm 土层中，除了未灌水前土壤盐分含量有一定的差异，灌水后土壤盐分含量的变化不大，分析可能是因为水分蒸发的通量不足，致使盐分停留在该土层中，同样效果的土层还有 25～35 cm、35～45 cm、45～65 cm 等。

2. 生物炭田间盐分监测结果与分析

图 7.33 为玉米全生育期土壤 0～100 cm 的 EC 变化值，根据室内土柱试验条件下土壤盐分的运移规律，以相同的比例施用于研究区土壤中，以期在复杂气象条件及真实农田水利条件下验证生物炭对盐分运移的影响。所选用的试验田以当地主要经济作物玉米为供试作物，为了详细研究生物炭使用量梯度，在原有的施用量基础上增加中间处理 Bo-20，即施用量为 20 t/hm^2。整个生育期内共进行了四次灌水，通过测定灌水前后的土壤不同深度的盐分，观测每次灌水对土壤盐分淋洗的效果及施入生物炭后对土壤抑制返盐效果的影响。

在 0～10 cm 土壤范围内，第一次灌水后，与 CK 相比，施用生物炭的各处理持留的盐分均低于 CK，并且经过一段时间的蒸发作用，施用生物炭各处理的盐分回升速率依然低于 CK；第二次灌水后，各处理组土壤 EC 值都有所降低，随后开始返盐，在 6 月 17 日达到顶峰，各生物炭处理的返盐速率均低于 CK，大小顺序表现为 CK＞Bo-30＞Bo-10＞Bo-50＞Bo-20；第三次灌水后，各组土壤 EC 值进一步下降，此时植被被裸土遮挡，一定程度上减弱了土面蒸发，因此一段时间后，各组盐分没有快速回升的趋势，仍然表现为 CK＞Bo-30＞Bo-10＞Bo-50＞Bo-20；第四次灌水后，各组土壤 EC 值低于第三次灌水末期的含盐量，但经过一段时间后，Bo-30 和 CK 仍然出现了明显的返盐趋势，当玉米收获成熟时，土壤表层 0～10 cm 的土壤 EC 值大小顺序为 CK＞Bo-30＞Bo-10＞Bo-50＞Bo-20。

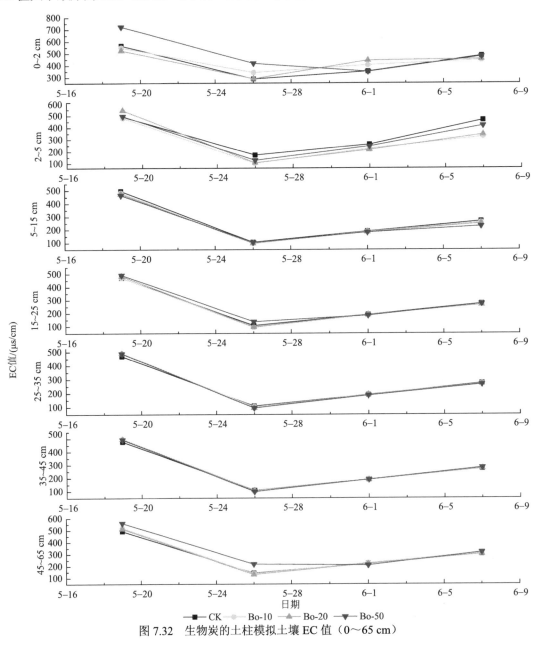

图 7.32　生物炭的土柱模拟土壤 EC 值（0～65 cm）

在 10～20 cm 土层，整体盐分分布规律为 CK 大于生物炭各处理，只在成熟期开始 CK 小于生物炭各处理；在 20～30 cm 土层中，从第二次灌水后开始，整体盐分的含量趋势与 10～20 cm 土层相同。

在 30～40 cm 土层深度中，盐分的变化较为复杂，第三次灌水之前的盐分规律与上层相

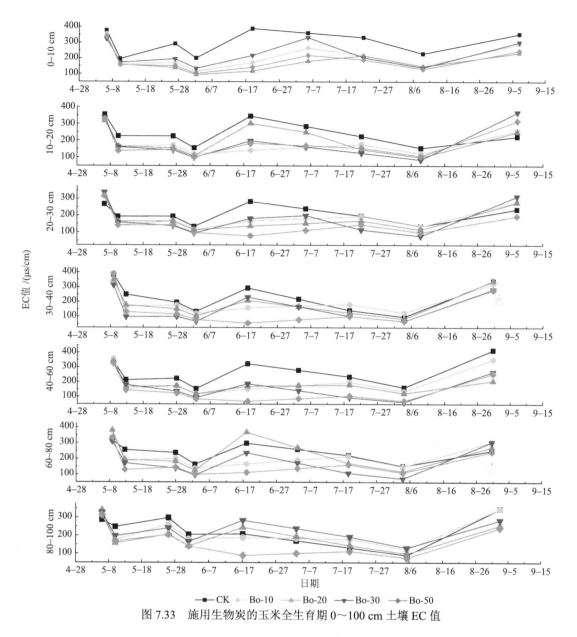

图 7.33　施用生物炭的玉米全生育期 0～100 cm 土壤 EC 值

同，灌水后随着盐分的上升，各处理开始接近于 CK 值，到成熟期时盐分值趋于相同；分析认为，出现该现象可能与保水剂对土壤的影响规律中的原因相同，即第二次灌水后为 5 月 29 日，正值玉米进入拔节中期，对水分需求增加，加之气温逐渐升高，日蒸发量增加，导致玉米在 30～80 cm 深度土壤开始出现积盐现象；从 80～100 cm 土层中可以看出，施用生物炭对该土层盐分的抑制效应结束于第二次灌水后，之后随着上部土壤水势的不断增加，各生物炭处理开始返盐，直至第四次灌水后，处理 Bo-30 和 Bo-10 的盐分含量仍高于 CK。

　　结合以上的结论可以得出，施用生物炭对玉米生长初期起到了抑制盐分的效果，但从拔节中期开始，玉米的长势不断加快，蓄水量不断增加，且根系不断向下延伸，使得土壤中压力势不断增加，盐分变化规律也随之变得不稳定，在 30～40 cm 土层中第三次灌水后形成积盐。考虑玉米从抽雄期过渡到灌浆期时，试验选择性地在此时灌水，第一是考虑对盐分的淋洗，第二是因为玉米即将进入灌浆期，对水分和肥力的需求逐步增加，在此时灌水既降低了土壤的盐分，又使玉米灌浆期的需水量得到了补充。

3. 生物炭对土壤离子浓度的影响

1）生物炭对钾离子的影响

钾离子是植物生长所需的主要的营养元素，同时也是影响植物生长和农产品品质的要素之一，本节对研究区施用生物炭土壤0～60 cm深度取样测定钾离子含量，表7.6中显示施用生物炭后的各处理在土壤深度0～20 cm钾离子含量，播种只有Bo-10处理含量低于CK，到了拔节期后同比含量均有所增加，在成熟期时差异值较为明显，各处理分别较 CK 增加 50.00%（Bo-10）、38.52%（Bo-20）、17.95%（Bo-30）、16.76%（Bo-50）；在土壤深度20～40 cm，施用生物炭的各处理播种前初始含量均高于CK，但在拔节期可能是养分的补给不足导致在该深度仅有 Bo-50 的钾含量高于CK，到了成熟期其浓度值有所增长，显示的顺序为Bo-20＞Bo-50＞Bo-30＞Bo-10＞CK；在土壤深度40～60 cm，初始钾含量与20～40 cm土层中显现出相同的趋势，且在拔节期仅有Bo-50处理的钾含量高于CK，成熟期后，Bo-20处理的土壤钾含量高于CK。

表 7.6　生物炭对土壤的离子交换量的影响

离子	时间	土壤深度/cm	离子含量/（mg/kg）				
			CK	Bo-10	Bo-20	Bo-30	Bo-50
钾	播种前	0～20	23.62	11.81	32.72	27.86	27.58
		20～40	8.09	15.52	10.87	21.1	8.67
		40～60	6.25	12.83	13.88	8.11	12.59
	拔节期	0～20	36.55	67.67	21.52	20.19	32.79
		20～40	9.93	6.99	6.99	7.71	14.75
		40～60	3.85	3.87	3.22	2.06	11.66
	成熟期	0～20	8.86	14.85	32.48	17.74	19.74
		20～40	5.03	6.05	11.36	88.07	9.74
		40～60	4.63	3.44	5.49	4.41	2.13
钠	播种前	0～20	321.85	191.33	293.23	141.16	197.83
		20～40	161.87	162.93	209.63	86.38	187.50
		40～60	145.16	154.05	208.76	130.18	204.33
	拔节期	0～20	271.65	864.92	169.06	215.55	134.29
		20～40	284.27	199.42	209.63	218.96	181.82
		40～60	212.50	153.23	180.41	240.74	202.94
	成熟期	0～20	151.01	261.28	154.33	174.50	177.63
		20～40	168.48	183.77	143.84	205.65	197.24
		40～60	156.08	142.31	148.35	281.25	313.21
镁	播种前	0～20	31.04	46.13	43.24	50.37	87.27
		20～40	21.80	48.93	75.91	39.15	30.11
		40～60	28.82	34.31	25.42	24.47	23.73
	拔节期	0～20	60.71	100.45	50.07	35.08	78.19
		20～40	117.33	45.56	17.59	26.03	23.51
		40～60	25.73	32.10	20.76	36.23	43.22

离子	时间	土壤深度/cm	离子含量/（mg/kg）				
			CK	Bo-10	Bo-20	Bo-30	Bo-50
镁	成熟期	0～20	20.34	45.11	39.69	73.60	47.56
		20～40	34.66	41.06	30.79	25.83	38.70
		40～60	52.06	38.07	24.26	49.71	40.98
钙	播种前	0～20	184.05	199.88	160.3	180.09	243.42
		20～40	172.18	257.27	156.34	164.26	197.9
		40～60	176.13	166.24	191.96	146.46	136.55
	拔节期	0～20	178.11	154.36	316.64	160.06	195.625
		20～40	197.90	265.19	217.69	160.06	195.63
		40～60	158.32	241.44	205.51	138.32	138.32
	成熟期	0～20	175.87	167.96	300.35	282.57	223.29
		20～40	106.70	167.96	197.6	201.55	217.36
硫酸根	播种前	0～20	8886.00	7647.70	8554.50	2264.60	1127.60
		20～40	8057.30	7905.60	7040.30	1641.00	523.60
		40～60	6071.20	6215.70	5824.20	1550.40	552.50
	拔节期	0～20	8801.60	8385.50	9226.60	2042.10	361.00
		20～40	9267.70	6609.40	1978.00	1955.60	480.50
		40～60	5402.80	6144.00	1694.50	2000.90	448.10
	成熟期	0～20	7607.40	8163.30	2323.40	2398.10	471.50
		20～40	8151.70	7449.90	1927.70	2229.10	416.60
		40～60	6208.00	5787.30	1656.00	2605.40	635.70
氯离子	播种前	0～20	205.51	105.68	230.50	44.11	48.93
		20～40	81.96	45.00	278.55	17.45	54.92
		40～60	74.44	39.19	142.01	49.37	89.63
	拔节期	0～20	117.44	761.76	26.31	81.56	34.99
		20～40	146.17	156.25	88.14	104.96	43.16
		40～60	92.07	27.84	58.78	191.8	80.42
	成熟期	0～20	59.78	141.34	43.82	47.17	38.93
		20～40	45.03	106.31	34.05	41.76	49.09
		40～60	49.26	86.05	31.87	112.45	100.63
碳酸氢根	播种前	0～20	19.38	22.15	24.20	22.76	37.57
		20～40	32.15	25.59	15.06	21.92	30.99
		40～60	17.51	20.96	13.28	15.70	18.45
	拔节期	0～20	22.06	37.86	29.80	33.70	28.92
		20～40	15.27	13.14	20.93	19.07	34.72
		40～60	6.53	17.92	15.56	16.36	19.39
	成熟期	0～20	19.82	21.61	24.76	32.24	38.45
		20～40	26.62	16.30	31.13	36.65	28.03
		40～60	18.42	11.85	18.31	20.56	16.57

结合以上结论可以看出，施用生物炭能够提高土壤中钾离子的含量，但随着土层深度的降低，钾离子的含量逐渐减少。姚红宇等（2013）[25]在对绵秆生物炭的制备研究中指出，钾离子含量会随着制备温度的升高而增加；王典等（2014）[26]在对黄棕壤和红壤土施加 1%的生物炭后结果显示，施用生物炭显著增加了土壤中的钾含量。

2）生物炭对钙离子和镁离子的影响

钙是构成植物细胞壁的重要组成部分，在植物生命活动中，它对细胞的生长和分裂、酶活性的调节和代谢等过程均起着重要作用。植物缺钙则会导致细胞功能性减弱，细胞膜的流动性和渗透性改变，组织衰老和坏死[27]。镁是植物叶绿素的核心元素，对维持叶绿素起到重要作用。同时镁是植物酶的重要组成部分，是植物体内（磷酸化酶和磷酸激酶）的活化剂[28]。

本节针对研究区施用不同量的生物炭对钙离子、镁离子的影响展开分析，从表 7.6 结果可看出，在土壤深度 0～20 cm，施用生物炭各处理初始含炭量并无较大差异，分别浮动于 CK 上下，到了拔节期才开始有变化，含量大小显示为 Bo-10>Bo-20>Bo-50>Bo-30>CK；最后在成熟期施用生物炭的各处理分别较 CK 增加 20.09%（Bo-10）、70.78%（Bo-20）、37.87%（Bo-30）、21.23%（Bo-50）；在土壤深度 20～40 cm，播种前处理 Bo-10 高于 CK，其余处理无明显差异，拔节期各生物炭处理含量开始增高，仍然以 Bo-10 效果最为突出；到成熟期时，各生物炭施用量对土壤钙离子含量的变化趋势趋于一致，较 CK 增长率为 46.1%～58.4%，差异显著；在土壤深度 40～60 cm，总体趋势延续上层（0～20 cm）的增加趋势。

在对镁的测试结果中（表 7.6）显示，在土壤深度 0～20 cm，施入生物炭后同样有增加镁离子浓度的趋势，且随着生育期的延续，播种前和成熟期含量持平，峰值出现在拔节期；在土壤深度 20～40 cm，显示为在播种前生物炭对镁离子的含量有较大的提高，而到了拔节期则开始下降，其值均低于 CK，到了成熟期有小幅的回升；在土层深度 40～60 cm，因生物炭施用层为 0～40 cm，所以对 40～60 cm 土层镁离子含量影响不大，播种前各处理含量均偏低，到了拔节期，可能是受施肥的影响，各处理含量有小幅回升，到成熟期时，各处理镁离子含量均有所回升。

综上所述，生物炭可以增加研究区土壤钙离子、镁离子含量，并且随着生育期变化逐步增长，在深度方向，0～40 cm 土层的变化较为明显，而 40～60 cm 虽然也有增加的趋势，但增量不显著，影响规律为播种前和成熟后含量较低，而在拔节期差异明显，Bourke 等[29]指出生物炭中含有丰富的钙和镁，其含量分别达到 0.18～345 g/kg 和 0.36～27 g/kg[30]。将其施入到土壤中可以显著提高土壤的钙和镁的含量。谢国雄等[31]在对生物炭的研究中指出，生物炭可以提高退化蔬菜地的土壤有效钙和有效镁含量。同样，Major 等[32]通过对玉米及大豆研究中发现，生物炭可以有效增加玉米的产量。

对比两种改良剂在土柱模拟试验和田间试验动态监测中的盐分变化的规律发现，两者对土壤返盐均起到一定的抑制效应，其中施用保水剂的处理表现出对玉米苗期和拔节初期起到了抑制盐分的效果，但从拔节中期逐渐开始积盐；而生物炭对玉米苗期和拔节期、抽雄期、灌浆期都起到了抑制土壤盐分积累的效果，并且在离子含量的影响分析中，施用生物炭后可以显著增加土壤的钙离子、镁离子及钾离子的浓度，对作物吸收及光合效应起到促进作用，因此，生物炭在盐分的控制效果及营养物质供给方面优于保水剂。

7.4 不同改良剂对土壤团聚体的影响

土壤团聚体是土壤的重要组成部分、土壤结构的基本单位，其形成和稳定的主要因素是各种胶结物质的胶结作用，同时也是土壤肥沃程度的指标之一[33]。土壤团聚体的形成和稳定过程是十分复杂多变的，不仅受到自然条件的影响，而且还受到人为活动的严重影响，主要有土壤有机质、土壤微生物、土壤利用方式变化和耕作干扰及人为方式改良等。土壤团聚体是土壤肥力的基础，它影响土壤养分，尤其影响土壤碳、氮、磷含量。维持和提高有机质含量，其作用之一就是为了维持和改良土壤团粒结构[34]。土壤有机质是农作物的重要营养库，依靠矿化作用释放出可供农作物利用的养分，对土壤结构的形成和稳定起到重要作用。土壤团聚体是土壤的重要组成部分，在土壤中具有"三大作用"，即保证和协调土壤中的水-肥-气-热、影响土壤酶的种类和活性、维持和稳定土壤疏松熟化层。不同粒级的微团聚体在营养元素的保持、供应及转化等方面发挥着不同的作用。土壤肥力的水平高低，不仅取决于大、小粒级微团聚体自身的作用，而且与它们的组成比例也有关系[34]。

目前，土壤改良剂（保水剂、生物炭）主要应用在改良土壤结构、增加土壤总孔隙度、改善土壤理化性质等方面，并表现出良好的效果，周岩利等[35]通过土柱盆栽试验研究保水剂改良土壤对水稳性团聚体的影响效果，而在大田中研究土壤改良剂对土壤水稳性团聚效果及影响机理的文献较少。本节针对河套灌区农田灌溉方式下采用不同土壤改良剂对该地区黏壤土土壤团聚体的变化规律进行研究，探讨不同改良剂对土壤团聚体含量及粒级分配的变化的影响，从土壤结构方面揭示其土壤改良机理，为研究区土壤结构改善及改良剂应用实践提供理论依据。

7.4.1 试验设计

分别设置对照组（CK，0 kg/亩）与试验组，试验组分别为四种生物炭施用量，即 10 t/hm²、20 t/hm²、30 t/hm²、50 t/hm²，各处理标记为 CK（对照）、Bo-10（10 t/hm²）、Bo-20（20 t/hm²）、Bo-30（30 t/hm²）、Bo-50（50 t/hm²）。四种保水剂施用量，即 S-3（45 kg/hm²）、S-6（90 kg/hm²）、S-9（135 kg/hm²）、S-12（180 kg/hm²）各设计用量分别在作物播种前均匀混施在耕作层中（0～40 cm），取样时间为秋收后未耕地之前，选择这个时间取样是考虑生物炭施入后与土壤结合并形成团聚体的过程中需要形成时间。

7.4.2 保水剂对土壤团聚体的影响

1. 保水剂施用量对风干土壤团聚体组成的影响

通过对施用保水剂土壤取样测定干筛条件下不同土壤深度土壤团聚体含量的影响，如图 7.34 所示，试验结果表明：在 0～15 cm 深度中，>10 mm 粒径的风干土壤团聚体呈减少趋势，但随着保水剂施用量的增加呈递增趋势，S-9 处理的增加量达到峰值；5～10 mm、2～5 mm、1～2 mm 粒径的团聚体均有小幅度增加；0.5～1 mm 的团聚体有较大幅度增加，各处理分别较 CK 增加 18.77%（S-3）、17.25%（S-6）、16.34%（S-9）、16.78%（S-12），保水剂对大团聚的影响呈减少趋势，而对微颗粒团聚体呈现增加的趋势。在 15～30 cm 深度中，

＞10 mm 粒径的风干土壤团聚体呈增加趋势，对其他粒径团聚体效果不明显。保水剂在 0～15 cm 深度中有增加微颗粒团聚体的功效，在 15～30 cm 深度中能够增加团聚的含量，分析可能是在土壤表层受到灌水、降雨、蒸发、人为扰动等因素，较难形成大团粒结构，也可能是在多重扰动下，团粒结构更加容易破碎，取而代之的是微颗粒团聚体，而在下层土体中，由于保水剂本身的吸水性，可以将附近的土壤黏粒粘连在一起，对于团粒结构的形成较为容易。

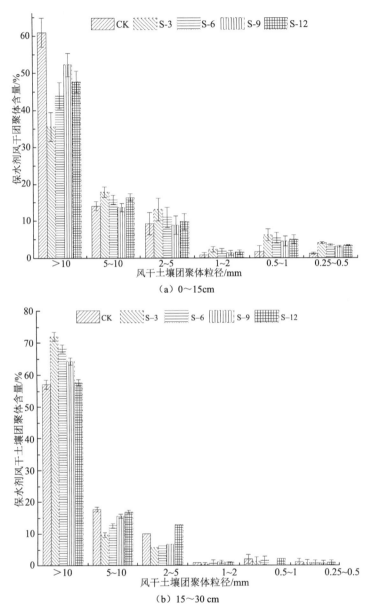

图 7.34　保水剂对 0～30 cm 土壤团聚体的影响

2. 保水剂施用量对水稳性土壤团聚体组成的影响

　　为了解施用保水剂对水稳性土壤团聚体变化规律的影响，将田间试验不同保水剂施用量处理土壤取样，通过团聚体分析仪测定不同深度土壤团聚体变化规律（图 7.35）。

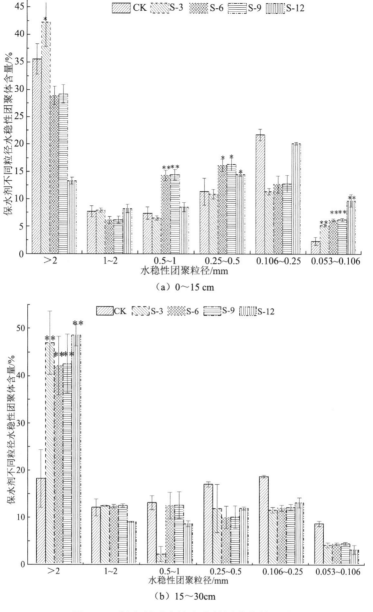

图 7.35　保水剂对土壤水稳性团聚体的影响

*表示在 $P \leqslant 0.05$ 差异性显著，**表示在 $P \leqslant 0.01$ 差异性极显著

按照水稳性团聚体的粒径不同可分为微团聚体（直径＜0.25 mm）和大团聚体（直径＞0.25 mm），两者既互为基础又互为消长[36]。一般将大于 0.25 mm 的水稳团聚体称为理想土壤团粒结构体，其数量与土壤的肥力状况呈正相关[37]。因此，本节采用大于 0.25 mm 团聚体的比例来分析生物炭对土壤质地的影响。

结果表明，在土体表层 0~15 cm 深度中，随着保水剂施用量的增加，团聚体含量总体上呈现先增加后减少的趋势。当施用量为 45 kg/hm² 时，粒径＞2 mm 含量达到顶峰，且低于 CK 处理；在粒径 1~2 mm 间含量无明显变化；在粒径 0.5~1 mm 间处理 S-6、S-9 能够明显提高该粒径的团聚体的含量（P≤0.01）；在粒径 0.25~0.5 mm 效果开始减弱（P≤0.05）；在粒径

0.106～0.25 mm 各处理均显著小于 CK；粒径 0.053～0.106 mm 各处理开始反弹，均呈极显著趋势增加，且随着保水剂的施用量提升而增加。

在 15～30 cm 土壤深度中，施用保水剂后大团聚体增加明显，差异性呈极显著。粒径＞2 mm 各处理 S-3、S-6、S-9、S-12 分别较 CK 增加 159.3%、132.3%、134.5%、168.1%；但其他各粒径变化不明显，或持平或减少。

从分析得出，保水剂因其特有的凝聚性，吸水后可以凝结保水剂周围的微小土体颗粒，土体 0～30 cm 深度内大团粒结构呈增加趋势，且在 15～30 cm 土层效果更为明显。水稳性大团聚体含量在施用量为 90 kg/hm² 时效果开始显现，但随着施用量的增加反而开始减少，可能是因试验土壤为黏壤土，土壤孔隙透气性较差，试验采用的保水剂类型为 BJ2010-XM 型，属于粉质保水剂，过量的施用导致土体中孔隙度变小，不利于团聚体的形成；而微颗粒团聚体则有极显著的增加，说明保水剂可以吸附小于 0.053 mm 的微型颗粒，从而增加微颗粒团聚体在土体中的比例，为进一步形成水稳性大团聚体做基础铺垫。

同上所述，在土体 15～30 cm 深度中，水稳性大团聚体的数量明显高于 CK，且在水稳性微团聚体中数量增加不明显。从以上结论得出，研究区土壤中施用保水剂可以增加土壤的水稳性大团聚体含量，也可以说明施用保水剂可以增加土壤抵抗灌水或降雨的冲刷，降低土壤团聚体的水剂能力，从而保证了团聚体的数量和平均直径。

3. 保水剂施用量与水稳性团聚体几何平均直径的拟合关系

图 7.36 为保水剂施用量对水稳性团聚体几何平均直径影响的变化曲线，当保水剂用量达到 86.66 kg/hm²，水稳性团聚体几何平均直径增长达到最大，该结论与处理 S-6 的施用量 90 kg/hm² 结论较为接近，同时也说明随着保水剂用量的增加，研究区土壤水稳性团聚体有增加趋势，但当施用量达到 86.66 kg/hm² 时几何平均直径开始下降，即过量的保水剂施用使土壤团聚体抗水解能力下降。

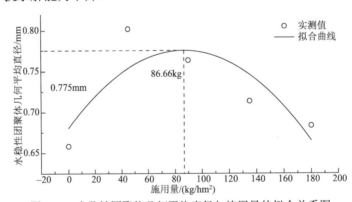

图 7.36　水稳性团聚体几何平均直径与施用量的拟合关系图

7.4.3　生物炭对土壤团聚体的影响

1. 生物炭施用量对风干土壤团聚体组成的影响

由干筛分析结果得出，施用生物炭后，在 0～15 cm 深度内，粒径大于 10 mm 的团聚体低于 CK，但随着生物炭施用量的增大而增加，在处理 Bo-30 处达到峰值；粒径为 5～10 mm、2～5 mm、1～2 mm 的团聚体含量与 CK 相比有微弱增加并随着施用量的增加有降低趋势；粒径在

0.25～1 mm 内的团聚体含量较 CK 有增加趋势且呈差异极显著（$P<0.01$），其中，粒径在 0.5～1 mm 的团聚体有较大幅度的增加[图 7.37(a)]，各处理分别较 CK 增加 168.47%（Bo-10）、115.34%（Bo-20）、112.55（Bo-30）、125.25%（Bo-50）。

在 15～30 cm 土层范围内，各处理粒径大于 10 mm 的团聚体含量均高于 CK，但随施用量的增加有逐渐减小趋势，其他粒径的团聚体含量低于 CK，且随着生物炭用量的增大而增加，但差异不显著，图 7.37（b）为 15～30 cm 土层范围内不同粒径土壤团聚体含量分布。

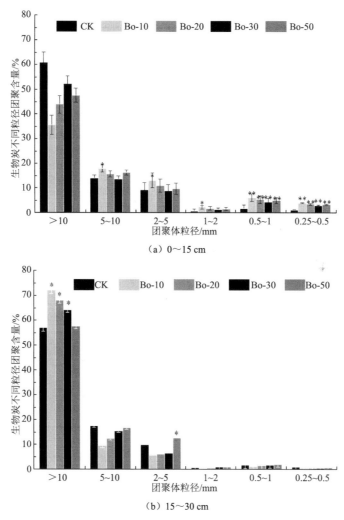

（a）0～15 cm

（b）15～30 cm

图 7.37　不同深度不同粒径风干土壤团聚体含量变化图

*表示在 $P\leqslant0.05$ 差异性显著，**表示在 $P\leqslant0.01$ 差异性极显著

2. 生物炭施用量对水稳性土壤团聚体组成的影响

根据吴鹏豹等[37]的研究结果，团聚体含量随着生物炭施用量的增加呈递减趋势。而根据本节试验结果（图 7.38），不同土层深度范围及不同生物炭施用水平下，不同粒级团聚体含量存在差异。

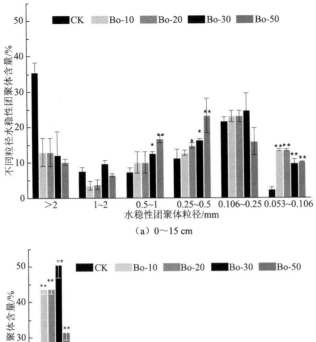

（a）0～15 cm

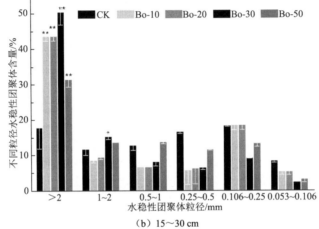

（b）15～30 cm

图 7.38　不同深度不同粒径水稳性土壤团聚体含量变化图

*表示在 P≤0.05 差异性显著，**表示在 P≤0.01 差异性极显著

在 0～15 cm 土层范围内，相比各生物炭处理，大于 2 mm 水稳团聚体含量较 CK 降低了 62.9%～70.9%，整体分布趋势为 CK>Bo-10>Bo-20>Bo-30>Bo-50；各处理中 1～2 mm 粒径团聚体含量相差较小，仅在处理 Bo-30 达到峰值，较 CK 相差达 27.6%；粒径 0.5～1 mm 的团聚体随生物炭用量的增加而增加，Bo-50 相差最大，较 CK 增加 124%；粒径在 0.25～0.5 mm 的团聚体含量也随生物炭用量增加而增加，Bo-50 增加呈极显著（P≤0.01），相差为 153.2%；粒径 0.106～0.25 mm 的各处理与 CK 相比团聚体含量随着施用量的增加相差不明显；在粒径 0.053～0.106 mm 的各处理团聚体含量均有大幅度增加，相差较 CK 达 309%～459.5%。

而在 15～30 cm 土层范围内，表现出的粒径差异与 0～15 cm 土层中趋势截然相反，其中大于 2 mm 水稳团聚体的含量随着生物炭施用量的增加呈极显著（P≤0.01）增加，各组较 CK 相差分别为 76.1%（Bo-10）、76.2%（Bo-20）、143.2%（Bo-30）、50.4%（Bo-50）；粒径 1～2 mm 内只有处理 Bo-30 团聚体含量高于 CK，相差量为 20.3%，其余差异均不显著；粒径 0.106～1 mm 内各处理团聚体含量较 CK 未显现出有增加趋势，仅有粒径 0.5～1 mm 的 Bo-50 处理略高于 CK。

施用生物炭后，0～15 cm 土层中，大团聚体含量随着施用量的增加呈增加趋势，但普遍小于 CK；15～30 cm 土层受人为因素影响较少，生物炭各处理中的水稳性大团聚体含量不仅均高于 CK，并且随着施用量的增加而增大，图 7.39 是各土层不同处理水稳性大团聚体占比分布图，各处理分别较 CK 增加 8.33%（Bo-10）、11.67%（Bo-20）、35%（Bo-30）、18.33%（Bo-50），处理 Bo-30 相差最大，同比较 CK 增加 35%。根据本节试验结果，生物炭可以显著地提升灌淤土水稳性大团聚体的形成，特别是 15～30 cm 土层，其增加效果显著。在不同深度范围内，由于表层土体易受到施肥、除草、降雨等人为因素的干扰，水稳性大团聚体颗粒往往遭到破坏，使得总体含量呈下降趋势。而在土层 15～30 cm 深度中，扰动较少，团粒结构可以得到较好的保存，在生物炭的作用下水稳性大团聚体含量相差明显。

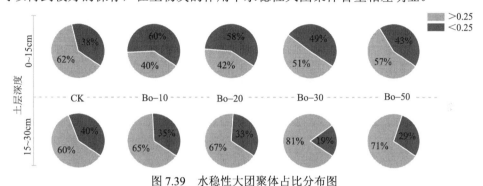

图 7.39　水稳性大团聚体占比分布图

7.4.4　生物炭对有机质含量的影响

生物炭具有较大的比表面积，在具有丰富矿物质元素的黏粒土壤中，不仅可以促进土壤团聚体的形成，还可以通过吸附作用形成稳定的有机-无机复合体[38]，促进土壤生化作用及土壤有机质形成[39]。

从播种前施用到成熟期有机质含量分别较 CK 增加值见表 7.7。表层 0～15 cm 内，生物炭施用后各生育期内有机质含量平均增加了 2.1495～5.8830 g/kg；15～30 cm 的土层中，有机质含量随生物炭施用量的增加变化不明显，平均增加了 0.0036～3.015 g/kg，Bo-10 处理增加显著；在 30～60 cm 的土层中，有机质含量随生物炭施用量的增加而增大，平均增加了 1.1683～3.6720 g/kg，处理 Bo-30 在三个生育期内有机质含量增加都较为显著，对土壤改善效果较稳定。

表 7.7　生物炭对不同土壤深度有机质含量的影响

土壤深度/cm	平均增加量/（g/kg）			
	Bo-10	Bo-20	Bo-30	Bo-50
0～15	2.928	2.1495	5.4752	5.883
15～30	3.015	0.0036	1.7336	1.3505
30～60	2.304	1.3762	3.6720	1.1683

施用生物炭后，供试作物玉米生育期内的土壤有机质含量较 CK 均有不同程度的增加（图 7.40）。播种前，表层（0～15 cm）有机质含量与生物炭施用量增加成正比，且处理 Bo-30 和 Bo-50 效果最明显，分别增加 30.9%（$P \leqslant 0.05$）和 96.1%（$P \leqslant 0.01$）；中层（15～30 cm）的 Bo-10 增加明显，相差达 37.2%（$P \leqslant 0.05$）；底层（30～60 cm）有机质含量随生物炭施用量的增加而增加，相差达 4.1%～29%。拔节期，表层 Bo-50 处理的土壤的有机质含量增加

最显著，与 CK 相比相差达 35.4%；中层有机质含量变化不显著；底层较 CK 有小幅增长，其中 Bo-50 增长 22.6%（$P \leq 0.05$）。成熟期，表层的 Bo-30 和 Bo-50 分别较 CK 增加了 14.98% 和 18.15%（$P \leq 0.05$）；中层较 CK 有小幅增长，Bo-10 和 Bo-30 分别增加 21.1% 和 16.6%；底层除 Bo-30 增加 30.3%（$P \leq 0.01$）外，其他组变化均不显著。

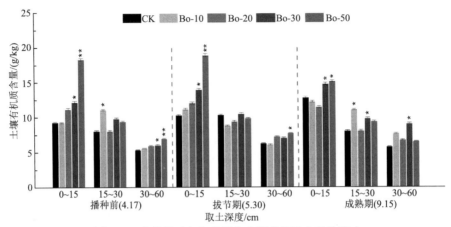

图 7.40 生物炭对各生育期内土壤有机质含量的影响

*表示在 $P \leq 0.05$ 差异性显著；**表示在 $P \leq 0.01$ 差异性极显著

土壤有机质是土壤水稳性团聚体的主要黏合剂，在土壤中以胶膜形式包裹在土壤颗粒表面，对水稳性团聚体起到一定的稳定作用。结合以上研究结果，施用适量的生物炭可增加土壤有机质含量，同时有利于土壤团粒结构的形成。一般认为水稳性团聚体几何平均直径越大且含量越多越有利于土壤保水、保肥结构的维持，而有机质含量的增加又能提高土壤结构的稳定性，所以根据以上研究成果，对各变量之间进行相关分析，得出生物炭施用量与几何平均直径存在二次线性关系，即随着施用量增加几何平均直径呈现先增加后减小的趋势；生物炭施用量与有机质的关系呈一次线性关系，即随着生物炭用量的增加，土壤有机质含量也随之增高，可见三者之间存在相互作用关系（图 7.41），为寻求最佳土壤改良效果，在生物炭用量、几何平均直径及有机质含量之间建立拟合关系，对生物炭（B）、几何平均直径（G）、有机质（O）进行三维曲面分析，拟合方程为 $O = -1.87 \times G^2 - 0.002 \times B^2 + 8.47 \times G + 0.51 \times B - 0.27 \times G \times B + 2.63$，$R^2 = 0.76$。从图 7.41 可

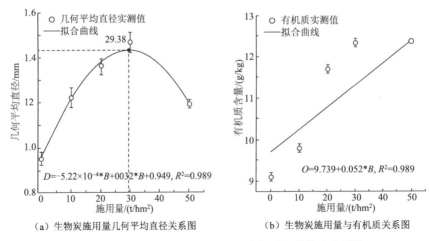

（a）生物炭施用量几何平均直径关系图　　（b）生物炭施用量与有机质关系图

图 7.41 生物炭、几何平均直径、有机质相关关系分析图

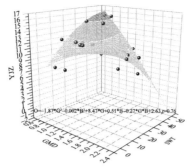

（c）生物炭施用量几何平均直径和有机质的三维曲面

图 7.41　生物炭、几何平均直径、有机质相关关系分析图（续）

以看出，当生物炭施用量为 29.38 t/hm² 时，几何平均直径达到最大，此时有机质含量为 11.25 g/kg，是平均 CK 的 25.71%，是较理想的土壤改良结果，同时为处理 Bo-30（施用量 30 t/hm²）在研究区土壤中效果表现较好提供了证据。

　　研究结果显示，施入生物炭后对几何平均直径和有机质均有增加的效果，笔者认为三者之间的关系是相互依存的，生物炭的吸附特性能够让土壤中的细小颗粒加速形成土壤团聚体，团聚体本身具有良好的透气性，同时也对地表温度起到了提升的功效，给土壤中的微生物提供了良好的生存空间，进而促进了土壤活性有机碳的生产和累积。有机质作为一种土壤胶质材料也对土壤的结构稳定性起到促进作用。

　　保水剂在 0～15 cm 深度中，＞10 mm 粒径的团聚体呈减少趋势；5～10 mm、2～5 mm、1～2 mm 粒径的团聚体均有微弱的增加；在 0.5～1 mm 粒径的团聚体有较大幅度增加，各处理分别较 CK 增加：18.77%（S-3）、17.25%（S-6）、16.34（S-9）、16.78%（S-12）；而在 15～30 cm 深度中：＞10 mm 粒径的团聚体呈增加趋势，对其他粒径团聚体效果不明显。

　　生物炭在 0～15 cm 深度中，＞10 mm 粒径的团聚体呈减少趋势；5～10 mm、2～5 mm、1～2 mm 粒径的团聚体均有微弱的增加；在 0.5～1 mm 粒径的团聚体有较大幅度的增加，各处理分别较 CK 增加：168.47%（Bo-10）、115.34%（Bo-20）、112.55%（Bo-30）、125.25%（Bo-50）；在 15～30 cm 深度中：＞10 mm 粒径的团聚体呈增加趋势，对其他粒径团聚体效果不明显。

　　本章试验设计从施用到取样测定时共历时 150 多天的培养期，从总体趋势来看，施用土壤改良剂后，两种改良剂对研究区土壤都具有增加水稳性团聚体的能力，对土壤表层（0～15 cm）水稳性大团聚体都呈降低趋势，中型团聚体随着粒径的减小其颗粒含量增加，微型团聚体中趋势相同；而在更深层中（15～30 cm），水稳性大团聚体均呈显著增加，各保水剂处理 S-3、S-6、S-9、S-12 分别较 CK 增加 159.3%、132.3%、134.5%、168.1%，生物炭处理分别较 CK 增加 75.6%（Bo-10）、78.24%（Bo-20）、143.2%（Bo-30）、74.22%（Bo-50）；其他粒径的团聚体呈不同程度的减少且随着生物炭用量的增加逐渐呈现增加趋势，但差异不显著。

　　对于土壤水稳性团聚体的研究，保水剂和生物炭各有所长，保水剂对风干土壤团聚体的形成效果优于生物炭，但微型风干团聚体的形成效果略差于生物炭，若从长期的土壤改良效果看，生物炭因其自身具有稳定性强、不易腐烂消解等特点[40]，对土壤水稳性团聚体的形成更具有稳定性，从已知对保水剂的研究中可知，经过土壤中的消解过程，使用寿命在 1～2 年，保水剂降解失效后得重新施入新的保水剂，否则会影响土壤团聚形成的稳定性和抗冲刷能力。综上所述，在持久性和对土壤水稳性团聚体稳定性的培养等方面，生物炭更具有长远效果。同时，生物炭对土壤有机质累积量也起到一定的增长，Lehmann 等[41]研究发现添加生物炭可增加土壤有机质，通过改善土壤有机质的可利用性来提升土壤团聚体的总量及稳定性。

7.5　不同改良剂对作物生长及产量的影响

7.5.1　试验设计

试验地为当地农民耕作地，供试作物为玉米，设置对照（CK）和试验组共 9 组，两种改良剂即：生物炭，Bo-10（10 t/hm²）、Bo-20（20 t/hm²）、Bo-30（30 t/hm²）、Bo-50（50 t/hm²）；保水剂，S-3（45 kg/hm²）、S-6（90kg /hm²）、S-9（135 kg/hm²）、S-12（180 kg/hm²）。每种各 4 种处理，每组 3 个重复，分别按照对应的施用量用旋耕机混入土地表层 0～40 cm，每个重复小区面积为 60m²，中间设地隆作为间隔，试验小区布置如图 7.42 所示。

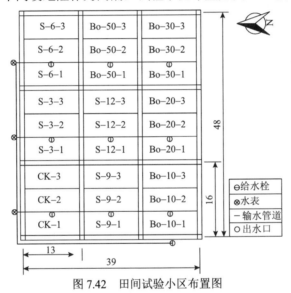

图 7.42　田间试验小区布置图

试验所用漫灌管材及水表均由上海某灌溉股份有限公司提供，管径粗 64 mm，最大流速 50 m³/h。供试作物为玉米，使用内蒙古巴彦淖尔市杭锦后旗某种业有限责任公司提供的西蒙 6 号作为试种，全生育期 120 d。

耕作模式采用当地惯用的一膜双行，行距 60 cm，株距 25 cm，亩株数约为 4800 株。施肥模式采用当地传统的施肥模式：底肥（复合肥）N：P：K=48%：36%：16%+追肥 50kg 氮肥，追肥量分别按比例 30%：50%：20%在后期三次灌水前施用，即拔节期 15 kg、抽雄期 25 kg、灌浆期 10 kg。

灌溉模式采用四水灌溉方式，总灌水量 380 m³/亩，即播种前 80 m³/亩、拔节期 100 m³/亩、吐丝期 100 m³/亩、灌浆期 100 m³/亩。

7.5.2　保水剂对作物生长的影响

1. 保水剂对土壤表层（0～20 cm）地温的影响

土壤温度影响植物的发育、土壤的形成和性状、土壤水和土壤空气的运动[42]。研究区主要的灌水形式为漫灌，且研究区地下水温度偏低，平均地下水温为4～6℃，每次灌水后玉米都要减缓生长5～8 d，玉米的生长及产量受到一定的影响，如何保证地温波动频率不对玉米产量产生不到影响至关重要。本节针对研究区不同施用量保水剂对土壤温度的变化规律（图7.43），在各生育期连续测定3 d内05:00～21:00的土壤表层0～20 cm的土壤温度变化，结果表明，施用一定量的保水剂可以增加土壤表层温度，见图7.43（a），土壤温度的整体趋势表现为S-3＞S-6＞S-12＞CK＞S-9；到拔节期后，S-3与CK处理的土壤地表温度高于其他处理；抽雄期后，由于进入高温季节，土壤蒸发强度增大，未施用保水剂的土壤水分急剧下降，从而出现了昼夜温差加大的现象；当玉米进入成熟期后，地表温度昼夜温差有所降低，各处理中S-3对温度影响最小，分析认为，研究区主要为黏壤土，孔隙度较小，土壤灌水后，能够吸湿的保水剂的空间不足，达到瓶颈，因此施用过量的保水剂对土壤反而出现效果反差，降低了土壤的透气性、温度传递通量。

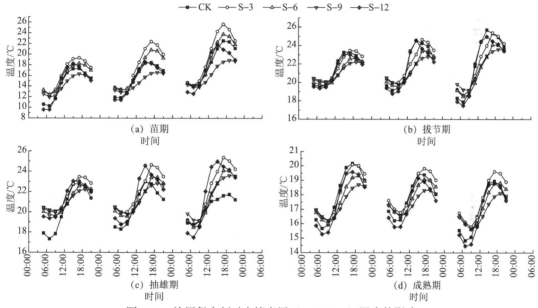

图7.43　施用保水剂对土壤表层（0～20 cm）温度的影响

　　将每个处理按照生育期做平均值得到表7.8，S-3对施用层的稳定影响较为明显，温差为0.03～2.13℃；在玉米生长初期对土壤表层温度的增温明显，随着施用量的增大，S-6对地温的影响开始减弱，温差为–0.67～1.08℃；S-9和S-12对施用层的温度产生了较大的波动，在玉米苗期对地温下降均比较明显，使得玉米在生长初期发育受到阻碍，故施用剂量约在45～90 kg/hm²的保水剂可以提高施用层的地温，辅助玉米更好地发育成长。

表7.8　不同生育期0～20 cm土层平均温度　　　　　　　　　　（单位：℃）

生育期	CK	S-3	S-6	S-9	S-12
苗期	16.09	18.22	17.17	15.12	15.88
拔节期	21.92	21.95	21.25	21.30	21.59
抽雄期	20.49	21.02	20.44	20.81	21.08
成熟期	17.70	18.09	17.58	17.25	17.28

2. 保水剂对玉米叶片光合速率的影响

由表 7.9 可以看出，施用保水剂后，玉米叶面温度有小幅的提升，从早晨 7:00 开始监测，保水剂各处理的温度均高于 CK，并且随着时间的推移，一直高于 CK，其中以处理 S-6 的效果最为显著。

表 7.9　施用保水剂对叶片温度的影响　　　　　（单位：℃）

处理	07:00	09:00	11:00	13:00	15:00	17:00	19:00
CK	18.31	24.42	33.20	33.27	30.21	24.91	24.02
S-3	18.56	24.74	32.83	33.77	30.33	25.70	24.15
S-6	19.07	25.42	33.49	34.37	30.80	26.65	24.50
S-9	20.15	26.87	32.89	33.73	31.63	28.70	25.24
S-12	19.42	25.89	33.00	33.73	31.34	28.04	25.07

植物在光合作用中吸收 CO_2 的能力称为光合速率，表 7.10 为对玉米光合速率的监测，表 7.11 为监测玉米光合速率时气孔导度的闭合程度，观测开始施用保水剂的各处理吸收 CO_2 的能力均高于 CK，且与保水剂施用量成正比，所有处理变化规律均呈抛物线形状发展，在 13:00 达到光合速率的顶峰，随后开始下降，13:00～19:00 施用保水剂的处理，随着施用量的增加，光合速率的衰减程度逐渐降低，19:00 仍高于 CK。

表 7.10　施用保水剂对叶片光合速率的影响　　[单位：$\mu molCO_2/（m^2·s）$]

处理	07:00	09:00	11:00	13:00	15:00	17:00	19:00
CK	9.79	13.05	16.54	21.16	21.51	21.79	21.47
S-3	10.46	13.95	14.80	24.87	22.18	21.49	21.64
S-6	15.34	20.45	14.88	26.55	18.52	21.19	23.91
S-9	11.83	15.78	13.62	20.70	20.17	21.78	26.63
S-12	14.27	19.02	14.22	20.91	19.89	20.91	26.13

表 7.11　施用保水剂对叶片气孔导度的影响　　[单位：$mmolH_2O/（m^2·s）$]

处理	07:00	09:00	11:00	13:00	15:00	17:00	19:00
CK	0.50	0.67	1.00	0.67	0.83	0.67	0.67
S-3	0.67	0.50	0.67	1.00	0.67	0.67	1.00
S-6	0.63	0.83	0.67	0.67	0.83	0.83	0.67
S-9	0.50	0.67	0.67	0.67	0.67	0.50	0.67
S-12	0.50	0.67	0.33	0.67	0.67	0.67	0.67

在蒸腾速率方面（表 7.12），上午 7:00 施用保水剂的处理初始蒸腾量大于 CK，随后，CK 的蒸腾速率在上午 11:00 开始高于其他处理，同时，随着保水剂施用量的增加对叶面的蒸腾速率有减小的趋势，并且持续到 17:00，19:00 开始保水剂各处理又开始反超 CK，分析认

为，水是玉米消耗 CO_2 从事光合效应的原料，施用保水剂后，土壤不同深度含水率均有不同程度增加，在水分充足的情况下，玉米叶片在温度较低时就已经开始工作，且在 13:00 达到最大工作效率，表 7.13 为玉米叶片叶绿素值，同样说明，伴随着光合作用，叶绿素在不断地增加，在 13:00 达到峰值，随后开始回落。综上所述，施用保水剂可以增加玉米叶片的光合反应速率，增加消耗 CO_2 的持续时间。

表 7.12　施用保水剂对叶片蒸腾速率的影响　　[单位：$mmolH_2O/（m^{-2}·s）$]

处理	7:00	9:00	11:00	13:00	15:00	17:00	19:00
CK	0.31	0.42	0.75	1.23	0.31	0.34	0.03
S-3	0.22	0.52	0.65	0.94	0.40	0.03	0.42
S-6	0.58	0.78	0.40	0.84	0.09	0.56	0.69
S-9	0.46	0.62	0.28	0.38	0.07	0.52	0.73
S-12	0.42	0.56	0.37	0.02	0.13	0.37	0.68

表 7.13　施用保水剂对叶绿素的影响　　（单位：mmol/m）

处理	07:00	09:00	11:00	13:00	15:00	17:00	19:00
CK	52.400 00	52.924 00	54.511 72	57.237 31	60.671 54	63.098 41	65.622 34
S-3	53.972 00	54.511 72	56.147 07	58.954 43	62.491 69	64.991 36	67.591 01
S-6	55.591 16	56.147 07	57.831 48	60.723 06	64.366 44	66.941 10	69.618 74
S-9	56.702 98	57.270 01	57.842 71	60.734 85	64.378 94	66.954 10	69.632 26
S-12	57.837 04	58.415 41	60.167 88	63.176 27	65.071 56	67.023 7	70.374 89

3. 保水剂对玉米生长指标的影响

1）保水剂对玉米株高与茎粗的影响

由图 7.44 可以看出，玉米株高随保水剂施用量增加而增高，在成熟期测定值，分别比 CK 提高 5.46%（S-3）、8.83%（S-6）、3.66%（S-9）、12.40%（S-12）；茎粗也随着保水剂施用量的增加而增加，施用保水剂的处理较 CK 更早地达到稳定的茎粗，且后期变化微小，

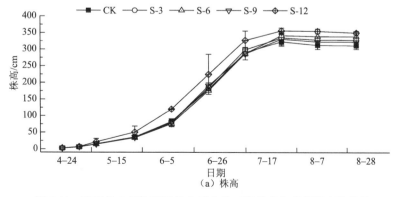

图 7.44　施用保水剂处理后的土壤上的玉米株高与茎粗的变化曲线

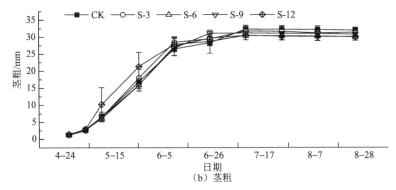

图 7.44　施用保水剂处理后的土壤上的玉米株高与茎粗的变化曲线（续）

施用保水剂的处理分别在 6 月 26 日～7 月 17 日达到稳定，而 CK 一直生长到 7 月 24 日才缓慢的停止增加茎粗。

2）保水剂对玉米叶面积指数的影响

由图 7.45 可知，玉米群体叶面积指数从 6 月 6 日进入拔节期初期开始，直至 8 月 5 日玉米抽雄期附近，叶面积指数增加迅猛；8 月 5 日～8 月 20 日正值抽雄期，玉米叶片也呈直线式增加趋势；从抽雄期到成熟期，各处理开始结棒，叶面积停止生长；从玉米发芽到成熟，总体趋势为随着保水剂施用量的增加而递增。成熟期时，各处理分别较 CK 增加 2.84%（S-3）、2.87%（S-6）、8.22%（S-9）、10.64%（S-12）。

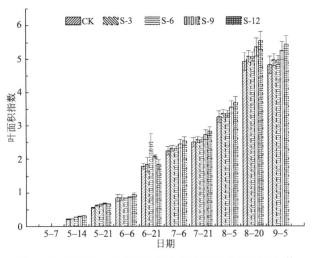

图 7.45　施用保水剂处理后的土壤上的玉米叶面积指数

3）保水剂对玉米干物质累积量的影响

由图 7.46 可知，总体上施用保水剂对玉米的干物质累积量有较明显的增加趋势，差异从玉米 6～9 叶期开始显现，并且随着玉米的生长呈直线式增长直至成熟期，各处理分别较 CK 增加 64.61%（S-3）、42.31%（S-6）、51.02%（S-9）、88.29%（S-12）。

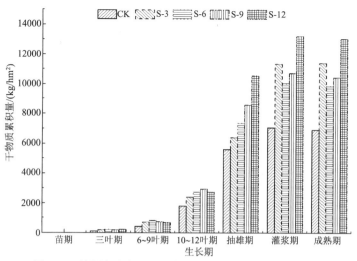

图 7.46 施用保水剂处理后的土壤上的玉米干物质累积量

4) 保水剂对玉米产量的影响

表 7.14 为不同保水剂施用量对玉米籽粒行粒数、穗行数、百粒重、亩产量、公顷产量的影响值，分别在各处理中随机选取某行玉米连续十颗，三次重复，单独收获，统计玉米穗长、穗粒数、百粒重，并计算其产量。结果分析施用保水剂处理后平均行粒数均有小幅度的增加，较 CK 分别增加 1.22%（S-3）、3.14%（S-6）、2.18%（S-9）、2.18%（S-12）；平均穗行数分别较 CK 增加−1.61%（S-3）、4.07%（S-6）、13.53%（S-9）、13.53%（S-12）；平均百粒重较 CK 分别增加 1.64%（S-3）、0.16%（S-6）、1.44%（S-9）、3.12%（S-12）；产量分别较 CK 增加 4.75%（S-3）、5.98%（S-6）、1.66%（S-9）、1.19%（S-12）。

表 7.14　施用保水剂的玉米产量

处理	行粒数	穗行数	百粒重			亩株数/株	亩产量/kg	公顷产量/kg
			重复1	重复2	重复3			
	44	14	38.66	38.36	39.06			
	45	14	40.90	40.60	41.30			
	46	16	40.11	39.81	40.51			
CK	48	16	38.38	38.08	38.78	37	961.22	14 418.27
	43	14	38.38	38.08	38.78			
	40	16	39.62	39.32	40.02			
	46	16	39.12	38.82	39.52			
	48	14	40.63	40.33	41.03			
	45.	16	39.95	39.65	40.35			
	43	16	41.36	41.06	41.76			
S-3	43	14	39.19	38.89	39.59	37	1 006.83	15 102.42
	48	14	40.63	40.33	41.03			
	44	16	40.37	40.07	40.77			
	45	14	37.54	37.24	37.94			

处理	行粒数	穗行数	百粒重			亩株数/株	亩产量/kg	公顷产量/kg
			重复1	重复2	重复3			
	46	14	40.03	39.73	40.43			
	44	16	39.45	39.15	39.85			
	45	16	42.65	42.35	43.05			
S-6	43	16	40.31	40.01	40.71	37	1 018.68	15 280.13
	48	16	39.66	39.36	40.06			
	49	16	35.57	35.27	35.97			
	47	16	37.91	37.61	38.31			
	42	20	41.12	40.82	41.52			
	47	16	39.78	39.48	40.18			
	45	16	39.47	39.17	39.87			
S-9	48	16	38.69	38.39	39.09	37	977.18	14 657.75
	43	16	40.05	39.75	40.45			
	47	18	39.38	39.08	39.78			
	47	18	40.63	40.33	41.03			
	42	20	40.71	40.41	41.11			
	47	16	40.86	40.56	41.26			
	45	16	41.68	41.38	42.08			
S-12	48	16	40.54	40.24	40.94	37	972.73	14 590.98
	43	16	41.24	40.94	41.64			
	47	18	39.09	38.79	39.49			
	47	18	39.61	39.31	40.01			

7.5.3 生物炭对作物生长及土壤肥力的影响

1. 生物炭对土壤表层（0～20 cm）土壤温度的影响

图 7.47 为生物炭对土壤表层地温的影响。施用生物炭后土壤地温呈不同程度的增加，以苗期为例，施用生物炭后对土壤地温起到一定的影响，但各处理的土壤结构还处在调整阶段，其总体规律为 Bo-50＞Bo-20＞CK＞Bo-10＞Bo-30；随着灌溉次数的增加，土壤结构逐步趋于稳定，到了拔节期，各处理土壤结构相继稳定，Bo-20 与 Bo-30 顺序有所改变，总体上，CK 夜间温度各处理偏低；到达抽雄期时，整体地温随着气温的上升有所增加，玉米进入快速增长阶段（抽雄期），其整体差异更加明显，夜间低温时，CK 均处于较低值，白天升温速率较为平缓，较 Bo-50 和 Bo-30 处理的土壤平均气温低 1.5～2.1℃；到了成熟期，与抽雄期趋势相近。从试验整体效果来看，生物炭的施用使表层土壤温度呈增加趋势，且提高了夜间的最低气温，使土壤的温差幅度减小。土壤温度的高低不仅直接影响到玉米种子的生长，还影响玉米的根系对水分和矿物质元素的吸收、运转速率和储存效果。同时，生物炭对土壤颜色的改变也会对土壤地温产生一定的影响[43]，Genesio

等[44]研究发现，施用生物炭后在裸露的土壤中添加生物炭量为 30～60 t/hm² 可以使土壤反照率减少 80%；Oguntunde 等[45]也发现，燃烧过的木炭比周围没有燃烧过的木炭对于光线的反照率会减少 1/3。当然，土壤对光线热能的吸收与土壤水分含量及土壤表面植被也有密切的关系[46]，土壤中水的比热大约是干土的 5.2 倍，尽管生物炭的添加有助于提高土壤的颜色，增强土壤表层吸收的太阳辐射量，但生物炭的添加也会增加一定的土壤含水量，因而在一定程度上将大大缓解土壤表层的升温与降温的作用。

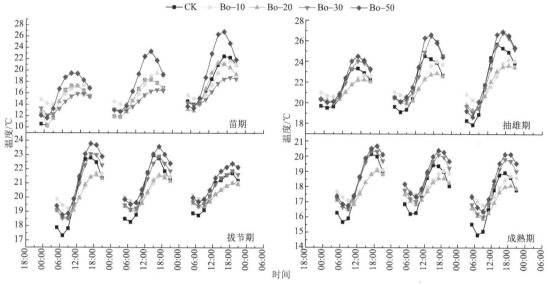

图 7.47　施用生物炭对土壤表层（0～20 cm）温度的影响

将每个处理按照生育期做平均值得到表 7.15，Bo-10 和 Bo-20 围绕 CK 温度差值上下波动，与 CK 差异不显著，温差分别为–0.13～0.51℃和–0.03～0.69℃；Bo-30 和 Bo-50 温度显著高于 CK，温差分别为–0.98～0.72℃和 0.82～2.17℃，说明施用剂量大于 30 t/hm² 的生物炭可以显著提高施用层的温度。

表 7.15　不同生育期 0～20 cm 土层平均温度　　　　　（单位：℃）

处理	CK	Bo-10	Bo-20	Bo-30	Bo-50
苗期	16.09	15.96	16.78	15.11	18.26
拔节期	21.92	21.41	21.85	22.64	22.91
抽雄期	20.49	20.19	20.46	20.84	21.31
成熟期	17.70	17.52	17.98	18.35	18.66

2. 生物炭对玉米叶片光合速率的影响

由表 7.16 可以看出，施用生物炭后，玉米叶面温度有较大幅度的提升，从早晨 7:00 开始监测，各处理的初始温度高于 CK，且随着时间的推移，一直处于较高水平，其中以 Bo-30 的效果最为显著。

表 7.16　施用生物炭的玉米叶片温度　　　　　　　　（单位：℃）

表 7.16　施用生物炭的玉米叶片温度　　　　　　　　（单位：℃）

处理	07:00	09:00	11:00	13:00	15:00	17:00	19:00
CK	19.07	25.42	26.65	34.37	30.80	33.09	24.50
Bo-10	20.22	26.96	29.68	33.78	32.33	32.48	25.16
Bo-20	21.14	28.18	30.19	34.49	32.36	32.42	25.18
Bo-30	22.11	29.48	33.06	34.48	32.46	32.43	25.27
Bo-50	19.32	25.76	27.55	33.92	31.21	33.03	24.85

植物在光合作用中吸收 CO_2 的能力称为光合速率，表 7.17 为对玉米光合速率的监测，表 7.18 为监测玉米光合速率时气孔导度的闭合程度。在测试初期，施用生物炭的 Bo-30 和 Bo-20 高于 CK 和其他处理，在 13:00 达到光合速率的顶峰，随后开始下降。从表 7.19 可以看出，在 13:00～19:00，施用生物炭的处理，Bo-10 和 Bo-20 均在 CK 上下区间浮动，而 Bo-30 和 Bo-50 则较为稳定，光合速率的衰减程度逐渐降低，在 19:00 仍高于 CK 处理。

表 7.17　施用生物炭的玉米叶片光合速率　　　　［单位：$\mu mol CO_2/（m^2 \cdot s）$］

处理	07:00	09:00	11:00	13:00	15:00	17:00	19:00
CK	15.34	20.45	14.88	26.55	18.52	21.19	23.91
Bo-10	11.49	15.33	13.54	21.66	27.87	23.35	26.98
Bo-20	16.13	21.51	14.44	19.70	20.40	22.42	27.20
Bo-30	20.92	27.90	15.03	28.34	21.75	21.69	27.53
Bo-50	11.21	14.94	14.13	27.09	21.96	19.45	26.38

表 7.18　施用生物炭的玉米叶片气孔导度　　　　［单位：$mmol H_2O/（m^2 \cdot s）$］

处理	07:00	09:00	11:00	13:00	15:00	17:00	19:00
CK	0.63	0.83	0.67	0.33	0.83	0.83	0.67
Bo-10	0.63	0.83	0.67	0.67	1.00	0.50	0.67
Bo-20	0.50	0.67	0.67	0.67	0.67	0.67	0.67
Bo-30	0.75	1.00	0.67	0.67	0.33	0.33	0.67
Bo-50	0.50	0.67	0.83	0.67	0.67	0.67	0.67

表 7.19　施用生物炭的玉米叶片蒸腾速率　　　　［单位：$mmol H_2O/（m^2 \cdot s）$］

处理	07:00	09:00	11:00	13:00	15:00	17:00	19:00
CK	0.58	0.78	0.69	0.84	0.59	0.16	0.40
Bo-10	0.23	0.31	0.78	0.64	0.82	0.21	0.22
Bo-20	1.15	1.54	0.70	1.75	0.51	0.21	0.10
Bo-30	2.17	2.89	0.69	2.16	0.33	0.36	0.08
Bo-50	0.09	0.12	0.76	0.92	1.12	0.19	0.42

在蒸腾速率方面，在上午 7:00，施用生物炭的处理初始蒸腾量 Bo-20 和 Bo-30 大于 CK，随着时间的推移，CK 的蒸腾速率在下午 13:00 开始高于其他处理，同时，随着生物炭施用量的增加叶面的蒸腾速率有减小的趋势，并且持续到 19:00，原因是水是玉米消耗 CO_2 从事光

合效应的原料，施用生物炭后，对土壤不同深度含水率均有不同程度增加，在水分充足的情况下，表现出与保水剂的光合作用相同，综上所述，施用生物炭同样可以增加玉米叶片的光合反应速率，增加消耗 CO_2 的持续时间。

表 7.20　施用生物炭的玉米叶片叶绿素　　　　　　　（单位：mmol/mol）

处理	07:00	09:00	11:00	13:00	15:00	17:00	19:00
CK	52.40	52.92	54.51	57.24	60.67	63.09	65.62
Bo-10	61.89	62.50	64.38	63.74	63.09	62.47	61.84
Bo-20	66.22	66.88	66.21	65.55	64.89	64.24	63.60
Bo-30	70.85	71.56	70.85	70.14	69.44	68.74	68.05
Bo-50	75.81	76.57	75.80	75.05	74.29	73.55	72.81

3. 生物炭对土壤氮素的影响

氮素是植物生长发育的物质基础，其含量的多少与作物产量密切相关，农田土壤中的氮素物质，除了部分未被作物吸收利用，剩余的氮肥在降雨和灌溉水的作用下直接以化合物的形式流失外[37]，主要是以可溶性的形式淋失到土壤下层或通过氨挥发途径进入大气。植物对氮素的吸收量一定程度上取决于植物对氮素的需求和土壤对氮素的供应能力，同时也受到植物生长和土壤硝态氮与铵态氮转化过程等因素的影响[47]。研究表明，葛顺峰[48]通过 ^{15}N 标记试验发现，添加秸秆生物炭可以有效地促进苹果植株对氮肥的吸收，减少氮肥的气态损失，提高氮肥利用率。本节以大田试验为基础，观测施用不同量的生物炭后土壤氮肥在不同生育期的变化量，播种前测定值为施用生物炭后稳定 10 d 灌溉第一次灌水之前取样，拔节期和成熟期取样分别为第 2 次灌水和第 4 次灌水的后 10 d 取样，灌溉施用氮素肥量如图 7.48 所示。

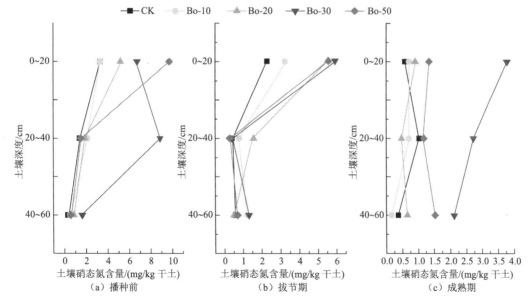

图 7.48　施用生物炭不同生育期土壤硝态氮含量随深度的变化

从图 7.48 和图 7.49 可知，施用生物炭后，土壤中硝态氮和铵态氮含量均有小幅的增加，并且随着土壤深度的增加，含量逐渐下降；到了拔节期，差异逐渐明显，各处理铵态氮含量显著高于 CK，此时玉米生长迅速，对氮素的需求增大，在此环境下，能够保证足够的氮素储存量，以及硝态氮向铵态氮的转化量，足以证明生物炭可以提高土壤氮素利用率。到了成熟期，各处理的硝态氮和铵态氮含量都有显著性提高，以 Bo-50 和 Bo-30 效果最为明显，较拔节期相比，土壤 20~60 cm 深度的铵态氮和硝态氮含量均有小幅度提高。综上所述，在研究区施入一定量的生物炭，可以有效提高土壤氮肥的利用率及硝态氮转化为铵态氮的速率，对土壤农作物的产量将起到增产的效果。

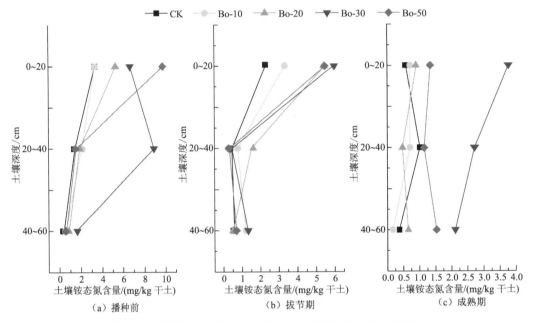

图 7.49　施用生物炭不同生育期土壤铵态氮含量随深度的变化

作为新型的土壤修复材料，生物炭对氮、磷等养分的吸附作用已经受到广泛关注，杨放等[49]以生物炭作为吸附材料，研究静态条件下生物炭对水土中的吸附性，结果表明，其吸附量随着水溶液中浓度的增加而上升；刘玮晶等[50]通过温室吸附试验发现，添加生物炭对的吸附量均高于 CK。Taghizadeh-Toosi[51]采用稳定同位素示踪剂的方法发现生物炭不仅具有吸附作用，还能将该部分以植物可利用的氮元素形态储存于土壤中，从而提高氮素的利用率。

4. 生物炭对玉米生长指标的影响

1）生物炭对玉米株高与茎粗的影响

图 7.50 为施加生物炭后全生育期玉米株高及茎粗的生长趋势图，随着施用量的增大，株高呈递增态势，Bo-30 处理的土壤玉米株高增加值最大，Bo-50 株高明显低于其他处理。玉米为深根系作物，其根系可长到 1 m，浅层过量的施加生物炭对玉米根系的持水性产生影响，过度的土壤疏松使得玉米根系集中于土壤表层。从茎粗图中可以看出 6 月 21 日取样显示 Bo-50 茎粗明显高于其他处理，但后期的长势基本趋于稳定。

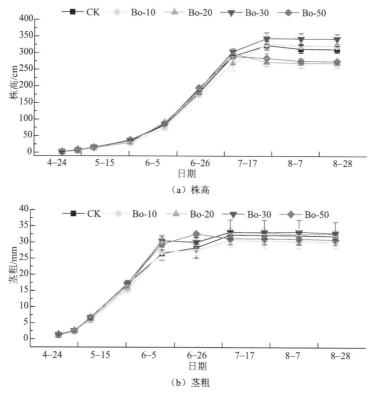

（a）株高

（b）茎粗

图 7.50　施用生物炭后玉米株高与茎粗的变化曲线

2）生物炭对玉米叶面积指数的影响

叶面积指数反映了叶面积繁密程度，试验采用消光系数法冠层分析仪测定，从图 7.51 可以看出，随着生物炭用量的增加叶面积指数呈递增态势，Bo-50 增加幅度最大，该处理株高较早地达到稳定值。

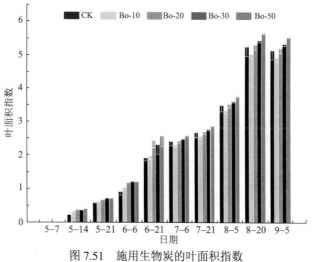

图 7.51　施用生物炭的叶面积指数

3）生物炭对玉米干物质累积量的影响

如图 7.52 所示，干物质累积量总体较 CK 呈增加趋势，依次顺序为 Bo-30＞Bo-50＞

Bo-20＞Bo-10＞CK，各处理较 CK 分别增加干物质累积量 138.48（Bo-30）、110.65%（Bo-50）、77.46%（Bo-20）、16.34%（Bo-10）。其中 Bo-30 对干物质累积量增加幅度最高。

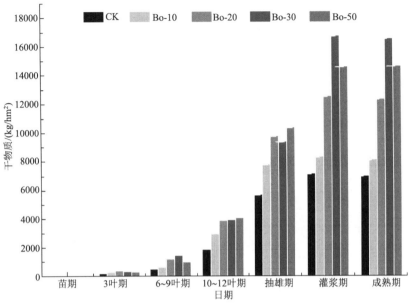

图 7.52　施用生物炭对玉米干物质累积量的影响

4）生物炭对玉米产量的影响

表 7.21 为不同生物炭用量对玉米籽粒行粒数、穗行数、百粒重、亩产量、公顷产量的影响，分别在各处理中随机选取某行玉米连续十棵，三次重复，单独收获，统计其穗长、穗粒数、百粒重，并计算其产量。结果分析表明，施入生物炭处理后平均行粒数均有小幅度的增加，较 CK 分别增加−1.35%（Bo-10）、0.58%（Bo-20）、8.26%（Bo-30）、2.82%（Bo-50）；平均穗行数分别较 CK 增加 4.07%（Bo-10）、5.96%（Bo-20）、5.96%（Bo-30）、7.85%（Bo-50）；平均百粒重较 CK 分别增加 1.08%（Bo-10）、1.00%（Bo-20）、5.12%（Bo-30）、1.49%（Bo-50）；产量分别较 CK 增加 1.22%（Bo-10）、9.12%（Bo-20）、11.88%（Bo-30）、10.53%（Bo-50）。

表 7.21　施用生物炭的玉米产量

处理	行粒数/粒	穗行数/行	百粒重			亩株数/株	亩产量/kg	公顷产量/kg
			重复 1	重复 2	重复 3			
	44	14	38.66	38.36	39.06			
	45	14	40.90	40.60	41.30			
	46	16	40.11	39.81	40.51			
CK	48	16	38.38	38.08	38.78	3 700	961.21	14 418.27
	43	14	38.38	38.08	38.78			
	40	16	39.62	39.32	40.02			
	46	16	39.12	38.82	39.52			
Bo-10	43	16	40.50	40.20	40.90	3 700	960.84	14 412.64
	40	16	39.66	39.36	40.06			

处理	行粒数/粒	穗行数/行	百粒重			亩株数/株	亩产量/kg	公顷产量/kg
			重复1	重复2	重复3			
	42	18	38.92	38.62	39.32			
	47	14	39.49	39.19	39.89			
Bo-10	46	16	40.75	40.45	41.15	3 700	960.84	14 412.64
	45	14	38.77	38.47	39.17			
	45	16	40.03	39.73	40.43			
	45	16	39.86	39.56	40.26			
	43	16	39.80	39.50	40.20			
	43	16	40.45	40.15	40.85			
Bo-20	44	16	39.45	39.15	39.85	3 700	1 048.96	15 734.49
	48	18	39.72	39.42	40.12			
	46	16	39.17	38.87	39.57			
	45	14	39.44	39.14	39.84			
	46	16	41.90	41.60	42.30			
	49	16	40.36	40.06	40.76			
	47	16	42.09	41.79	42.49			
Bo-30	48	16	43.03	42.73	43.43	3 700	1 075.41	16 131.21
	46	18	40.36	40.06	40.76			
	53	16	40.55	40.25	40.95			
	49	14	40.96	40.66	41.36			
	45	16	36.53	36.23	36.93			
	44	18	41.84	41.54	42.24			
	46	16	40.67	40.37	41.07			
Bo-50	49	14	40.66	40.36	41.06	3700	1 062.48	15 937.33
	42	18	40.39	40.09	40.79			
	47	18	39.85	39.55	40.25			
	48	14	39.30	39.00	39.70			

根据以上研究结果，具体从土壤 0～20 cm 温度、玉米光合速率及玉米产量三个方面对比保水剂和生物炭的作用效果。

（1）两种改良剂对研究区表层 0～20 cm 温度均起到一定保温作用，施用保水剂的处理土壤温度的整体趋势表现为 S-3＞S-6＞S-12＞CK＞S-9，其中 S-3 处理对施用层的稳定影响较为明显，温差为 0.03～2.13℃；施用生物炭后其总体趋势为 Bo-50＞Bo-30＞CK＞Bo-20＞Bo-10，其中 Bo-30 和 Bo-50 处理的土壤温度显著高于 CK，温差分别为–0.98～0.72℃和0.82～2.17℃，施用剂量大于 30 t/hm² 的生物炭可以显著提高施用层的温度。同比来看，Bo-50 较 S-3 处理在玉米全生育期地温的影响效果更为明显，生物炭对于温度的变化更具有稳定性，对减少土壤温差变化起到更好的作用，同时，生物炭还通过自身颜色吸取太阳辐射，且生物炭的添加也会增加一定的土壤含水量，因而在一定程度上大大缓解土壤表层的升温与降温的作用。

（2）两种土壤改良剂对玉米的光合速率同样具有促进作用，且分析认为两者都是通过水分含量来刺激 CO_2 的消耗量，从而达到增加光合速率的作用，分析两种改良剂的效果基本相同，但在光合速率测定初期，保水剂对玉米叶片光合速率的增加量小于生物炭。

（3）本节对不同土壤改良剂用量对玉米籽粒行粒数、穗行数、百粒重、亩产量、公顷产量影响值进行对比分析。两种改良剂对于平均行粒数均有小幅度的增加，效果最好的 S-6 和 Bo-30 较 CK 分别增加 3.14%和 8.26%；平均穗行数分别以 S-9 和 Bo-30 效果较为突出，比 CK 分别增加 13.53%和 5.96%；平均百粒重以 S-12 和 Bo-30 较为明显，比 CK 分别增加 3.12% 和 5.12%；产量分别以 S-6 和 Bo-30 较为明显，较 CK 增加 5.98%和 11.88%。从以上结论可以看出，本研究区种植玉米的各项成果指标有少量的增加，但变化较为复杂，相反，与施用生物炭的成果相比，后者的整体增加梯度更为稳定，且最终产量增加值最高，达到了 11.88%，即 1712.94 kg/hm^2。

综上所述，生物炭可以更好地对研究区土壤进行改良，从而达到节水、保肥、增产等效果。

7.6 本 章 小 结

（1）在改善土壤入渗能力方面，两种改良剂均可以增加施用层土壤入渗速率和土壤蓄水能力，增加地表水分的下渗能力，减少地表积水在土面的停留时间，有效地提高土壤水分的利用率。对地表入渗速率增加幅度，保水剂为 0.91%~36.06%，生物炭为 45.45%~56.82%；累积入渗量增加幅度，保水剂为 33.49%~41.51%，生物炭为 37.6%~44.6%。从结论来看，土壤中施用生物炭后可以提高地表水下渗的能力，生物炭施用层仅在 0~40 cm，40 cm 以下的土壤仍然为密实的黏壤土层，水分很难在短时间下渗到更深层的土壤中，从而增加了水分在耕作层的停留时间，对作物是百利而无一害。在入渗速率方面生物炭的改良效果更优于保水剂，但从土壤蓄水量的增加幅度来看，两者相差不大。

通过三种经典入渗模型对效果较为明显的生物炭各处理进行入渗速率的模拟对比得出，考斯加柯夫模型获得了较好的模拟效果，也体现了经验模型对描述统计规律时的灵活性，在部分基于物理意义的基础上，实现了与实际监测数据较好的吻合效果，认为是最适于描述该研究区入渗规律的模型。

（2）在抑制土壤蒸发方面，两种土壤改良剂都能够起到一定的抑制效果。保水剂通过吸湿灌溉水或者雨水扩大自身的体积，土壤水在低于田间持水量时会产生土壤负压吸力，保水剂受压力胁迫逐步释放水分，从而达到延长蒸发周期、减缓蒸发的效果，与对照相比减缓 3.13%~14.15%；而生物炭则是通过自身具有的强吸附性，将灌溉水或者雨水吸附于土壤孔隙之间，其次施入生物炭还可以降低土壤容重，与对照相比减缓 4.2%~10.95%。

（3）根据土柱模拟盐分上升规律及结合田间试验动态监测盐分变化的规律发现，两种土壤改良剂对土壤返盐均起到一定的抑制效应，其中施入保水剂的处理表现出对玉米苗期和拔节初期起到了抑制盐分的效果，但从拔节中期逐渐开始积盐；而施入生物炭的处理对玉米整个生育期起到了抑制返盐的效果，只在成熟期返盐效应开始明显。生物炭对土壤离子含量的影响分析中表现出可以增加钙离子、镁离子及钾离子的浓度。另外，生物炭可以有效地提高土壤氮肥的利用率及硝态氮转化为铵态氮的速率，以 Bo-50 和 Bo-30 效果最为明显，与拔节期相比，土壤 20～60 cm 深度的铵态氮和硝态氮含量均有小幅度提高，在研究区施用一定量的生物炭，可以有效地提高土壤氮肥利用率及硝态氮转化为铵态氮的速率，对土壤农作物的产量将起到增产的效果。

（4）针对河套灌区常年施用无机肥致使土壤肥力低下等问题，引入不同土壤改良剂对团聚体的试验研究表明，两者均具有增加土壤团聚体及水稳性团聚的功效，但作用机理不同。保水剂通过自身吸水膨胀，吸附周围的土壤黏粒，增加土体本身的团聚性，从而达到增加团聚体的目的；而生物炭则是通过生物炭本身的多孔性和吸附性，以及增加土壤毛细管的数量，从而增加土壤的透气性。随着生物炭施用量增加，几何平均直径也呈增加趋势。但过量的保水剂和生物炭的施用会降低土壤团聚体抗水解能力，因此，可分别依据保水剂、生物炭与几何平均直径的回归关系取得适合研究区土壤的施用水平。另外，生物炭还可以增加土壤的有机质含量，施用合理的生物炭量可以增加土壤有机质在施用层的含量，在 0～60 cm 土层深度中随施用量的增加而增加，增幅为各生育期内平均增加 2.93～5.88 g/kg。

（5）通过监测影响玉米生长的主要气象因子及供试作物玉米生育期内的不同改良剂对玉米生理指标及产量的影响，具体研究了两种改良剂对土壤温度、光合速率、玉米生长指标等方面的影响。研究发现，施用改良剂后可以在一定程度上缓解灌水后引起的温度下降及延缓作物生长的现象，尤其施用生物炭后，有效缩减昼夜温差，进而降低了土壤温度突变带来的不良反应。两种改良剂对玉米光合速率均起到促进作用，可以有效增加吸收 CO_2 的作用时间，其中，玉米叶片的光合速率随着生物炭施用量的增加而增强，有利于促进作物自身有机物的积累。在蒸腾速率方面随着改良剂施用量的增加，叶面的蒸腾速率有减小趋势。结合以上研究结论继续探讨两种改良剂对作物产量的影响，在对玉米籽粒行粒数、穗行数、百粒重、亩产量、公顷产量影响值进行对比分析中发现，两种改良剂对于行粒数、穗行数、百粒重及产量都有显著提升，其中生物炭的产量增加值更高，达到了 11.88%，即 1712.94 kg/hm²。

综合对比两种改良剂在本研究区的试验结果，生物炭相对于保水剂在黏壤土入渗改善、减少土面蒸发损失、抑制土壤返盐、促进植物生长及提高作物产量等方面具有一定优势，是较适合研究区气候条件及土壤质地的土壤改良剂。

参 考 文 献

[1] 何丹, 马东豪, 张锡洲, 等. 土壤入渗特性的空间变异规律及其变异源. 水科学进展, 2013, 24(3): 340-348.

[2] 刘目兴, 聂艳, 于婧. 不同初始含水率下粘质土壤的入渗过程. 生态学报, 2012, 32(3): 871-878.

[3] 雷志栋, 杨诗秀, 谢森传. 土壤水动力学. 北京: 清华大学出版社, 1988.

[4] 李琲. 内蒙古河套灌区参与式灌溉管理运行机制与绩效研究. 呼和浩特: 内蒙古农业大学, 2008.

[5] 王艳阳, 魏永霞, 孙继鹏, 等. 不同生物炭施加量的土壤水分入渗及其分布特性. 农业工程学报, 2016, 8: 113-119.

[6] 李卓, 吴普特, 冯浩, 等. 容重对土壤水分入渗能力影响模拟试验. 农业工程学报, 2009, 25(6): 40-45.

[7] 郭素珍. 土壤物理学. 呼和浩特: 内蒙古文化出版社, 1998.

[8] 王全九, 来剑斌, 李毅. Green-Ampt模型与Philip入渗模型的对比分析. 农业工程学报, 2002(2): 13-16.

[9] 吴继强. 非饱和土壤中大孔隙流及溶质优先迁移基本特性试验研究. 西安: 西安理工大学, 2010.

[10] 范严伟, 赵文举, 王昱. 入渗水头对垂直一维入渗Philip模型参数的影响. 兰州: 兰州理工大学学报, 2015, 41(1): 65-70.

[11] 齐瑞鹏, 张磊, 颜永毫, 等. 定容重条件下生物炭对半干旱区土壤水分入渗特征的影响. 应用生态学报,

2014, 28(8): 2281-2288.

[12] 高海英, 何绪生, 耿增超, 等. 生物炭及炭基氮肥对土壤持水性能影响的研究. 中国农学通报, 2011, 27(24): 207-213.

[13] 张文玲, 李桂花, 高卫东. 生物质炭对土壤性状和作物产量的影响. 中国农学通报, 2009, 25(17): 153-157.

[14] PICCOLO A, NARDI S, CONCHERI G. Macromolecular changes of humic substances induced by interaction with organic acids. European Journal of Soil Science, 1996, 47(3): 319-328.

[15] TRYON E H. Effect of charcoal on certain physical, chemical, and biological properties of forest soils. Ecological Monographs, 1948, 18(1): 81-115.

[16] 董玉云, 费良军, 穆红文. 膜孔肥液单向交汇入渗特性及数学模型研究. 干旱地区农业研究, 2012, 30(3): 81-84.

[17] 田丹, 屈忠义, 李波, 等. 生物炭对砂土水力特征参数及持水特性影响试验研究. 灌溉排水学报, 2013, 32(3): 135-137.

[18] 赵霞, 王浩然, 何宁, 等. 农艺措施和保水剂对夏玉米产量和根际生物活性的影响. 中国农学通报, 2016, 32(33): 43-48.

[19] 王丹丹. 半干旱区生物炭的土壤生态效应定位研究. 杨凌: 西北农林科技大学, 2013.

[20] GLASER B, HAUMAIER L, GUGGENBERGER G, et al. Black carbon in density fractions of anthropogenic soils of the Brazilian Amazon region. Organic Geochemistry, 2000, 31: 669-678.

[21] 翟鹏辉, 杨丽晶, 李素艳, 等. 蒸发条件下不同夹层土壤水盐动态特性研究. 水土保持学报, 2014, 28(4): 273-277.

[22] 孟冠华, 李爱民, 张全兴. 活性炭的表面含氧官能团及其对吸附影响的研究进展. 离子交换与吸附, 2007, 23(1): 88-94.

[23] 杨树青, 丁雪华, 贾锦风, 等. 盐渍化土壤环境下微咸水利用模式探讨. 水利学报, 2011, 4: 490-498.

[24] THOMAS S C, FRYE S, GALE N, et al. Biochar mitigates negative effects of salt additions on two herbaceous plant species. Journal of Environmental Management, 2013, 129(18): 62-68.

[25] 姚红宇, 唐光木, 葛春辉, 等. 炭化温度和时间与棉杆炭特性及元素组成的相关关系. 农业工程学报, 13(7): 199-206.

[26] 王典, 张祥, 朱盼, 等. 添加生物质炭对黄棕壤和红壤上油菜生长的影响. 中国土壤与肥料, 2014(3): 63-67.

[27] 张秀梅, 杜丽清, 王有年, 等. 钙处理对果实采后生理病害及衰老的影响. 河北果树, 2005(1): 3-4.

[28] 杨军芳, 周晓芬, 冯伟. 土壤与植物镁素研究进展概述. 河北农业科学, 2008, 12(3): 91-93.

[29] BOURKE J. Preparation and Properties of Natural, Demineralized, Pure, and Doped Carbons from Biomass; Model of the Chemical Structure of Carbonized Charcoal. Hamilton: The University of Waikato, 2007.

[30] RAVEENDRAN K, GANESH A, KHILAR K C. Influence of mineral matter on biomass pyrolysis characteristics. Fuel, 1995, 74(12): 1812-1822.

[31] 谢国雄, 章明奎. 施用生物质炭对红壤有机碳矿化及其组分的影响. 土壤通报, 2014, 45(2): 413-419.

[32] MAJOR J, RONDON M, MOLINA D, et al. Maize yield and nutrition during 4 years after biochar application to a Colombian savanna oxisol . Plant and Soil, 2010, 333(1-2): 117-128.

[33] 王清奎, 汪思龙. 土壤团聚体形成与稳定机制及影响因素. 土壤通报, 2005, 36(3): 415-421.

[34] 刘中良, 宇万太. 土壤团聚体中有机炭研究进展. 中国生态农业学报, 2011, 19(2): 447-455.

[35] 周岩. 土壤调理剂 (保水剂) 对砂土和砂壤土结构的影响. 开封: 河南大学, 2011.

[36] 杨如萍, 郭贤仕, 吕军峰, 等. 不同耕作和种植模式对土壤团聚体分布及稳定性的影响. 水土保持学报, 2010, 1: 252-256.

[37] 吴鹏豹, 解钰, 漆智平, 等. 生物炭对花岗岩砖红壤团聚体稳定性及其总炭分布特征的影响. 草地学报, 2012, 20(4): 643-649.

[38] KEITH A, SINGH B, SINGH B P. Interactive priming of biochar and labile organic matter mineralization in a smectite-rich soil. Environmental Science & Technology, 2011, 45(22): 9611-9618.

[39] BRODOWSKI S, JOHN B, FLESSA H, et al. Aggregate-occluded black carbon in soil. European Journal of

Soil Science, 2006, 57(4): 539-546.

[40] LEHMANN J, CZIMCZIK C, LAIRD D, et al. Stability of biochar in soil. Biochar for Environmental Management: Science and Technology, 2009: 183-206.

[41] LEHMANN J, RILLIG M C, THIES J, et al. Biochar effects on soil biota—A review. Soil Biology & Biochemistry, 2011, 43(9): 1812-1836.

[42] 朱祖祥. 土壤学（上册）北京: 农业出版社, 1983: 169-170.

[43] CRUTZEN P J. Albedo enhancement by stratospheric sulfur injections: A contribution to resolve a policy dilemma. Climatic Change, 2006, 77(3): 211-220.

[44] GENESIO L, MIGLIETTA F, LUGATO E, et al. Surface albedo following biochar application in durum wheat. Environmental Research Letters, 2012, 7(1): 014025.

[45] OGUNTUNDE P G, ABIODUN B J, AJAYI A E, et al. Effects of charcoal production on soil physical properties in Ghana. Journal of Plant Nutrition and Soil Science, 2008, 171(4): 591-596.

[46] KRULL E S, SKJEMSTAD J O, BALDOCK J A. Functions of Soil Organic Matter and the Effect on Soil Properties. Cooperative Research Centre for Greenhouse Accounting, 2004.

[47] 单艳红, 杨林章, 颜廷梅, 等. 水田土壤溶液磷氮的动态变化及潜在的环境影响. 生态学报, 2005, 1: 115-121.

[48] 葛顺峰. 苹果园土壤氮素总硝化-反硝化作用和氨挥发损失研究. 济南: 山东农业大学, 2011.

[49] 杨放, 李心清, 刑英, 等. 生物炭对盐碱土氮淋溶的影响. 农业环境科学学报, 2014, 5: 972-977.

[50] 刘玮晶, 刘烨, 高晓荔, 等. 外源生物质炭对土壤中铵态氮素滞留效应的影响. 农业环境科学学报, 2012, 5: 962-968.

[51] TAGHIZADEH-TOOSI A, CLOUGH T J, SHERLOCK R R, et al. Biochar adsorbed ammonia is bioavailable. Plant and Soil, 2012, 350(1-2): 57-69.

第8章 生物炭关键应用技术

8.1 生物炭生产技术规程

8.1.1 炭化炉结构

炭化炉是由辽宁某农业开发有限公司引进的 THL-II-C 型移动式炭化炉，主要由底座、燃烧器、液气分离器、烟尘分离器、排气管、循环水泵、引风机、电动起重机、配电箱等结构组成（图 8.1）。整套设备长 5 m，宽 2.1 m，高 2.4 m，用电功率为 300 W/h，生产效率为一次可填装大约 900 kg 的生物质原料，出炭量大约为 300 kg，木醋液原液 80 kg。

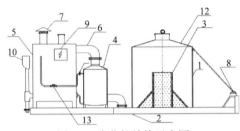

图 8.1 炭化炉结构示意图

1. 炉体；2. 底座；3. 燃烧器；4. 液气分离器；5. 烟尘分离器；6. 排气管；7. 引风机；
8. 电动起重机；9. 配电箱；10. 进水箱；11. 自动循环阀门；12. 炉盖；13. 循环水泵

8.1.2 制炭流程及注意事项

1）除水碎料、清炉放料

将农林废弃物凉置于通风干燥处，以便较快地降低水分含量。秸秆类和其他大型生物质材料，如玉米、高粱、葵花、大豆等秸秆，需要用铡草机将其铡成 5～10 cm 长的小段备用；花生壳、稻壳、棉花籽等较小的生物质材料无须破碎，可直接进行炭化。

在制炭前，首先用电动起重机将炉体拉开，其次全面地清理炭化炉、燃烧器、底座和排气管进气口，防止淤积或残留的炭在再次高温条件下燃烧。清理结束打开燃烧器的四个扇面活叶，将干草料均匀地放置在燃烧器里面，干草料的含水量应在 12%以下，优选为 5%～8%，以利于迅速点燃。

2）打开风机、水箱注满

因炭化炉为环保节能型，对生物质材料在炭化过程中产生的烟、尘要进行多次水净化处理，因此在点火之前要将水箱按照水位高度注水，然后打开引风机。

3）引燃干料、快速填料

将放置于燃烧器内的干草料均匀的点燃，放下燃烧器活叶，用电动起重机放下炉体。观察引风机烟的情况判断排气管是否通畅。待燃烧器内的干草料开始燃烧后迅速填装生物质原料，第一次填装高度以覆盖燃烧器 20～30 cm 为宜，要求填装均匀，表面平整。加料后，物料中的水分受热蒸发，将形成少量蒸汽。仔细观察物料表层，捣实蒸汽量较大的地方，确保制炭物料受热均匀。在制炭过程中无须外源加热，物料将持续自燃。

4）分层加料、中高侧低

生物质材料在 150～450℃亚高温条件下缺氧炭化。当温度达到 150℃以上时，复杂的颗粒结构开始分解；当温度达到 260℃时分解加剧，产生焦油和气体；当温度达到 450℃时绝氧、雾化、生成黑色炭颗粒。分层加料的方法可以有效减少料层内的氧气量，从而达到控制氧气含量的目的。燃烧器在炉体的中心位置，其上部受热较周边快，因此，适当地在中间多加一些物料达到炭化均匀的目的。

5）依水调时、因料调量

生物质材料的含水量越高，温度升高得就越慢，要根据材料的含水量灵活地控制投料间隔。物料种类不同，形状也不尽相同，透气程度也有一定的差异。颗粒越大、形状越不规则，透气性就越好，升温速度也越快。因此，在整个加料过程中，应根据物料种类灵活控制每层物料的厚度。

6）堵烟疏气、避实就虚

在制炭的过程中，由于投入的物料含有一定的水分，受热后会产生水蒸气（制炭过程中产生的水蒸气特点：颜色白、通透、感觉湿润、有一定味道、不呛人），这属于正常现象。但是如果物料层中氧气含量过量，物料就会燃烧产生烟。

在炭化过程中，燃烧器周围升温速度快，容易造成物料燃烧，产生烟，应及时封堵。蒸汽是水分受热散失的表现，应及时调整物料分布，适当减少没有水蒸气处的物料，促使蒸汽释放，保证物料受热均匀，从而均匀地炭化。

在制炭过程中温度和氧气是生物炭质量与数量的关键。但是在实际生产过程中，很难保证每一层物料都处于相同的温度状态和炭化状态。有的区域温度高、炭化快、物料炭化体积变小，这一区域就变得"虚"，就得把虚处捣实，防止进一步炭化，变成灰烬。反之温度较低、炭化速度慢，这些区域就"实"，就得把实处的物料移到虚处，防止炭化不充分。

7）加炭收口、扣盖封炉

待全部物料装填完毕后，密切观察表面燃烧情况。出现零星火点时，要及时用周边的物料将其覆盖。随后，当蒸气浓重而均匀时，在物料表层加一层含水量为 40%～50%，厚度为 15～20cm 的成品生物炭隔绝表层与空气接触，不至于使表层生物炭过度燃烧。

密切观察炭层表面，确保受热均匀。随时翻看上层物料，防止夹生炭产生。当表层出现零星火点时将炉盖盖上，在炉盖与炉体的缝隙里加水完全达到与空气隔绝，然后关闭引风机。

8）开炉出炭、散铺防燃

封盖 8h 后，打开炉盖，用电动起重机提起炉体。观察炭料情况，发现有火星的地方用水浇灭，防止燃烧。取出炭料后迅速铺开降温，防止自燃，降低生物炭质量。

9）干燥除水、去杂收炭

出炭后将生物炭放置于干燥通风处晾晒，并随时剔除杂质，提高炭的质量，待晾晒干后用编织袋装袋储存。

8.1.3 生物炭的产量与理化性质

经过在生产过程中严格地控制生物质原料的填装，正常情况下一次可填装晾晒后铡段的玉米秸秆 850 kg 左右，经过大约 8h 炭化，产出 310 kg 左右粗成品生物炭，再通过晾晒、除杂等步骤最终可得到 300 kg 左右的成品生物炭，与此同时产出 60 kg 左右的木醋液。在整个制炭过程中总共消耗 3 kW·h，耗水 0.4 m³。

对成品生物炭的成分和含量进行检测可知，生物炭具有较高的含碳量、pH、C/N 及较大的比表面积等特点，施入土壤能够有效地改良土壤结构，从而提高土壤的持水性能和养分吸持力，能够有效地培肥土壤（表 8.1）。

表 8.1　生物炭理化性质

材料	比表面积/（m²/g）	N/%	C/%	H/%	C/N
秸秆生物炭	4.20	1.12	62.29	3.71	55.87

8.1.4 生物炭制备中的不足和改进

在生物炭的制备过程中出现了很多的问题，如炭化不均匀、人工耗用量大、温度不易控制、木醋液浓度难以控制等，因此，生物炭的制炭设备和技术都需要进行相应的改进。下面就生物炭制备的不足和需要改进的地方做一些简要说明。

（1）针对生物炭制备过程中炭化不均匀这一特点，不仅仅是制炭技术的问题，制炭设备本身也存在一定的缺陷。炭化不均匀主要是受到炭化温度和氧气供应的影响，而温度又主要是受物料层氧气含量的影响，现在的炭化炉在炉体部位没有进氧装置只能通过人为地调节物料的虚实解决炭化不均匀这一问题，但是人与人之间在技术上存在一定的差异，不一定能完全地控制好。因此，可以再炉体四周增设一定数量的进气装置以利于炉体内氧气的调节，从而达到炭化均匀的目的。

（2）制炭的整个过程中人员的消耗较大，这主要是没有真正地实现设备的自动化。首先点燃燃烧器内干草料时迅速添加物料需要大量的人员才能满足设备的需求，其次揭炉盖时由于炉盖过重需要足够的人员才能满足，还存在一定的危险性，因此，实现设备的自动化才能根本地解决人工耗用量大的问题。

（3）制炭过程中不能实现完全的控制温度，而且没有温度显示计，只能人为地估计温度值，这不仅存在一定的盲目性，还不能保证生物炭的质量，因此，在炉体内安装温度仪，实现精细化控制温度，对缩短炭化时间、提高生物炭的质量是很有必要的。

（4）制炭过程中，木醋液的浓度控制较为困难。木醋液主要是烟和焦油进入液气分离器后进行分离得到，而水箱中的水进入液气分离器中随木醋液流出，很难控制进入液气分离器的水量，因此，改进进入液气分离器中进入水量的控制装置，对提高木醋液的质量十分有必要。

8.2 砂壤土种植番茄的生物炭施用技术规程

生物炭在砂壤土中的施用存在诸多的问题，如何正确施用生物炭、选择合适的生物炭施用量及后期合理的田间管理，在增强生物炭功效的同时达到节水、节肥和增加作物的产量的目的是人们需要研究的主题。

8.2.1 生物炭施用流程及注意事项

生物炭一般分为沟施和混施。沟施是指在作物附近开沟直接将生物炭施用到作物根部。混施是指将生物炭均匀地播撒在土壤表面，再通过人工或机器将生物炭翻入土壤，与土壤均匀混合。沟施的优点是直接作用于作物根部，有利于作物根部的生长发育，用量少；混施的优点是作用面积大，能够较为全面地培肥土壤。根据施用生物炭全面改良土壤结构的目的，建议实行生物炭混施。

1. 生物炭施用流程

（1）前作收获后耕翻，耕深 15～20 cm，春季尽早再次浅翻耕土地，以便于生物炭的均匀播撒。

（2）较为准确地称取生物炭用量，人工均匀地播撒在土壤表面。

（3）运用喷雾器对均匀播撒于土壤表层的生物炭进行湿润（保证土壤与生物炭均匀混合，减少生物炭在翻地时的损失）。

（4）运用旋耕机将生物炭翻入土壤，旋耕机犁地深度为 20～25 cm。

（5）最后进行平整土地、耙地，在达到整地 "齐、平、松、碎、净、墒" 的六字标准的同时，还得保证生物炭与土壤混合的均匀度。

2. 生物炭施用注意事项

（1）尽量选择晴朗无风的天气进行生物炭的施用。因为生物炭大多为颗粒状，粒小质轻遇见有风天气容易随风飘起，如果在有风天气进行施用，不仅会导致生物炭的损失，还不能保证施用的均匀度。

（2）用喷雾器对生物炭进行湿润时，要注意湿润的程度，既不能不湿润，也不能湿润过度（不湿润翻地时生物炭会随着旋耕机飞扬影响湿润的均匀度，湿润过度翻地时生物炭会黏附于旋耕刀片上，而且不利于生物炭进入深层土壤）。

8.2.2 番茄种植生物炭关键应用技术及配套农艺措施

番茄生物炭关键应用技术，主要内容包括砂壤土生物炭施用量、灌溉定额、施肥制度及操作规范（表 8.2）。其中灌溉定额为 105 m³，灌水次数三次，分别在苗期—开花着果期、开花着果期—结果盛期、结果盛期—果实成熟期三个生育期进行灌溉，灌溉定额分别为 45 m³、40 m³、20 m³，其中苗期—开花着果期在移苗时进行灌水。生物炭施用量为 40 t/hm²。

施肥次数按 1 次基肥或种肥，2 次追肥的模式进行，其中基肥或种肥占总施肥量的 70%，追肥占总施肥量的 30%。苗期—开花着果期、开花着果期—结果盛期、结果盛期—果实成熟期三个生育期按 10%的比例施用。

　　配套农艺措施内容包括适宜品种、栽培方式、中耕除草、病虫害防治等。根据当地特殊的气候条件和经济条件，选择成活率高、生育期短、产量高的上海合作 918，搭配中杂 8 号、中杂 9 号或云杂 8 号等优良品种。配套栽培技术以覆膜起垄种植，3 月下旬准备苗床播种，4 月上旬出苗，两叶一心时（4 月末）分苗，营养穴盘育苗，4～5 叶时（5 月初）移栽，株距为 40 cm，行距为 60 cm，种植密度为 45 000 株/hm²。生育期间进行膜下封闭除草，膜间中耕除草，结合不同病虫草害发生情况，选用适宜的药剂在发病初期开始喷药，使用方法和用量根据说明书进行，每隔 7～10 d 喷药 1 次，连续防治 2～3 次。番茄早疫病防治方法，见零星病株即全田喷药防病。选用适宜的药剂，使用方法和用量根据说明书进行。7 d 左右防治 1 次，连续防治 2～3 次。

表 8.2　番茄生物炭关键应用技术

生育期	生物炭施用量 /(t/hm²)	灌水量 /(m³/hm²)	肥料分配/%	推荐施肥量/(kg/hm²)			
				有机肥	N	P₂O₅	K₂O
全生育期	40	1575	100	37500	375	150	525
移栽	40	675	71	37500	75	150	525
苗期—开花着果	—	—	11	—	112.5	—	—
开花着果期—结果盛期	—	600	11	—	112.5	—	—
结果盛期—果实成熟期	—	300	7	—	75	—	—

8.3　经济效益评价

　　经济效益是衡量一切经济活动的最终综合指标。在农业生产中如何运用最小的投入获得最大的产出是农民最关心的问题，关乎农民的切生利益，也是农业可持续发展的基础。

　　在番茄的栽种过程中投入主要由农机费用、种子和育苗、肥料费用、生物炭制备费用、人工费和水费构成。生物炭制备费用根据生物炭在土壤中发挥功效的年限（10 年）平均到每年。产出主要是果实番茄。

　　从表 8.3 可以看出，各处理间投入成本的差异主要体现在生物炭的施用上。对照组（CK）由于未施用生物炭，从原料和农机上节省了投入，因此，投入的成本较各处理的投入成本低；而施用生物炭各处理随着生物炭施用量的增加投入的成本也在不断地增加。各处理投入成本较对照组（CK）分别增加了 18.0%、28.5%、49.5%、70.5%，从投入成本的角度来看生物炭的施用是不合理的。

　　从表 8.4 可以看出，施用生物炭能够有效地提高番茄的经济效益，通过数据分析可知，施用生物炭各处理经济效益较对照组（CK）分别增加了 29.2%、47.5%、57.6%、44.9%，因此，合理施用生物炭才能最大限度地发挥生物炭的效益，达到经济效益的最大化。

　　施用生物炭各处理较对照组（CK）经济效益均有所提高，每亩净收益增加值为 867.42～1 706.93 元，增幅区间为 29.2%～57.6%。虽然单从投入的角度看施用生物炭增加了投入成本，但是综合来看施生物炭增加了番茄的产量，且产量增加所带来的经济收入远远大于投入成本，因此，综合来看生物炭的施用有利于农民的增产增收。

表 8.3 不同处理投入分析

（单位：元/亩）

处理	农机费用		种子+育苗	肥料费用			生物炭制备费用			人工费用			水费	合计
	翻地+播撒生物炭	平地		尿素	二铵	氧化钾	材料费	水电费	人工	移栽	除草+施肥	收获		
CK	35	35	25	25	15	30	0.0	0	0.0	200	150	100	52.5	667.50
T1	85	35	25	25	15	30	47.5	0.48	22.2	200	150	100	52.5	787.68
T2	85	35	25	25	15	30	95.0	0.82	44.4	200	150	100	52.5	857.72
T3	85	35	25	25	15	30	190.0	1.48	88.8	200	150	100	52.5	997.78
T4	85	35	25	25	15	30	285.0	2.15	133.3	200	150	100	52.5	1137.95

表 8.4 不同处理经济效益评价

处理	产量/(kg/亩)	单价/(元/kg)	产出/(元/亩)	成本/(元/亩)	经济效益/(元/亩)	生物炭效益/(元/亩)
CK	7258.05	0.5	3629.025	667.50	2961.525	—
T1	9233.25	0.5	4616.625	787.68	3828.945	867.42
T2	10452.51	0.5	5226.255	857.72	4368.535	1407.01
T3	11332.47	0.5	5666.235	997.78	4668.455	1706.93
T4	10860.03	0.5	5430.015	1137.95	4292.065	1330.54